高等职业教育建筑类教材

GAODENG ZHIYE JIAOYU JIANZHU LEI JIAOCAI

BIM JIANMO JISHU

BIM建模技术

主 编◎杨 勇 王 治

参 编◎王宇宏 袁 媛 鲁 烈

U0279930

重庆大学出版社

内容提要

本书共分为 7 章,内容包括 BIM 概述、钢筋建模技术、土建建模技术、安装建模总述、电气工程建模技术、给水排水工程建模技术、暖通工程建模技术。本书着重讲述使用传统工程造价计量软件完成 BIM 模型创建的基本原理和进行全专业模型建立的基本方法,结合《BIM 工具软件及集成技术》学习,可对 BIM 建模与模型应用的全过程进行指导,实现 BIM 技术在项目中落地实施的目的。

本书可供高等职业院校建筑信息化管理专业学生作为教材使用,也可用于 BIM 建模人员的职前培养以及工程造价人员的职后培训提升。

图书在版编目(CIP)数据

BIM 建模技术 / 杨勇,王治主编. -- 重庆:重庆大学出版社,2018.6

高等职业教育建筑类教材

ISBN 978-7-5689-1002-6

Ⅰ. ①B… Ⅱ. ①杨… ②王… Ⅲ. ①建筑设计—计算机辅助设计—应用软件—高等职业教育—教材 Ⅳ. ①TU201.4

中国版本图书馆 CIP 数据核字(2018)第 017106 号

高等职业教育建筑类教材

BIM 建模技术

主 编 杨 勇 王 治

责任编辑:范春青　　版式设计:范春青
责任校对:邬小梅　　责任印制:张 策

*

重庆大学出版社出版发行

出版人:易树平

社址:重庆市沙坪坝区大学城西路 21 号

邮编:401331

电话:(023)88617190　88617185(中小学)

传真:(023)88617186　88617166

网址:http://www.cqup.com.cn

邮箱:fxk@cqup.com.cn(营销中心)

全国新华书店经销

重庆升光电力印务有限公司印刷

*

开本:787mm×1092mm　1/16　印张:16.75　字数:409 千

2018 年 6 月第 1 版　2018 年 6 月第 1 次印刷

印数:1—3 000

ISBN 978-7-5689-1002-6　定价:59.00 元

前言

Preface

  建筑信息模型(Building Information Modeling,简称 BIM)已成为建筑产业转型升级的重要支持技术。我国正逐步重视 BIM 技术的推广与应用,已陆续颁布了国家及地方文件,以支持 BIM 技术在项目全生命周期中的应用。

  BIM 工程师通过参数模型整合各种项目的相关信息,并将建筑物的信息模型同建筑工程的管理行为模型进行完美组合,在项目策划、运行和维护的全生命周期中进行共享和传递,使工程技术人员对各种建筑信息能高效应对,为设计团队以及包括建筑运营单位在内的各方提供协同工作的基础,使 BIM 技术在提高生产效率、节约成本和缩短工期方面发挥重要作用。

  由于 BIM 能提供各类工程中需要的信息,协助决策者作出准确的判断。同时,相比于传统方式,BIM 在设计初期就能大量减少设计团队成员所产生的错误,以及后续承造厂商所犯的错误。由于计算机和软件具有更强大的建筑信息处理能力,相比现有的设计和施工建造流程,BIM 的应用可给工程项目带来正面的影响和帮助。

  我国 BIM 技术应用尚处于初级阶段。诸多因素制约了 BIM 应用的深度和广度,其中特别明显的是缺乏 BIM 技术人员。本书立足于模型创建,对现有的主流计量模型绘制软件进行创新性应用,以供有志于从事 BIM 领域工作的人员学习。

  本书由四川建筑职业技术学院杨勇、王治担任主编。全书共分 7 章:第 1 章 BIM 概述、第 2 章钢筋建模技术由杨勇编写;第 3 章土建建模技术由王宇宏编写;第 4 章安装建模总述、第 7 章暖通工程建模技术由王治编写;第 5 章电气工程建模技术由袁媛编写;第 6 章给水排水工程建模技术由鲁烈编写。

  BIM 需要建筑、结构、安装等专业协同工作,因此本书在内容上设计了全专业的建模技术,但学习者在安装部分普遍存在基础知识缺失的现象,因此在本书第 5,6,7 章增加了相应专业的安装基本常识方面的内容。

  限于编者的水平和时间所限,书中还有很多不足之处,请大家批评指正,期待将来逐步完善。

编 者

2018 年 1 月

目 录

Contents

第1章 BIM 概述 ··· 1

    1.1 BIM 基础知识 ·· 1

    1.2 BIM 应用计划 ·· 8

第2章 钢筋建模技术 ··· 15

    2.1 钢筋建模标准制订 ··· 15

    2.2 钢筋建模基本操作 ··· 20

    2.3 工程设置及轴网 ·· 23

    2.4 首层构件绘制 ·· 32

    2.5 基础层构件绘制 ·· 68

    2.6 地下室构件绘制 ·· 76

    2.7 其他楼层构件绘制 ··· 80

第3章 土建建模技术 ··· 87

    3.1 工程设置及轴网 ·· 89

    3.2 首层构件绘制 ·· 99

    3.3 首层装修绘制 ·· 124

    3.4 基础层构件绘制 ·· 129

    3.5 其他层构件绘制 ·· 134

第4章 安装建模总述 ··· 150

    4.1 安装建模概述 ·· 150

    4.2 安装建模标准 ·· 152

    4.3 安装专业建模设置 ··· 160

第5章 电气工程建模技术 ·· 167

    5.1 电气工程基础知识 ··· 167

    5.2 电气工程图纸分析 ··· 171

    5.3 电气工程建模 ·· 186

第6章 给水排水工程建模技术 ····································· 212

    6.1 给水排水工程基础知识 ······································ 212

    6.2 给水排水工程及消防工程图纸分析 ·················· 217

    6.3 给排水工程建模 ·· 224

第 7 章　暖通工程建模技术 ··· 238

　　7.1　暖通工程专业基础知识 ··· 238

　　7.2　广联达办公大厦暖通图纸分析 ·· 241

　　7.3　广联达办公大厦通风图纸建模 ·· 249

　　7.4　广联达办公大厦采暖图纸建模 ·· 254

参考文献 ·· 259

第1章　BIM 概述

1.1　BIM 基础知识

1.1.1　BIM 的起源

1975 年,"BIM 之父"——佐治亚理工大学的 Charles Eastman 教授创建了 BIM 理念。至今,BIM 技术的研究经历了三大阶段:萌芽阶段、产生阶段和发展阶段。1973 年,全球石油危机,美国全行业需要考虑提高效益的问题;1975 年,Eastman 教授在其研究的课题"Building Description System"中提出了"a computer-based description of a building",以便于实现建筑工程的可视化和量化分析,提高工程建设效率。

建筑信息模型的英文是 Building Information Modeling 或 Building Information Model,简称为 BIM。其概念为在建设工程及设施全生命周期内,对其物理和功能特性进行数字化表达,并依此进行设计、施工、运营的过程和结果的总称。

这里同时引用美国国家 BIM 标准(NBIMS)对 BIM 的定义,定义由 3 部分组成:

①BIM 是一个设施(建设项目)物理和功能特性的数字表达;

②BIM 是一个共享的知识资源,分享有关这个设施的信息;

③在项目的不同阶段,不同利益相关方通过在 BIM 中插入、提取、更新和修改信息,以支持和反映其各自职责的协同作业。

1.1.2　BIM 应用要素

"十八大"以来,建筑施工行业进一步加快了转变发展方式的步伐,强调走绿色、智能、精益和集约的可持续发展之路。

BIM 技术作为促进我国施工行业创新发展的重要技术手段,其应用和推广对施工行业的技术进步与转型升级将产生不可估量的影响,同时也给施工企业的发展带来巨大动力,将大大提高工程项目的集成化程度和交付能力,进一步促进工程项目的效益和效率的显著提升。

当前,越来越多的施工企业对 BIM 技术有了一定的认识并积极进行实践,尤其在一些大型复杂的超高层项目中得到成功应用,也出现了一大批 BIM 技术应用的标杆项目。在我国,施工行业 BIM 技术应用处于概念阶段转向实践应用阶段的重要时期。

BIM 技术作为一种先进的生产力手段,其应用主要取决于 4 个要素:BIM 工程师、BIM 软件、BIM 相关标准及 BIM 技术应用模式。

1)BIM 工程师

BIM 工程师指从事 BIM 相关工程技术及管理的人员。BIM 工程师在 BIM 技术应用中处于最重要的地位,没有人才就无法实施 BIM 技术应用。从当前工作岗位和性质来看,BIM 工程师一般包括 BIM 标准管理类、BIM 工具研发类、BIM 工程应用类、BIM 教育类等(见图 1.1.1),并有进一步的细分。

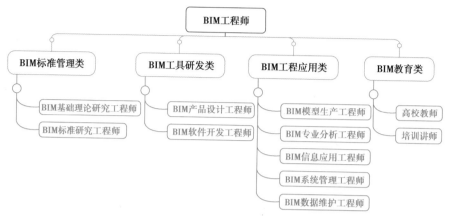

图 1.1.1　BIM 工程师分类

BIM 工程师通过参数模型整合各种项目的相关信息,在项目策划、运行和维护的全生命周期中进行共享和传递,使工程技术人员对各种建筑信息高效应对,为设计团队以及包括建筑运营单位在内的各方建设主体提供协同工作的基础,使 BIM 技术在提高生产效率、节约成本和缩短工期方面发挥重要作用。

BIM 工程应用类工程师应当具有以下能力:

①BIM 软件操作能力,指 BIM 专业应用人员掌握一种或若干种 BIM 软件使用的能力,这至少应该是 BIM 模型生产工程师、BIM 信息应用工程师和 BIM 专业分析工程师三类职位必须具备的基本能力。

②BIM 模型生产能力,指利用 BIM 建模软件建立工程项目不同专业、不同用途模型(如建筑模型、结构模型、场地模型、机电模型、性能分析模型、安全预警模型等)的能力,是 BIM 模型生产工程师必须具备的能力。

③BIM 模型应用能力,指使用 BIM 模型对工程项目不同阶段的各种任务(如方案论证、性能分析、设计审查、施工工艺模拟等)进行分析、模拟、优化的能力,是 BIM 专业分析工程师需要具备的能力。

④BIM 应用环境建立能力,指建立一个工程项目顺利进行 BIM 应用而需要的技术环境(包括交付标准、工作流程、构部件库、软件、硬件、网络等)的能力,是 BIM 项目经理在 BIM 应用人员支持下需要具备的能力。

⑤BIM 项目管理能力,指按要求管理协调 BIM 项目团队实现 BIM 应用目标(包括确定项目的具体 BIM 应用、项目团队建立和培训等)的能力,是 BIM 项目经理需要具备的能力。

⑥BIM 业务集成能力,指把 BIM 应用和企业业务目标集成(包括确认 BIM 对企业的业务价值、BIM 投资回报计算评估、新业务模式的建立等)的能力,是 BIM 战略总监需要具备的能力。

2)BIM 软件

BIM 软件是指对建筑信息模型进行创建、使用和管理的软件。BIM 软件之所以重要,是因为利用 BIM 技术只能通过应用 BIM 软件的方式来进行。没有相关的 BIM 软件,BIM 技术的关键特征就难以实现,也就无法在相关领域使用 BIM 技术。BIM 软件分为 3 类:BIM 基础软件(即 BIM 的建模软件),如建筑建模、结构建模、钢筋建模、安装建模、钢结构建模、玻璃幕墙建模等; BIM 工具软件,如日照分析软件、能耗分析软件、平面图布置软件、钢筋下料软件、脚手架软件、支模软件、工程量计算软件、成本预算软件、动画制作软件、模型渲染软件等;BIM 平台软件,是对各类 BIM 基础软件和工具软件产生的 BIM 数据进行管理的软件,一般为基于 web 平台的应用软件。

3)BIM 相关标准

BIM 相关标准是 BIM 应用软件之间共享建筑信息的关键。BIM 主流的数据标准为 IFC(工业基础类),它是由 buildingSMART 发布并发展而成的 BIM 数据标准,近年来成为国际标准化组织标准,为 BIM 数据跨专业、跨阶段的共享奠定了基础,此外还有一些非主流的数据标准,比如钢结构的 CIS/2(《钢结构集成标准》第二版)标准,绿色建筑的 gbXML(《绿色建筑可扩展标记语言》)标准等。

住房和城乡建设部于 2016 年 12 月 2 日发布第 1380 号公告,批准《建筑信息模型应用统一标准》为国家标准,编号为 GB/T 51212—2016,自 2017 年 7 月 1 日起实施。

《建筑信息模型应用统一标准》是我国第一部建筑信息模型应用的工程建设标准,填补了我国 BIM 技术应用标准的空白。《建筑信息模型应用统一标准》提出了建筑信息模型应用的基本要求,是建筑信息模型应用的基础标准,是我国建筑信息模型应用及相关标准研究和编制的依据。

随着国务院《"十三五"国家信息化规划》的印发,信息化代表新的生产力和新的发展方向,已经成为引领创新和驱动转型的先导力量,并指出"十三五"期间是信息通信技术变革和实现新突破的发轫阶段,是数字红利充分释放的扩展阶段。标准的适时发布实施,为国家建筑业信息化能力提升奠定基础,有望指导提高工程建设项目整体的工作质量、效率和效益,最终促进建筑行业乃至工程建设领域的升级转型和科学发展。

(1)美国国家 BIM 标准

美国国家 BIM 标准的全称为 National Building Information Modeling Standard(NBIMS),主编单位为美国建筑科学研究院(National Institute of Building Sciences, NIBS),同时也是国际智慧建造联盟的北美分部(Building SMART Alliance, BSA)。该标准比较系统地总结了在北美地区常见的 BIM 应用方式和方法,于 2007 年完成第 1 版的第 1 部分《综述、原则与方法》(另有第 2 部分《策划》),于 2012 年完成第 2 版,第 3 版也已完成编制。

(2)英国国家标准

英国标准学会(BSI)也发布实施了工程应用方面的 BIM 国家标准 BS 1192。该标准目前有 5 个部分,覆盖了工程项目的不同阶段。其具体内容是:

第一部分,BS 1192:2007,《建筑工程信息协同工作规程》(Collaborative production of architectural, engineering and construction information-Code of practice)。

第二部分,BS PAS 1192-2:2013,《BIM 工程项目建设交付阶段信息管理规程》(Specification for information management for the capital/delivery phase of construction projects using building information modelling)。

第三部分,BS PAS 1192-3:2014,《BIM 项目/资产运行阶段信息管理规程》(Specification for information management for the operational phase of assets using building information modelling)。

第四部分,BS 1192-4:2014,《使用 COBie 满足业主信息交换要求的信息协同工作规程》(Fulfilling employers information exchange requirements using COBie-Code of practice)。

第五部分,BS PAS 1192-5:2015,《建筑信息模型、数字建筑环境与智慧资产管理安全规程》(Specification for security minded building information modelling, digital built environments and smart asset management)。

4)BIM 应用模式

BIM 应用模式基本可以分为两大类:一类是在现有的管理框架内的应用,主要体现为在设计施工、运行与维护等阶段局部使用 BIM 技术。这一类的例子主要有:在设计阶段,使用三维设计软件取代传统的二维设计软件;在施工阶段,使用 BIM 应用软件进行成本预测、虚拟建造、碰撞检查等;在运行维护阶段,使用基于 BIM 技术的设施管理系统取代传统的管理信息系统。其重要特点是,在一个参与方的内部使用 BIM 技术,在使用 BIM 技术的过程中,不涉及其他参与方的协调。另一类则体现为基于 BIM 技术,打破现有的管理框架,通过发挥 BIM 技术的作用,实现应用效果的最大化。典型例子是:业主要求项目各参与方,包括设计方、施工方等,在设计、施工以及运行与维护等建筑全生命周期的各个阶段,使用 BIM 应用软件开展工作,提交的成果均满足 BIM 相关标准,以实现各参与方之间的信息共享。

美国斯坦福大学集成化设施研究中心曾对 32 个应用 BIM 技术的项目进行调研。分析结果表明,BIM 技术可以消除 40% 预算外更改,使造价估算控制在 3% 精确度范围内,使造价估算耗费的时间缩短 80%,通过发现和解决冲突将合同价格降低 10%,使项目工期缩短 7%。

1.1.3　建筑信息模型的特点

1)可视化

可视化即"所见即所得"的形式。对于建筑行业来说,可视化真正应用在建筑业的作用是非常大的。例如,经常拿到的施工图纸,只是各个构件的信息在图纸上的线条表达,但是其真正的构造形式就需要建筑业参与人员去自行想象了。对于一般简单的东西来说,这种想象也未尝不可,但是近几年建筑业的建筑形式各异,复杂造型在不断地推出,如果还光靠人脑去想象就未免有点不太现实了。因此,BIM 提供了可视化的思路,将以往的线条式的构件形成一种三维的立体实物图形展示在人们的面前。建筑业也有设计方出效果图的情况,但是这种效果图是分包给专业的效果图制作团队进行识读、设计、制作出的,并不是通过构件的信息自动生成的,缺少了同构件之间的互动性和反馈性,而 BIM 提到的可视化是一种能够同构件之间形成互动性和反馈性的可视。在 BIM 建筑信息模型中,由于整个过程都是可视化的,可视化的结果不仅可以用于效果图的展示及报表的生成,更重要的是,项目设计、建造、运营过程中的沟通、讨论、决策都在可视化的状态下进行。

2)协调性

协调是建筑业中的重点内容,不管是施工单位还是业主及设计单位,无不在做着协调及相互配合的工作。一旦项目的实施过程中遇到了问题,就要将各有关人员组织起来开协调会,找出各施工问题发生的原因及解决办法,然后作出变更,通过相应的补救措施等来解决问题。在设计时,往往由于各专业设计师之间的沟通不到位,而出现各种专业之间的碰撞问题,例如暖通等专业中的管道在进行布置时,由于施工图纸是各自绘制在各自的分项施工图纸上的,施工过程中,可能正好有结构设计的梁等构件在此妨碍着管线的布置,这就是施工中常遇到的碰撞问题。像这样的碰撞问题的协调解决就只能在问题出现之后再进行吗? BIM 的协调性服务就可以帮助处理这种问题。也就是说,BIM 可在建筑物建造前期对各专业的碰撞问题进行协调,生成并提供协调数据。当然,BIM 的协调作用不仅可以解决各专业间的碰撞问题,它还可以解决例如电梯井与其他设计布置及净空要求的协调、防火分区与其他设计布置的协调、地下排水与其他设计布置的协调等问题。

3)模拟性

模拟性不仅可以模拟设计出的建筑物模型,还可以模拟不能在真实世界中进行操作的事物。在设计阶段,BIM 可以对设计上需要进行模拟的一些东西进行模拟实验,如节能模拟、紧急疏散模拟、日照模拟、热能传导模拟等;在招投标和施工阶段,BIM 可以进行 4D 模拟(三维模型加项目的发展时间),也就是根据施工的组织设计模拟实际施工,从而来确定合理的施工方案来指导施工。同时,BIM 还可以进行 5D 模拟(基于 3D 模型的造价控制),从而来实现成本控制。后期运营阶段,BIM 可以进行日常紧急情况的处理方式的模拟,例如地震人员逃生模拟及消防人员疏散模拟等。

4)优化性

事实上,整个设计、施工、运营的过程就是一个不断优化的过程,当然优化和 BIM 也不存在实质性的必然联系,但在 BIM 的基础上可以更好地进行优化。优化受三个因素制约:信息、复杂程度和时间。没有准确的信息得不到合理的优化结果,BIM 模型提供了建筑物的实际存在的信息,包括几何信息、物理信息、规则信息,还提供了建筑物变化以后的实际存在。信息复杂到一定程度,参与人员本身的能力无法完全掌握,必须借助一定的科学技术和设备的帮助。现代建筑物的复杂程度大多超过参与人员本身的能力极限,BIM 及与其配套的各种优化工具提供了对复杂项目进行优化的可能。基于 BIM 的优化可以做以下工作:

①项目方案优化。把项目设计和投资回报分析结合起来,设计变化对投资回报的影响可以实时计算出来。这样一来,业主对设计方案的选择就不会主要停留在对形状的评价上,可以从更多方面知道哪种项目设计方案更有利于自身的需求。

②特殊项目的设计优化。例如裙楼、幕墙、屋顶、大空间到处可以看到异形设计,这些内容看起来占整个建筑的比例不大,但是占投资和工作量的比例却往往要大得多,而且通常也是施工难度比较大和施工问题比较多的地方,对这些内容的设计施工方案进行优化,可以带来显著的工期和造价改进效果。

5)可出图性

BIM 所出的图并不是平常所说的建筑设计图纸及一些构件加工的图纸,而是通过对建筑物进行可视化展示、协调、模拟、优化以后的如下图纸:

①综合管线图(经过碰撞检查和设计修改,消除了相应错误以后);

②综合结构留洞图(预埋套管图);

③碰撞检查侦错报告和建议改进方案。

1.1.4　BIM 的价值

通过建立以 BIM 应用为载体的项目管理信息化,可以提升项目生产效率、提高建筑质量、缩短建设工期、降低建造成本。BIM 的价值具体体现在以下 7 个方面:

1）三维渲染,宣传展示

三维渲染动画,给人以真实感和直接的视觉冲击。建好的 BIM 模型可以作为二次渲染开发的模型基础,大大提高了三维渲染效果的精度与效率,给业主更为直观的宣传体验,提升中标概率。

2）快速算量,精度提升

BIM 数据库的创建,通过建立 5D 关联数据库,可以准确快速地计算工程量,提升施工预算的精度与效率。由于 BIM 数据库的数据粒度达到构件级,可以快速提供支撑项目各条线管理所需的数据信息,有效提升施工管理效率。BIM 技术能自动计算工程实物量,这个属于较传统的算量软件的功能,在国内的应用案例非常多。

3）精确计划,减少浪费

施工企业精细化管理很难实现的根本原因在于海量的工程数据无法快速准确获取,以支持资源计划,致使经验主义盛行。而 BIM 的出现可以让相关管理条线快速准确地获得工程基础数据,为施工企业制订精确的人、材计划提供有效支撑,大大减少了资源、物流和仓储环节的浪费,为实现限额领料、消耗控制提供技术支撑。

4）多算对比,有效管控

管理的支撑是数据,项目管理的基础就是工程基础数据的管理,及时、准确地获取相关工程数据就是项目管理的核心竞争力。BIM 数据库可以实现任一时点上工程基础信息的快速获取,通过合同、计划与实际施工的消耗量、分项单价、分项合价等数据的多算对比,可以有效了解项目运营是盈是亏、消耗量有无超标、进货分包单价有无失控等问题,实现对项目成本风险的有效管控。

5）虚拟施工,有效协同

三维可视化功能再加上时间维度,可以进行虚拟施工,可以随时随地直观快速地将施工计划与实际进展进行对比,同时进行有效协同,施工方、监理方甚至非工程行业出身的业主领导都能够对工程项目的各种问题和情况了如指掌。通过 BIM 技术结合施工方案、施工模拟和现场视频监测,大大减少建筑质量问题、安全问题,减少返工和整改等情况。

6）碰撞检查,减少返工

BIM 最直观的特点在于三维可视化。利用 BIM 的三维技术在前期可以进行碰撞检查,优化工程设计,减少在建筑施工阶段可能存在的错误损失和降低返工的可能性,而且还可以优化净空和管线排布方案。施工人员可以利用碰撞优化后的三维管线方案进行施工交底、施工模拟,提高施工质量,同时也提高了与业主沟通的能力。

7）冲突调用,决策支持

BIM 数据库中的数据具有可计量的特点,大量与工程相关的信息可以为工程提供强大的后台数据支撑。BIM 中的项目基础数据可以在各管理部门进行协同和共享,工程量信息可以根据时空维度、构件类型等进行汇总、拆分、对比分析等。工程基础数据及时、准确地提供,可为决策者在制订工程造价项目群管理、进度款管理等方面的决策提供依据。

1.1.5 BIM 模型细度

LOD 表示模型的细致程度,来自英文 Level of Development 的简称。LOD 描述了一个 BIM 构件单元从最低级的近似概念化的程度发展到最高级的演示级精度的步骤。

LOD 被定义为 5 个等级,从概念设计到竣工设计,虽然已经足够来定义整个建模过程,但是为了给未来可能会插入的等级预留空间,定义 LOD 为 100～500。国外具体的等级如下:

- 100——Conceptual,概念化;
- 200——Approximate geometry,近似构件(方案及扩初);
- 300——Precise geometry,精确构件(施工图及深化施工图);
- 400——Fabrication,加工;
- 500——As-built,竣工。

表 1.1.1 即为某电气工程模型精细程度表。

表 1.1.1　某电气工程模型精细程度表

细度等级（LOD）	100	200	300	400	500
设备	不建模	几何信息(基本族)	几何信息(基本族、名称、符合标准的二维符号,相应的标高)	几何信息(准确尺寸的族、名称);技术信息(所属的系统)	几何信息(准确尺寸的族、名称);技术信息(所属的系统);产品信息(供应商、产品合格证、生产厂家、生产日期、价格等)
母线桥架线槽	不建模	几何信息(基本路由)	几何信息(基本路由、尺寸标高)	几何信息(具体路由、尺寸标高、支吊架安装);技术信息(所属的系统)	几何信息(具体路由、尺寸标高、支吊架安装);技术信息(所属的系统);产品信息(供应商、产品合格证、生产厂家、生产日期、价格等)
管路	不建模	几何信息(基本路由、根数)	几何信息(基本路由、根数、所属系统)	几何信息(具体路由、根数);技术信息(材料和材质信息、所属的系统)	几何信息(具体路由、根数);技术信息(材料和材质信息、所属的系统);产品信息(供应商、产品合格证、生产厂家、生产日期、价格等)

我国《建筑信息模型施工应用标准》(GB/T 51235—2017)则把模型细度分为了 6 级,该标准自 2018 年 1 月 1 日起实施。

①LOD 100——方案设计模型。此阶段的模型通常为表现建筑整体类型分析的建筑体量,分析内容包括体积、建筑朝向、每平方米造价等。

②LOD 200——初步设计模型。此阶段的模型包含普遍性系统,包括大致的数量、大小、形状、位置以及方向。LOD 200 模型通常用于系统分析以及一般性表现目的。

③LOD 300——施工图设计模型。此模型已经能很好地用于成本估算以及施工协调,包括碰撞检查、施工进度计划以及可视化。LOD 300 模型应当包括业主在 BIM 提交标准里规定的构件属性和参数等信息。

④LOD 350——深化设计模型。此模型是施工图设计的进一步深化,如预制装配式混凝土、钢结构、机电等深化设计。

⑤LOD 400——施工过程模型。此阶段的模型被认为可以用于模型单元的加工和安装。此模型更多地被专门的承包商和制造商用于加工和制造项目的构件(包括水电暖系统)。

⑥LOD 500——最终阶段的模型。此阶段的模型表现的是项目竣工的情形。模型将作为中心数据库整合到建筑运营和维护系统中去。LOD 500 模型将包含业主 BIM 提交说明里制订的完整的构件参数和属性。

1.2　BIM 应用计划

BIM 应用计划能使参与各方明确自己的责任与义务,参与到整个工作流程中去,为工程施工带来效益。

通过 BIM 应用计划,施工团队能实现以下目标:

①所有团队成员都能理解 BIM 应用目标;

②相关专业能理解各自的角色和责任;

③能够根据工作经验和要求,制订切实可行的执行计划;

④通过计划保障项目实施的外部资源;

⑤为团队成员提供一个描述应用过程的标准;

⑥为经营部门提供决策的基础,体现工程项目的增值服务;

⑦作为评价工程进度实施的一个依据。

1.2.1　确定 BIM 应用目标

BIM 应用计划的第一步是确定 BIM 应用的总体目标,以此明确 BIM 应用为项目带来的潜在价值,比如缩短施工周期、提升工作效率、增加沟通效果、减少工程变更等。

BIM 在中国尚处于初级阶段,虽然理论上的 BIM 是贯穿于项目全生命周期的,但限于现有的技术水平,跨度太大则极难实现,所以现阶段的 BIM 应用主要表现为选择一部分有价值的应用点实施。目标的不同决定了实施的方式也会不同。在本书中,确定的主要应用目标见表1.2.1。

表 1.2.1　某项目 BIM 应用目标

序号	BIM 目标	BIM 应用
1	图纸检查	基于 BIM 模型完成施工图综合会审和深化设计
2	减少专业冲突	各专业间碰撞检测及管道综合优化
3	虚拟施工	4D 或 5D 施工模拟
4	3D 施工技术交底	通过模型进行施工技术交底及质量检查
5	快速算量	自动工程量统计及快速提取
6	资源计划	快速确定项目资源需用计划

为了完成上述目标,我们要用到很多软件一起完成任务,数据在软件之间无法保证能够无损传递,所以在确定了 BIM 应用目标后,我们还要确定 BIM 应用的优先级,因为在这些目标中,有些是无法同时兼顾的,经济因素应该是最优先的。

1.2.2　设计 BIM 应用流程

在确定 BIM 应用目标后,我们要设计整个 BIM 应用的流程总图(图1.2.1),定义 BIM 应用的总体流程和数据交换过程,并据此设计各部分的流程详图。

1.2.3　BIM 应用其他基础条件

1)选择 BIM 软件

(1)BIM 建模软件

在 BIM 实施中所涉及许多相关软件,其中最基础、最核心的软件是 BIM 建模软件。建模软件是 BIM 实施中最重要的资源和应用条件,选择好 BIM 建模软件是项目 BIM 应用或者企业 BIM 实施的首要工作。应当指出,不同时期由于软件的技术特点、应用环境以及专业服务水平的不同,设计企业选用的 BIM 建模软件也有很大的差异,同时,软件投入又是一项投资大、技术性强、主观难以判断的工作。因此我们建议,在选用过程中应采取相应的方法和程序,以保证选用的软件符合项目或企业需要。建模软件选用一般包括调研及初步筛选、分析及评估、测试及评价、审核批准及正式应用多个步骤,有些还需要针对项目或企业的需要进行 BIM 软件的定制开发。

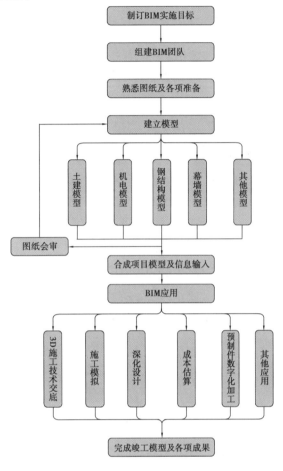

图1.2.1　BIM 实施一般流程

- 调研及初步筛选

该项工作由信息化部门负责为宜,对 BIM 应用软件进行调研及初步筛选。具体过程包括:考察和调研市场上现有的国内外建模软件及应用状况;结合本单位的业务需求、企业规模,从中筛选出可能适用的软件。

筛选应主要考虑建模软件的功能、本地化程度、市场占有率、应用接口能力、二次开发能力、软件性价比以及技术支持能力等关键因素,企业也可请 BIM 软件服务商、专业咨询机构等提出咨询建议,在此基础上,形成针对本单位或本项目的建模软件调研报告。

- 分析及评估

该项工作由企业的信息管理部门负责并召集相关专业人员参与,对建模软件中的具体软件进行分析和评估。分析评估考虑的主要因素包括:初选的建模软件是否符合企业的整体发展战略规划;初选的建模软件可能对企业业务的收益产生的影响;初选的建模软件部署实施的成本和投资回报率估算;初选的建模软件以及企业内设计专业人员接受的意愿和学习难度等。

• 测试及评价

该项工作由信息管理部门负责并召集相关专业人员参与,在分析报告的基础上选定部分建模软件进行试用测试。测试的过程包括:建模软件的性能测试,通常由信息部门的专业人员负责;建模软件的功能测试,通常由抽调的部分设计专业人员进行;建议有条件的企业可选择部分试点项目,进行全面测试,以保证测试的完整性和可靠性。

在上述测试工作基础上,形成 BIM 软件的测试报告和备选软件方案。

在测试过程中,评价指标包括:

①功能性:是否适合企业自身业务需求,与现有资源的兼容情况进行比较;

②可靠性:对软件系统的稳定性及在业内的成熟度进行比较;

③易用性:从易于理解、易于学习、易于操作等方面进行比较;

④效率:资源利用率等比较;

⑤维护性:从软件系统是否易于维护,故障分析、配置变更是否方便等方面进行比较;

⑥可扩展性:适应企业未来的发展战略规划;

⑦服务能力:软件厂家的服务质量、技术能力等。

• 审核批准及正式应用

该项工作由企业的信息管理部门负责,将 BIM 软件分析报告、测试报告、备选软件方案,一并上报给企业的决策部门审核批准,经批准后列入企业的应用工具集,并进行全面部署。

单位选择建模软件应当充分考虑上下游相关产业环节对于模型传导信息的有效使用,考虑建筑生命周期的整体信息传递,特别注意相关软件间文件交换格式的兼容性,避免因文件交换格式的兼容性不足所带来的数据损失或增加不必要的数据交换工作,这也是建模软件选择的重要考量因素。

• BIM 软件定制开发

结合自身业务或项目特点,注重建模软件功能定制开发,提升建模软件的有效性。

(2)BIM 平台软件

建立的模型最终要进入平台集成在一起使用,是模型最重要的价值体现,一般以 BIM5D 平台为核心,集成土建、钢筋、安装等各专业模型,并以集成模型为载体,关联施工过程中的进度、合同、成本、质量、安全、图纸、物料等信息,利用 BIM 模型的形象直观、可计算分析的特性,为项目的进度、成本管控、物料管理等环节提供数据支撑。

2)构建 BIM 组织机构

(1)BIM 团队组织框架

BIM 团队应设置 BIM 总监,由公司高层领导担任,从公司战略需求角度整体考虑 BIM 工作。针对 BIM 应用项目设 BIM 项目经理,由项目经理或者其他项目管理人员担任,负责项目级 BIM 应用的管理及协调。BIM 核心建模人员,每专业 2~3 人,负责模型的创建及维护。由于各个企业的规划、目的不同,人员配置也有所不同。图 1.2.2 即为某项目 BIM 组织框架图。

(2)BIM 工作人员职责

这里以某项目为例,介绍 BIM 各岗位工作人员的职责,见表 1.2.2。

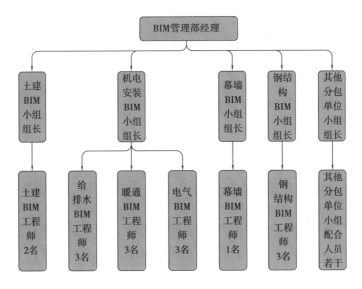

图 1.2.2　某项目 BIM 组织框架

表 1.2.2　某项目 BIM 工作人员职责

序号	专业/职务	工作职能	备注
1	BIM 管理部经理	协调业主、顾问、总包和上级关系,全面负责本工程 BIM 系统的建立、运用、管理,与业主 BIM 团队对接沟通,全面管理 BIM 系统运用情况	
2	各专业 BIM 小组组长	参与协调各专业间的模型工作,负责模型的审核、工程施工模拟、信息复核等日常工作的指导,积极挖掘及总结项目 BIM 价值点,接受 BIM 管理部经理的任务安排	
3	土建 BIM 工程师	负责本工程土建专业 BIM 建模及模型应用,在深化设计工作中提供完整的梁、柱、板、墙、门窗、楼梯、屋顶等模型,听从土建 BIM 小组组长的其他安排	
4	给排水 BIM 工程师	对本工程给排水、消防专业建立并运用 BIM 模型,负责管线综合深化设计,水泵等设备、管路的设计复核等工作,主要包括提供完整的给排水管道、阀门及管道附件的管网模型,变更工程量计量	
5	暖通 BIM 工程师	对本工程暖通专业建立并运用 BIM 模型,负责管线综合深化设计,空调设备、管路的设计复核等工作,主要包括提供完整的暖通管道、系统机柜等的暖通管网模型	
6	电气 BIM 工程师	对本工程电气专业建立并运用 BIM 模型,负责管线综合深化设计,电气设备、线路的设计复核等工作,提供完整的电缆布线、线板、电气室设备、照明设备、桥架等的电气信息模型	
7	幕墙 BIM 工程师	对本工程幕墙专业建立并运用 BIM 模型,为幕墙加工提供数字化加工图纸,并根据现场具体情况及进度进行幕墙安装模拟,将幕墙技术参数、维修资料等信息输入模型	
8	钢结构 BIM 工程师	对本工程钢结构专业建立并运用 BIM 模型,为钢结构加工提供数字化加工图纸,并根据现场进度情况进行钢结构安装模拟,将钢结构技术参数、维修资料等信息输入模型	

续表

序号	专业\职务	工作职能	备注
9	其他分包单位小组配合人员	配合总包 BIM 管理部进行模型的建立与信息的完善,为项目实施 BIM 应用提供支持,并定期参与 BIM 会议,听从总包管理部安排	

3)建立 BIM 管理制度

(1)BIM 会议制度

定期或不定期用不同的会议形式进行 BIM 信息交换、BIM 工作确认有利于 BIM 实施的成功。会议形式可以有内部会议、协调会议,多方联合会议等。

(2)BIM 检查制度

BIM 相关负责人对模型信息(如设计深化、设计变更、进度调整等)定期进行检查,以保证模型数据真实有效。

(3)BIM 培训制度

用中期与短期相结合的方式培训 BIM 从业人员,不断提高其技术应用水平,逐步普及 BIM 技术。

4)制订 BIM 标准

在《建筑信息模型应用统一标准》(GB/T 51212—2016)的框架指导下,企业根据 BIM 应用需求、BIM 发展规划等情况,制订企业级 BIM 标准,结合项目特征、软件选择等,再制订项目级 BIM 标准。

(1)确定统一的文件结构和命名规则

参与 BIM 应用的人员一般较多,大型项目拆分后的模型文件也很多,因此清晰、规范的文件命名有利于提高各参与者对文件名理解的效率和准确性。

- 一般原则

①文件命名宜简明扼要地描述文件内容,以简短、明了、能够区别为原则;

②命名方式应该有一定的规律;

③可以用中文、英文、数字等计算机操作系统允许的字符;

④不要使用空格。

- 命名举例

项目名称 + 区域(可选) + 楼层或标高(可选) + 专业 + 系统(可选) + 描述(可选)

(2)确定统一的模型拆分规则

①建筑系统是模型拆分的首要依据,进而可再针对建筑分区、分栋、分层、分功能区、分房间、分构件拆分。

②有些软件还要求在实施时控制单一模型文件的大小,以保证模型操作时硬件设备保持正常速度运行。项目应用中可根据硬件配置情况确定单个模型文件的最大限制。

③模型拆分时还应同时关注专业内人员工作划分、大型或复杂项目的操作效率、不同专业间的协作。

④在细分模型时,还应考虑团队人员间任务分配,尽量减少人员在不同模型之间频繁切换。

⑤各个拆分模型之间协同工作时,需按照统一的规则进行,应为整体项目制订统一的基点、

方位、标高、单位及文件格式。

⑥应当明确定义项目的原点,并在实际方位中或空间参考系中标出。

⑦项目中的所有模型均应使用统一的单位与度量制。

⑧在工作进程中,如对以上规定的内容进行更改,需在 BIM 项目经理协调下经过各专业负责人共同确认。

各类型建筑的模型系统划分可参照表1.2.3,实际操作中可根据建筑情况适当增减,必要时也可增加第三或更多级子系统。

表 1.2.3　某项目模型拆分规则

序　号	专　业	拆分顺序
1	建筑专业	a. 按分区 b. 按楼号 c. 按施工缝 d. 按单个楼层或一组楼层 e. 按建筑构件,如外墙、屋顶、楼梯、楼板
2	结构专业	a. 按分区 b. 按楼号 c. 按施工缝 d. 按单个楼层或一组楼层 e. 按建筑构件,如外墙、屋顶、楼梯、楼板
3	暖通专业、电气专业、给排水专业及其他设备专业	a. 按分区 b. 按楼号 c. 按施工缝 d. 按单个楼层或一组楼层 e. 按系统、子系统
4	其他专业	a. 按分区 b. 按楼号 c. 按施工缝 d. 按单个楼层或一组楼层 e. 根据实际情况判断

(3)确定统一的构件命名规则

构件命名规则受选用软件的限制很大,所以制订该规则时必须考虑国家标准、企业标准、项目特性、选用软件等的影响,制订出切实可行的规则。

●一般原则

①参照文件命名的一般原则;

②图纸上有名称的严格按照图纸命名;

③图纸上没有名称的根据软件能实现的方式命名,比如"图号＋说明编号＋节点"。

●命名举例

以下以梁顶标高平18层标高,图纸编号为 L1a,截面宽×高为 200 mm×400 mm 的钢筋混凝土现浇矩形梁(名称:18F_L_L1a_200x400)为例,解释各编码含义,如图 1.2.3 所示。

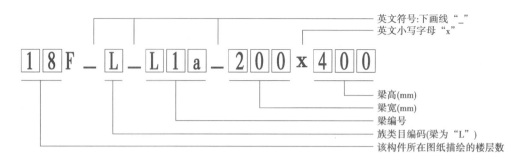

图 1.2.3　某项目在 REVIT 中梁的命名规则

（4）确定统一的色彩规则

水暖电的安装模型较多，通过对不同专业、不同系统赋予不同的颜色，有利于直观、快速地识别模型。例如，某项目通风系统命名及颜色如图 1.2.4 所示。

序号	分类	系统名称	颜色编号（RGB）
1	送风	送风	0,153,255
2		加压送风	153,204,255
3		送风机补风	153,204,255
4		消防补风	153,204,255
5		厨房补风	153,204,255
6		平时补风	153,204,255
7		新风	0,0,255
8	采暖	采暖	255,80,80
9	回风	回风	255,0,255
10	排风	排风	255,204,122
11		排烟	255,204,0
12		排风及排烟	255,80,80
13		排油烟	204,0,0
14		事故排风	255,204,122
15		厨房排风	255,204,122
16	除尘管	除尘管	255,204,122

图 1.2.4　某项目通风系统命名及颜色

第 2 章　钢筋建模技术

2.1　钢筋建模标准制订

2.1.1　计算规则

钢筋 BIM 建模标准——计算规则见表 2.1.1。

表 2.1.1　钢筋 BIM 建模标准——计算规则

注意事项	软件操作
文件命名	广联达办公大厦钢筋
原点定位要求	坐标原点为 1—1 和 A—A 交点
计算规则	11 系平法系列
损耗模板	不计算损耗
报表类别	四川(2015)
汇总方式	按外皮计算钢筋长度(不考虑弯曲调整值)
结构类型	框架-剪力墙结构
设防烈度	8 度
檐高/m	15.6
抗震等级	二级
钢筋比重	直径 6 mm 的钢筋比重按照直径 6.5mm 的钢筋比重修改,其值为 0.26
软件版本	广联达 BIM 钢筋算量软件 GGJ2013(12.7.1.2668 版本)

针对表 2.1.1 所列规则的说明如下:

(1)文件命名

该工程地下 1 层、地上 4 层(不包括电梯机房及水箱间),总建筑面积 4745.6 m²。按照下述模型拆分规则的结果是不拆分,按照第 1 章文件命名规则可以简化为"工程名称 + 专业"即可。

楼层拆分原则:

①楼层数量在 25 层以上的项目,为了提高建模及导入、导出效率,建议建模时拆分楼层。

②拆分时,按照 15 个楼层作为 1 个工程文件(见表 2.1.2)。

表 2.1.2　某 B05-L40 项目楼层拆分表

钢筋文件名称	工程名称	汇总范围	文件模型范围
××工程 B05-L10 钢筋	B05-L10	B05-L10	B05-L11
××工程 L11-L25 钢筋	L11-L25	L11-L25	L09-L26
××工程 L26-L40 钢筋	L26-L40	L26-L40	L25-L40

在表 2.1.2 中,工程名称填写规则如下:

a.格式:起始楼层-结束楼层;

b.用英文输入法下的"-"隔开;

c.B 开头表示地下,L 开头表示地上,数字 0 表示基础层;

d.输入格式:B05-L10 表示从地下 5 层到地上 10 层;L11-L25 表示从地上 11 层到地上 25 层;

e.也可以只输入一个楼层,如 L8,这种情况同 L8-L8;

f.起始楼层号不能大于结束楼层号。

③由于钢筋模型中,竖向构件的钢筋工程量会受到相邻楼层层高的影响,所以在 GGJ 模型中,为了解决钢筋计算与上下层的关系,每个钢筋工程增加低标段工程的顶层和高标段工程的底层,统计工程量时选择需要汇总的楼层即可。

(2)原点定位要求

模型最终要进入平台中进行应用,为了防止模型错位,需要各专业确定统一的原点。原点的确定原则一般如下:

①该原点能在各个楼层中找到;

②该原点能在各个专业中找到。

常见的原点位置如 1—1 与 A—A 交点(适用于上下楼层布局一致或者轴网齐全的工程)和电梯井、管道井上的点(适用于上下楼层布局不一致的工程)。

(3)计算规则

工程所采用的平法系列,如果设置错误,可以通过"计算规则转换"进行修改(老版本中没有该功能)。

(4)汇总方式

钢筋计算方式有两种:一是按外皮计算,用于确定预算长度;二是按中轴线计算,用于确定下料长度。

(5)结构类型、设防烈度、檐高

这三个参数的作用都是为了确定抗震等级。当设计说明中没有明确抗震等级时,可以录入这三项参数,软件会自动确定抗震等级;当设计说明中有抗震等级时,可以直接录入抗震等级,而这三项参数可以不再录入。抗震等级会影响到钢筋的搭接、锚固等长度的计算,数据必须准确。

(6)钢筋比重

市场上直径为 6 mm 的钢筋已经停止销售,图纸由于种种原因可能出现钢筋直径标记为 6 mm,钢筋建模过程中也可能出现将错就错的现象,那最简便快捷的修改方式就是将直径为

6 mm的钢筋按照直径为6.5 mm 的钢筋比重计算。

（7）软件版本

一般情况下,低版本的软件不能打开高版本软件创建的工程文件,为了预防因软件版本产生的问题,需要养成统一软件版本的好习惯。

2.1.2　构件命名

构件柱的命名方式见表2.1.3。

表2.1.3　钢筋 BIM 建模标准——柱

构件名称	图　纸	命名方式
框架柱	严格按照图纸	KZ1
暗柱	严格按照图纸	AZ1
核心筒柱	严格按照图纸	GBZ1
框支柱	严格按照图纸	KZZ1
构造柱	严格按照图纸	GZ1
门边柱	严格按照图纸	MZ1
人防柱	严格按照图纸	RFZ1
柱帽	严格按照图纸	ZM1

钢筋各构件命名方式的一般方法为:

①图纸上有名称的严格按照图纸上的名称定义。

②钢筋、土建等专业中同一构件名称要相同,除了那些受软件功能无法统一的构件,如楼梯、变截面梁部分。由于现有的 BIM 软件基本继承其前身算量软件,历史遗留问题较多,算量软件只要能准确计算出工程量即可。其算量方法可以通过绘图输入,也可以通过表格输入或单构件输入,而后一种方式是不适合 BIM 的应用思路的。

③图纸上没有名称的构件一般按照"图号 + 编号 + 节点号"等方式命名。

除柱以外,墙、梁、板等的建模标准分别见表2.1.4 ~ 表2.1.11。

表2.1.4　钢筋 BIM 建模标准——墙

构件名称	图　纸	命名方式
剪力墙	严格按照图纸	JLQ300（内外墙分别定义）
砖墙、砌体墙	严格按照图纸	Q240（内外墙分别定义）
连梁	严格按照图纸	LL1

表2.1.5　钢筋 BIM 建模标准——梁

构件名称	图　纸	命名方式	软件布置构件
框架梁	严格按照图纸	KL1	

续表

构件名称	图　纸	命名方式	软件布置构件
框支梁	严格按照图纸	KZL1	
次梁	严格按照图纸	L1	
圈梁	严格按照图纸	QL1	
腰梁	严格按照图纸	腰梁	圈梁替代
腰带	严格按照图纸	腰带	圈梁替代

表 2.1.6　钢筋 BIM 建模标准——板

构件名称	图　纸	命名方式	注意事项
跨中板带	严格按照图纸	KZB（2000）	
柱上板带	严格按照图纸	ZSB（2000）	
楼层板	严格按照图纸	LB200	
地下室板	严格按照图纸	B200（-1.5）	如果有名称 LB1，按照图纸
面筋	严格按照图纸	A8-200M	如果有名称①,按照图纸
底筋	严格按照图纸	A8-200D	如果有名称①,按照图纸
温度筋	严格按照图纸	A8-200W	如果有名称①,按照图纸
负筋	严格按照图纸	A8-200	如果有名称①,按照图纸
跨板受力筋	严格按照图纸	KA8-200	如果有名称①,按照图纸
马凳筋	严格按照图纸	C8-1000x1000	

说明:如果布置于板的上方,钢筋相同但分布筋不相同的时候,需要进一步对构件名称进行区分。

表 2.1.7　钢筋 BIM 建模标准——基础

构件名称	图　纸	命名方式	注意事项
独立基础	严格按照图纸	J1	
筏板基础	严格按照图纸	FB500	
基础主梁	严格按照图纸	JZL1/JL1	
基础次梁	严格按照图纸	JCL1	
基础连梁	严格按照图纸	JLL1	
条形基础	严格按照图纸	TJ1	
筏板面筋	严格按照图纸	A8-200M	如果有名称①,按照图纸
筏板底筋	严格按照图纸	A8-200D	如果有名称①,按照图纸

表 2.1.8　钢筋 BIM 建模标准——集水井

构件名称	图　纸	命名方式	注意事项
集水坑	严格按照图纸	1x1x1（长×宽×高）	如果图纸有名称 JSK1，按照图纸

表 2.1.9　钢筋 BIM 建模标准——楼梯

构件名称	图　纸	命名方式
梯柱	严格按照图纸	TZ1
休息平台板	严格按照图纸	PB1
梯梁	严格按照图纸	TL（1.35）
楼梯	严格按照图纸	AT1

表 2.1.10　钢筋 BIM 建模标准——门窗

构件名称	图　纸	命名方式
门	严格按照图纸	M1
窗	严格按照图纸	C1
门联窗	严格按照图纸	MLC1
楼梯	严格按照图纸	AT1
幕墙	严格按照图纸	MQ1

表 2.1.11　钢筋 BIM 建模标准——自定义构件

构件名称	图　纸	命名方式	注意事项
节点名称	节点图纸	建筑图中节点，命名为"建施＋图号＋节点名称"，如"建施1-1"；结施图中节点，命名方式为"图号＋节点名称"，如 1-1	
设计说明	设计说明	建筑设计部分，命名方式为"构件名称＋建施＋说明编号"，如"圈梁建施-3-1"；结构设计部分，命名方式为"构件名称＋说明编号"，如"圈梁3-1"	混凝土构件部分，优先按照结构设计说明部分命名

2.1.3　模型检查

模型检查方法分为"自检＋云检查"和"互检＋云检查"两种。

模型检查过程中，注意设计说明中构件的漏项检查。

2.2 钢筋建模基本操作

2.2.1 软件基本操作流程

以 GGJ2013 为例,基本操作流程如图 2.2.1 所示。

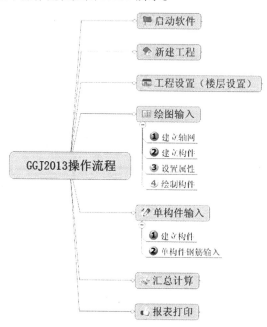

图 2.2.1 GGJ2013 操作流程

2.2.2 建模操作中的几个概念

1)构件与构件图元

①构件:在绘图过程中建立的剪力墙、梁、板、柱等,在构件列表框中显示。

②构件图元:简称图元,指绘制在绘图区域的图形,也可称为在绘图区绘制的构件。

2)公有属性与私有属性

①公有属性:也称公共属性,指构件属性中用蓝色字体表示的属性,归构件图元公有。其主要作用是当属性值被修改时,所有同名构件和图元的该项属性值都会被修改,无论构件和图元是否被选中。如图 2.2.2 所示的墙的属性中,"水平分布钢筋"即为公有属性,只要是"JLQ-1",则水平分布钢筋就为"(2)B12@200"。

②私有属性:指构件属性中用黑色字体表示的属性,

	属性名称	属性值	附加
1	名称	JLQ-1	
2	厚度(mm)	200	☑
3	轴线距左墙皮距离(mm)	(100)	☐
4	水平分布钢筋	(2)B12@200	☐
5	垂直分布钢筋	(2)B12@200	☐
6	拉筋	A6@600*600	☐
7	备注		☐
8	+ 其它属性		
24	+ 锚固搭接		

图 2.2.2 公有属性和私有属性

归构件图元私有。如图 2.2.2 所示的墙的属性中,厚度则为私有属性。也可以理解为,JLQ-1 的构件图元厚度可以为 200 mm,也可以为 300 mm,每个图元之间没有关系,厚度属性为其私有。其主要作用是当属性值被修改时,只有被选中构件和图元的该项属性值会被修改,没有选中的则不修改。

3）缺省属性和非缺省属性

①缺省属性：可以理解为软件默认的属性值，其实际值会随着相关要素的变化而自动变化。在属性编辑器中一般表现为带括号的数字或者用文字表述的标高等。缺省属性的修改方法如下：

a. 带括号的数字修改方法是：取消括号，输入数字；删除数字后直接按回车键能恢复该属性名称的缺省属性值。

b. 用文字描述的标高修改方法是：可以选用文字描述的其他标高，也可以在文字标高的基础上加上或者减去一个数字（单位是 m），还可以删除文字标高后直接输入数字。

②非缺省属性：用户自己定义修改的属性。

4）相对标高与绝对标高

①相对标高：表现为用文字描述的标高，当查看构件与图元的标高时，我们经常看到如"层顶标高"等，该标高会随着层高等信息的修改而自动变化。

②绝对标高：用数字表现的标高。该标高一旦确定，不会随层高信息变化。

5）绘图状态与定义状态

在新建构件、绘制图元的时候，需要在两种状态之间进行切换。状态可以通过双击构件导航栏中的构件名称进行切换，也可以通过单击工具栏中的"定义""绘图"进行切换，如图 2.2.3 所示。

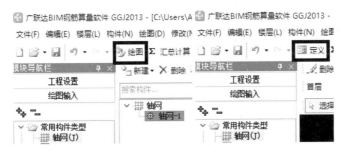

图 2.2.3　定义与绘图

①定义状态：在该状态下，进行构件新建，输入构件的有关属性值。

②绘图状态：在该状态下，将构件绘制到绘图区，形成图元。

6）钢筋级别

钢筋信息中 A 表示一级钢、B 表示二级钢、C 表示三级钢、D 表示新三级钢、L 表示冷轧带肋、N 表示冷轧扭。如果还要继续细分，参考"工程设置"下的"比重"设置文字说明。

2.2.3　几个操作

1）选择

当我们有针对性地查看修改某些图元的属性时，首先需要选中这个或这批图元，再次选择则意味着取消选中的图元。选择的方式有：

①点选：当鼠标处在选择状态时，在绘图区域内点击某图元，则该图元被选择，此操作即为点选。

②框选：当鼠标处在选择状态时，在绘图区域内拉框进行选择。

a. 正选：单击图中任一点，向右方拉一个方框选择，拖动框为实线，只有完全包含在框内的图元才被选中。

b. 反选：单击图中任一点，向左方拉一个方框选择，拖动框为虚线，框内及与拖动框相交的图元均被选中。

③批量选择：当鼠标处于选择状态时，单击工具栏上的"批量选择"按钮（图2.2.4），可以在出现的对话框中选择指定的构件图元。

\广联达办公大厦钢筋.GGJ12]

工具(T) 云应用(Y) BIM应用(I) 在线服务(S) 帮助(H) 版页 🔍查找图元 ♂️查看钢筋量 🎚批量选择 钢筋三维

旋转 ═┃延伸 ╬修剪 ┊打断 ╬合并 ┊分割 ┊

1 ▾ 🔲 属性 ⊿编辑钢筋 构件列表 ⌖拾取构件

图2.2.4 批量选择

2）图元实体

绘制的图形基本可以分为点、线、面三种实体，每一类实体的绘制方法大同小异。

①点状实体：软件中为一个点，通过画点的方式绘制，如柱、独立基础、门、窗、墙洞等。

②线状实体：软件中为一条线，通过画线的方式绘制，如墙、梁、条形基础等。

③面状实体：软件中为一个面，通过画一封闭区域的方法绘制，如板、满堂基础等。

3）绘图的一般步骤

①新建构件；

②定义构件属性；

③绘图，该部分操作方法在下方状态栏有提示。

4）状态栏信息

状态栏位于软件的最下方，如图2.2.5所示。

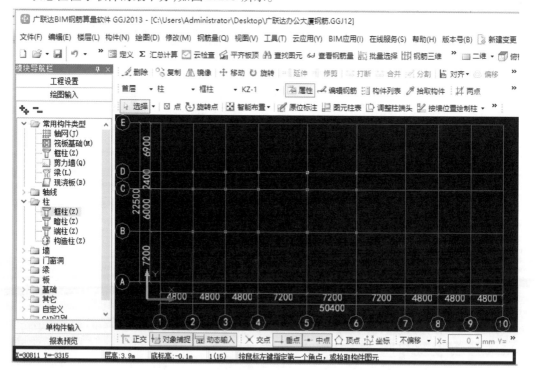

图2.2.5 状态栏

①状态栏第一部分的(X,Y)表示鼠标指针在轴网中的位置信息，默认以$(1,A)$点为原点；

②状态栏第二部分(层高 3.9 m)表示当前楼层的层高为 3.9 m;

③状态栏第三部分(底标高 −0.1 m)表示当前楼层的底标高为 −0.1 m;

④状态栏第四部分[1(15)]表示当前有 15 个同名图元,其中 1 个被选中;

⑤状态栏第五部分(按鼠标左键指定第一个角点,或者拾取构件图元),表示当前状态下的操作提示。

5)偏心线状实体的绘制方向

居中布置的构件可以不考虑方向,但在线状构件中修改了"轴线距左边线距离"参数后,即不居中布置,分别采用顺时针方向与逆时针方向绘图,结果是不一样的。轴线距左边线距离的参数默认是顺时针布置,如果采用逆时针方向布置,该项参数实际代表的是轴线距右边线距离。绘制方向的查看,可以通过"工具"菜单栏下的"显示线性图元方向"进行查看。

2.3　工程设置及轴网

2.3.1　新建工程

新建工程的步骤如下:

①启动软件。

②点击"新建向导"。

③输入工程名称"广联达办公大厦钢筋",选择计算规则"11 系平法系列",选择损耗模板"不计算损耗",选择报表类别"四川(2015)",选择汇总方式"按外皮计算钢筋长度(不考虑弯曲调整值)",如图 2.3.1 所示。

图 2.3.1　工程名称

a.计算及节点设置:信息录入完成后,单击"计算及节点设置"中的"搭接设置",主要进行搭接方式、定尺长度的确定。在要计算搭接长度的前提下,该项设定会影响计算结果。该项设定也可以在工程新建完成后,在"工程设置"的"计算设置"中进行修改。

b. 根据图纸"结构总说明一"中第十点"钢筋混凝土结构构造"第 2 条"钢筋接头形式及要求"(图 2.3.2)进行设置。

图 2.3.2　钢筋接头形式及要求

c. 修改各种钢筋的直径范围:格式为"起始直径~结束直径",其中"~"可以用"-"代替。注意直径的数字不是连续的,而是实际存在的钢筋直径。修改完成某一行后,其他行的直径范围会自动变化。

d. 修改钢筋的连接形式:点击"连接形式",在出现的下拉列表框中选择。

e. 定尺长度:指单根成品钢筋的长度,根据各地实际情况设置,用于计算接头数量的参数,一般不用修改。

以上 c~e 三项的设置如图 2.3.3 所示。

| | 钢筋直径范围 | 连接形式 | | | | | | | | 墙柱垂直筋定尺 | 其余钢筋定尺 |
		基础	框架梁	非框架梁	柱	板	墙水平筋	墙垂直筋	其它		
1	— HPB235, HPB300										
2	3~14	绑扎	绑扎	绑扎	绑扎	绑扎	绑扎	绑扎	绑扎	8000	8000
3	16~32	直螺纹连接	直螺纹连接	直螺纹连接	电渣压力焊	直螺纹连接	直螺纹连接	电渣压力焊	电渣压力焊	10000	10000
4	— HRB335, HRB335E, HRBF335, HRBF335E										
5	3~14	绑扎	绑扎	绑扎	绑扎	绑扎	绑扎	绑扎	绑扎	8000	8000
6	16~50	直螺纹连接	直螺纹连接	直螺纹连接	电渣压力焊	直螺纹连接	直螺纹连接	电渣压力焊	电渣压力焊	10000	10000
7	— HRB400, HRB400E, HRBF400, HRBF400E										
8	3~14	绑扎	绑扎	绑扎	绑扎	绑扎	绑扎	绑扎	绑扎	8000	8000
9	16~50	直螺纹连接	直螺纹连接	直螺纹连接	电渣压力焊	直螺纹连接	直螺纹连接	电渣压力焊	电渣压力焊	10000	10000
10	— 冷轧带肋钢筋										
11	4~12	绑扎	绑扎	绑扎	绑扎	绑扎	绑扎	绑扎	绑扎		
12	— 冷轧扭钢筋										
13	6.5~14	绑扎	绑扎	绑扎	绑扎	绑扎	绑扎	绑扎	绑扎	8000	8000

图 2.3.3　搭接设置

④完成后点击"下一步"继续录入工程信息(属性名称为蓝色字体的为必填项,会影响钢筋量;黑色字体为选填项,不影响算量),如图 2.3.4 所示。由于结构类型、设防烈度、檐高都是为了确定抗震等级,在直接选择抗震等级后可以不录入这三项数值,输入完成后点击"下一步"。

⑤编制信息(图 2.3.5)可不填,可直接点击"下一步"。

⑥比重设置。直径为 6 mm 的钢筋比重修改为 0.26,与直径 6.5 mm 的保持一致,修改后点击"下一步",如图2.3.6所示。该项也提醒了大家各类钢筋信息录入时采用的字母符号。

⑦弯钩设置。该项一般不用修改,软件默认按照工程抗震考虑,即所有构件全部按照设定的二级抗震计算弯钩。如果选择"图元抗震考虑",则按照构件设定的抗震等级计算弯钩,如图 2.3.7 所示。例如在该选项下,某梁的抗震等级为不抗震,则该梁按不抗震的弯钩计算。确定后点击"下一步"。

⑧完成。检查设置是否有错,有错则返回"上一步"进行修改,确认后点击"完成"(图 2.3.8)。

图 2.3.4　工程信息

图 2.3.5　编制信息

图 2.3.6　比重设置

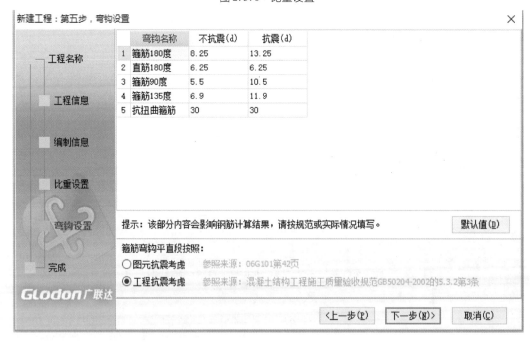

图 2.3.7　弯钩设置

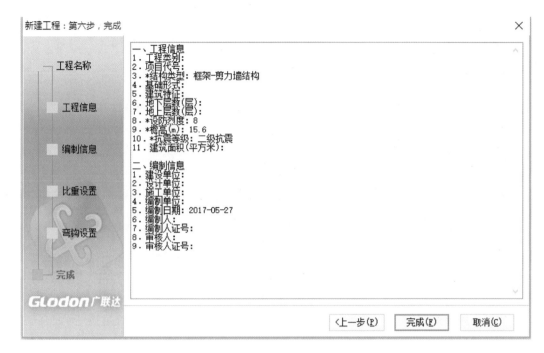

图2.3.8　完成

2.3.2　楼层信息设置

1）楼层设置

本部分主要从事两方面的工作：一是确定楼层的数量；二是确定楼层的层高。

（1）楼层数量

设计说明中明确指出，该工程地下1层、地上4层（不包括电梯机房及水箱间），而在软件中将基础单独作为一层，再加上电梯机房及水箱间作为一层，所以本工程的楼层数量为7层。

（2）各楼层层高

在建施图、结施图中分别用了两个标高体系。我们可以把建施图中的标高称为建筑标高，把结施图中的标高称为结构标高。二者的差异就在于楼地面的装修厚度。如在常见的建施图中，首层楼地面标高为±0.000 m，而结施图的第一层（地下一层顶板）板的标高却为−0.050 m，即是如此。

本部分采用结构标高体系。

层高：上下两层楼面或楼面与地面之间的垂直距离。那么首层层高就是首层板面到二层板面的垂直距离；地下一层层高就是筏板基础上表面到首层板面之间的垂直距离；最底层的地下室层高会比建施图中看到的小，少了建筑标高与结构标高的差值；基础层层高就是不含垫层的筏板基础厚度。

（3）建立楼层

①将鼠标停留在基础层上，点击"插入楼层"，会建立地下室部分。

②将鼠标停留在首层上，点击"插入楼层"，会建立地上部分。

③修改楼层序号为5的楼层名称为"机房层"。

④修改各楼层层高。

⑤修改首层底标高为"-0.100"。

⑥其他:

a."现浇板厚"为选填项,可根据本工程中最常用板的厚度填写,为绘图输入中新建板的默认厚度,也可不填。

b."建筑面积"为选填,如果填写每层建筑面积,可以在报表中查到材料的单方含量。

c."相同层数"一般用于标准层建立。

d.楼层表中的名称只起说明作用,实际起控制作用的是楼层序号,所以楼层名称可以修改,楼层序号不能修改。

以上关于楼层设置的各数据如图2.3.9所示。

	楼层序号	名称	层高(m)	首层	底标高(m)	相同层数	现浇板厚(mm)	建筑面积(m2)
1	5	机房层	4.000	☐	15.500	1	120	
2	4	第4层	3.900	☐	11.600	1	120	
3	3	第3层	3.900	☐	7.700	1	120	
4	2	第2层	3.900	☐	3.800	1	120	
5	1	首层	3.900	☑	-0.100	1	120	
6	-1	第-1层	4.300	☐	-4.400	1	120	
7	0	基础层	0.500		-4.900	1	120	

图2.3.9 楼层设置

2)各楼层抗震等级、混凝土标号、锚固长度、搭接长度、保护层厚度设置

(1)首层设定

用鼠标点击楼层表中的首层所在行,下方的表格就是首层的设定,如图2.3.10所示。

图2.3.10 首层设定初始表格

①抗震等级设定:图中基础、梁等构件已经有了抗震等级,该信息来源于新建向导中的抗震等级设定,一般不用再修改。

②混凝土标号:根据图纸"结构总说明一"中第八点"主要结构材料"第2条"混凝土"的规定来设置,如图2.3.11所示。

混凝土所在部位	混凝土　强度等级		备　注
	墙、柱	梁、板	
基础垫层		C15	
基础底板		C30	抗渗等级P8
地下一层、二层楼面	C30	C30	地下一层外墙混凝土为抗渗等级P8
三层、屋面	C25	C25	
其余各结构构件	C25	C25	

图 2.3.11　混凝土强度等级

③锚固长度：根据构件、混凝土标号、抗震等级由软件自动确定，除图纸另有说明外，不作修改。

④搭接长度：根据构件、混凝土标号、抗震等级由软件自动确定，除图纸另有说明或者地方另有钢筋计算规定外，不作修改。在四川省的钢筋计算规定中，把钢筋的搭接归到钢筋的定额损耗中，所以这里会把搭接全部改为"0"。

图 2.3.12　保护层厚度

⑤保护层厚度：根据图纸"结构总说明一"中第十点"钢筋混凝土结构构造"第 1 条"主筋的混凝土保护层厚度"的规定来设置，如图 2.3.12 所示。

根据上述信息，修改首层的有关设置，支持复制、粘贴、表格填充等操作，完成后的首层设定数据如图 2.3.13 所示。

	编码	楼层名称	层高(m)	首层	底标高(m)	相同层数	板厚(mm)	建筑面积(m2)	备注
1	5	机房层	4	☐	15.5	1	120	输入建筑面积，可以计算指标。	
2	4	第4层	3.9	☐	11.6	1	120	输入建筑面积，可以计算指标。	
3	3	第3层	3.9	☐	7.7	1	120	输入建筑面积，可以计算指标。	
4	2	第2层	3.9	☐	3.8	1	120	输入建筑面积，可以计算指标。	
5	1	首层	3.9	☑	-0.1	1	120	输入建筑面积，可以计算指标。	
6	-1	第-1层	4.3	☐	-4.4	1	120	输入建筑面积，可以计算指标。	
7	0	基础层	0.5	☐	-4.9	1	500	输入建筑面积，可以计算指标。	

楼层默认钢筋设置(首层，-0.10m~3.80m)

	抗震等级	砼标号	锚固						搭接						保护层厚(mm)
			HPB235(A) HPB300(A)	HRB335(B) HRB335E(BE) HRBF335(BF) HRBF335E(BFE)	HRB400(C) HRB400E(CE) HRBF400(CF) HRBF400E(CFE) RRB400(D)	HRB500(E) HRB500E(EE) HRBF500(EF) HRBF500E(EFE)	冷轧带肋	冷轧扭	HPB235(A) HPB300(A)	HRB335(B) HRB335E(BE) HRBF335	HRB400(C) HRB400E(CE) HRBF40	HRB500(E) HRB500E(EE) HRBF500(EF) HRBF500E(EFE)	冷轧带肋	冷轧扭	
基础	(二级抗震)	C30	(35)	(34/37)	(41/45)	(50/55)	(41)	(35)	0	0	0	0	0	0	(40)
基础梁/承台梁	(二级抗震)	C30	(35)	(34/37)	(41/45)	(50/55)	(41)	(35)	0	0	0	0	0	0	(40)
框架梁	(二级抗震)	C30	(35)	(34/37)	(41/45)	(50/55)	(41)	(35)	0	0	0	0	0	0	25
非框架梁	(非抗震)	C30	(30)	(29/32)	(35/39)	(43/48)	(35)	(35)	0	0	0	0	0	0	25
柱	(二级抗震)	C30	(35)	(34/37)	(41/45)	(50/55)	(41)	(35)	0	0	0	0	0	0	25
现浇板	(非抗震)	C30	(30)	(29/32)	(35/39)	(43/48)	(35)	(35)	0	0	0	0	0	0	(15)
剪力墙	(二级抗震)	C30	(35)	(34/37)	(41/45)	(50/55)	(41)	(35)	0	0	0	0	0	0	20
人防门框墙	(二级抗震)	C30	(35)	(34/37)	(41/45)	(50/55)	(41)	(35)	0	0	0	0	0	0	20
墙梁	(二级抗震)	C30	(35)	(34/37)	(41/45)	(50/55)	(41)	(35)	0	0	0	0	0	0	(20)
墙柱	(二级抗震)	C30	(35)	(34/37)	(41/45)	(50/55)	(41)	(35)	0	0	0	0	0	0	(20)
圈梁	(二级抗震)	C25	(35)	(38/42)	(46/51)	(56/61)	(46)	(40)	0	0	0	0	0	0	(25)
构造柱	(二级抗震)	C25	(40)	(38/42)	(46/51)	(56/61)	(46)	(40)	0	0	0	0	0	0	(25)
其它	(非抗震)	C25	(34)	(33/37)	(40/44)	(48/53)	(40)	(40)	0	0	0	0	0	0	(25)

图 2.3.13　完成后的首层设定数据

【说明】

在首层中进行了基础方面的设定,甚至进行了人防墙的设定,主要是为了方便后面复制到其他楼层,当没在首层绘制基础时,该条计算设置就不会生效。

（2）地下室、二层设定

点击表格下方的"复制到其他楼层",选择需要复制的目标楼层,这里为了减少三层、四层等的修改量,选择了所有楼层,如图2.3.14所示。

在楼层表中点击"第2层""基础层""第－1层"等楼层中的某一个时,发现该楼层的有关设定已经全部被修改了。

（3）第三层、第四层、机房层的设定

该部分楼层已经有来源于第一层的复制数据,参照第一层的设定方式,修改其不同部分即可;也可以只修改第三层,完成后将第三层的信息复制到第四层、机房层。

2.3.3 轴网的绘制

工程设置完成后,单击左边"模块导航栏"的"绘图输入"按钮,进入绘图界面。我们首先需要绘制轴网。

如果不小心关闭了模块导航栏,可以到"视图"菜单栏下单击"模块导航栏"即可重新打开。

图 2.3.14 楼层信息复制

①选取一张轴网最全的图纸作为绘制的依据。在本工程中,可使用结施-5"－0.100～19.5墙体、柱平法施工图",根据结施-5可以看出,该轴网为正交轴网。

②双击模块导航栏中的"轴网",单击构件列表"新建"按钮,再单击"新建正交轴网"（图2.3.15）。

图 2.3.15 新建正交轴网

③新建好"轴网1"后,录入轴网的各项数据（图2.3.16）:

a.首先输入下开间数据,依次输入下开间各轴号间距,也可在常用值中选取,直到下开间数据输入完成。

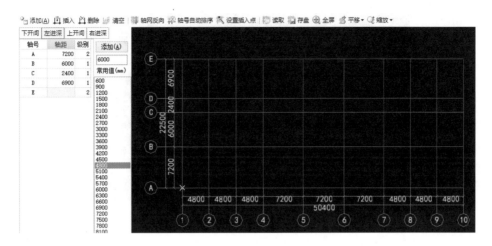

图 2.3.16　轴网构件

b. 下开间输入完成后,单击"左进深",同样依次录入左进深各轴号间距,直到左进深数据输入完成。

c. 上开间、右进深录入方法同上。如果上下开间、左右进深是对称的,只需要录入下开间和左进深数据。预览窗口中的轴网会随着数据的输入而不断完善显示。

d. 当上下开间、左右进深不一致时,轴距录入完成后,必须单击"轴号自动生成",然后再手动修改轴号。

④输入完成后,单击"绘图"按钮,弹出"输入角度"对话框,输入默认值"0",再单击"确定"按钮,即可完成轴网绘制,如图 2.3.17 所示。

图 2.3.17　绘制轴网图元

最终绘制完成的轴网如图 2.3.18 所示。

31

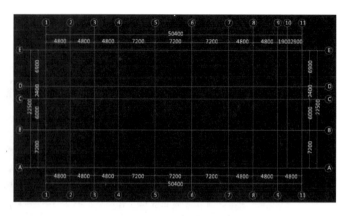

图 2.3.18　绘制完成轴网

2.4　首层构件绘制

2.4.1　柱的绘制

柱钢筋建模标准见表 2.4.1。

表 2.4.1　柱钢筋建模标准

构件类别	构件	命名规则	属性定义标准	实例
柱	矩形混凝土柱	按照图纸标注命名，图纸未标注则参照柱命名规则，如 KZ1	1. 柱名称 2. 柱类别 3. 混凝土标号 4. 截面尺寸 5. 角筋 6. B 边一侧中部筋 7. H 边一侧中部筋 8. 箍筋 9. 肢数 ……	属性编辑器 实例图
	圆形混凝土柱	按照图纸标注命名，图纸未标注则参照柱命名规则，如 KZ2	1. 柱名称 2. 柱类别 3. 半径 4. 全部纵筋 5. 箍筋 6. 混凝土标号 ……	属性编辑器 实例图

续表

构件类别	构件	命名规则	属性定义标准	实　例
柱	构造柱	按照图纸标注命名,图纸未标注则参照柱命名规则,如 GZ240 * 240	1. 构造柱名称 2. 构造柱类别 3. 截面尺寸 4. 混凝土标号 5. 全部纵筋 6. 箍筋 7. 肢数 ……	

1) 查看柱信息

根据结施-5"-0.100~19.500 墙体、柱平法施工图"可以查看柱的信息。框架柱共 7 种类型:矩形共 4 种,截面尺寸均为 600 mm×600 mm;圆形柱共 3 种,直径分别为 850,500,500 mm。

2) 框架柱构件的建立

① 在模块导航栏中找到柱构件,然后单击右边构件列表中的"新建"按钮,如图 2.4.1 所示。然后选择"新建矩形框柱",在属性编辑器中修改柱信息,如图 2.4.2 所示,即可完成 KZ1 的建立。

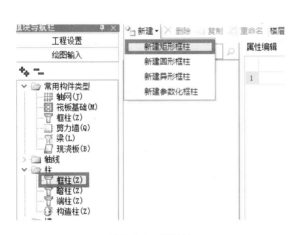

图 2.4.1　新建柱　　　　　　　　　图 2.4.2　KZ1 构件属性

② 在模块导航栏中找到柱构件,然后单击右边构件列表中的"新建"按钮,选择"新建圆形框柱",在属性编辑器中修改柱信息如图 2.4.3 所示,完成 KZ2 的建立。

③ 采用同样的方式,建立 KZ3、KZ4、KZ5、KZ6、KZ7,也可以用复制相似构件后进行修改。

3）框架柱的绘制

柱的绘制方式有很多,包括点式、旋转点、智能布置等,选择任何一种绘图方式后,在状态栏都有操作提示,按照提示操作即可。选择适合的方式布置能提高绘图效率。

根据结施-5,可得出本工程柱均不是偏心柱,故可采用点式布置完成。选中 KZ1,点击绘图,软件默认为点式布置,将鼠标放置 2 轴与 E 轴的交点,软件会自动捕捉交点,出现十字叉时单击鼠标左键即可完成柱的放置,如图 2.4.4 所示。采用同样的方式完成KZ-1、KZ-2、KZ-3、KZ-6、KZ-7 的绘制。

	属性名称	属性值	附加
1	名称	KZ2	
2	类别	框架柱	☐
3	截面编辑	否	
4	半径(mm)	425	☐
5	全部纵筋	8Φ25	☐
6	箍筋	Φ10@100/200	☐
7	箍筋类型	螺旋箍筋	☐
8	其它箍筋		☐
9	备注		☐
10	芯柱		

图 2.4.3　KZ2 构件属性

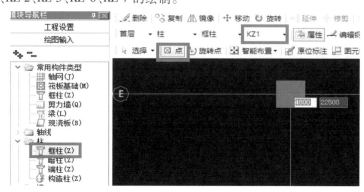

图 2.4.4　点式布置柱

图纸中 KZ4、KZ5 部分柱不在轴网的交点处,对这类构件,我们可以通过建立辅助轴线帮助定位或者偏移等方法绘制,最好的方式是通过偏移绘制。推荐使用偏移的快捷方式"Shift + 鼠标左键",即相对于当前捕捉的基点偏移绘制。在构件列表中选择 KZ-4,点击绘图,软件切换到绘图界面。将光标放置在 4 轴交 B 轴位置,按住 Shift 键不松手,再单击鼠标左键,弹出对话框,在对话框中输入偏移值,单击"确定"即可,如图 2.4.5 所示。

图 2.4.5　偏移布置柱

偏移的有关说明:
● 偏移值与选择的基点有关系,基点不同,那么偏移值也不相同;
● 偏移值的大小根据平面坐标来计算,以所选定的基点为(0,0),需要绘制的点在坐标上的位置,即为偏移值;
● 偏移值有正负之分,点位于 X、Y 轴的正方向即为正,反方向即为负。

其余 KZ-4、KZ-5 也可采用这个方法完成绘制。

4)端柱构件的建立

剪力墙施工图中经常见到:代号 YDZ 是约束边缘端柱;代号 YAZ 是约束边缘暗柱;代号 YYZ 是约束边缘翼柱;代号 GDZ 是构造边缘端柱;代号 GJZ 是构造转角柱;代号 GAZ 是构造边缘暗柱。

它们是剪力墙的竖向加强部位,作用都一样,设置在剪力墙的边缘,起到改善受力性能的作用。区别在于:约束边缘构件对体积配箍率等要求更严,用在比较重要的受力较大的结构部位;构造边缘构件要求松一些。

软件将柱分为四类:框柱、暗柱、端柱、构造柱。YDZ、GDZ 在端柱中建立,YAZ、GAZ 在暗柱中建立。

本工程为框架剪力墙结构,根据图纸结施-6"剪力墙柱详图"得出首层共 4 个构造端柱,分别为 GDZ1、GDZ2、GDZ3、GDZ4。

(1)新建参数化柱

①在端柱构件列表中,单击"新建",选择"新建参数化柱",在弹出的对话框中选择端柱行中"DZ-a1"形,根据 GDZ1 的尺寸信息输入参数,单击"确定"即可完成新建,如图 2.4.6 所示。

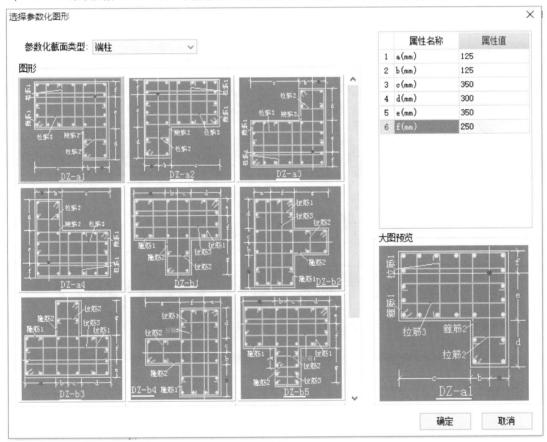

图 2.4.6　参数化新建 GDZ1

②新建后软件默认名称为"DZ-1",此处需要将其改为"GDZ1",并修改钢筋信息,如图 2.4.7 所示。

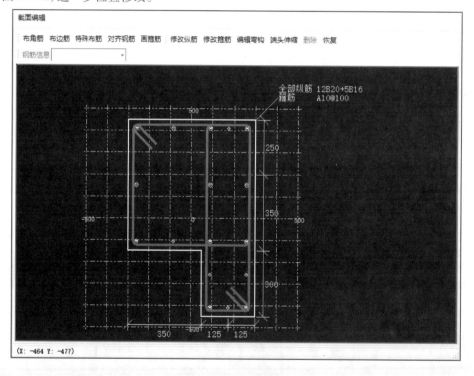

	属性名称	属性值	附加
1	名称	DZ-1	
2	类别	端柱	☐
3	截面编辑	否	
4	截面形状	DZ-a1形	☐
5	截面宽(B边)(mm)	600	☐
6	截面高(H边)(mm)	900	☐
7	全部纵筋	16Φ22	☐
8	箍筋1	Φ8@150	☐
9	箍筋2	Φ8@150	☐
10	拉筋1	2Φ8@150	☐
11	拉筋2	2Φ8@150	☐
12	拉筋3	2Φ8@150	☐
13	其它箍筋		

（a）修改前

	属性名称	属性值	附加
1	名称	GDZ1	
2	类别	端柱	☐
3	截面编辑	否	
4	截面形状	DZ-a1形	☐
5	截面宽(B边)(mm)	600	☐
6	截面高(H边)(mm)	900	☐
7	全部纵筋	12Φ20+5Φ16	☐
8	箍筋1	Φ10@100	☐
9	箍筋2	Φ10@100	☐
10	拉筋1	Φ10@100	☐
11	拉筋2	Φ10@100	☐
12	拉筋3	Φ10@100	☐
13	其它箍筋		

（b）修改后

图2.4.7　修改名称

③完成该项修改后,点击GDZ1属性编辑器中"截面编辑",将"否"改为"是",进入"截面编辑"(图2.4.8)进一步检查修改。

图2.4.8　截面编辑器

若明显发现配筋情况与图纸不符,则需要进一步修改。

④修改纵筋直径。在"截面编辑"中单击鼠标右键,在弹出的菜单中选择"修改纵筋",选择最下方的两根B20钢筋,按照"截面编辑"下方的操作提示,将其修改为B16的钢筋,如图2.4.9所示。

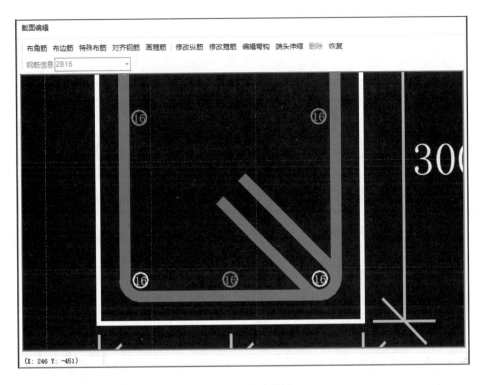

图 2.4.9　修改纵筋

采用同样的方法,修改位置正确但钢筋直径不正确的钢筋。

⑤首先删除位置不正确的钢筋,删除后如图 2.4.10 所示。

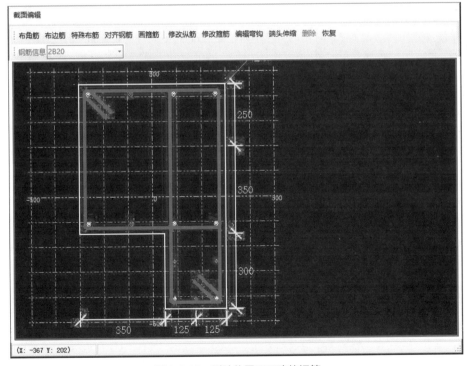

图 2.4.10　删除位置不正确的钢筋

⑥布边筋。通过对比分析,发现其两侧各缺少 2B20 的钢筋,采用布边筋的方式补上。单击"布边筋",在钢筋信息中录入"2B20",分别在两侧钢筋位置线上单击鼠标左键即可完成,如图 2.4.11 所示。

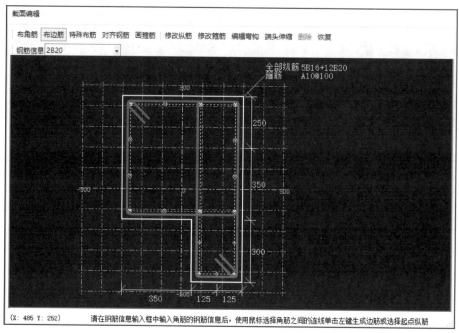

图 2.4.11　布边筋

至此,纵筋全部修改完成,并且可以看到右上方的纵筋统计为"5B16 + 12B20",为了和图纸一致,接下来修改箍筋和拉筋。

⑦布拉筋。对比分析箍筋和拉筋,如果有不符合的,在选择后进行删除,而这里发现缺少拉筋。单击"画箍筋",在钢筋信息中录入"A10-100",采用"直线"方式绘制,依次单击起点和终点,结束后单击鼠标右键即可,如图 2.4.12 所示。

至此,GDZ1 的钢筋编辑过程结束。GDZ2、GDZ3、GDZ4 均可采用此方法绘制。

（2）新建异形端柱

此处以 GDZ2 为例介绍建异形端柱的另一种方法。

①在端柱构件列表中,单击"新建",选择"新建异形端柱",弹出如图 2.4.13 所示的对话框。

②再单击"定义网格"按钮,弹出如图 2.4.14 所示对话框。根据施-6 中 GDZ2 的信息定义网格为:水平方向输入"150,600,300",垂直方向输入"250,350"。

③单击"确定",绘图界面如图 2.4.15 所示。

④定义好网格后,选择"画直线"命令,画出 GDZ2 的轮廓,如图 2.4.16 所示,画完后单击"确定"。

⑤接下来的步骤参考 GDZ1 钢筋的编辑过程。

（3）绘制端柱

绘制端柱的方法和框架柱的相同。由于端柱的位置明显和构造柱有差别,这里采用点式布置端柱后,可以采用旋转、镜像、对齐等命令进一步调整到位。再次提醒,命令的操作方法和操作过程注意查看状态栏的提示。方法有很多种,根据个人偏好及习惯选用。

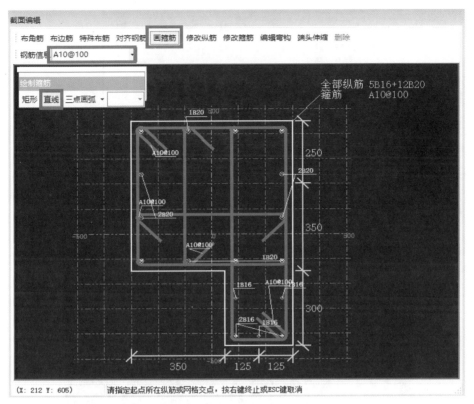

图 2.4.12　布拉筋

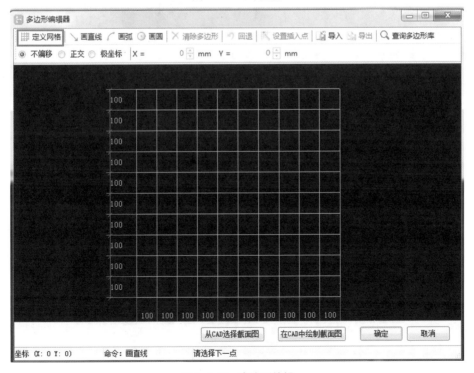

图 2.4.13　多边形编辑

图 2.4.14　定义网格

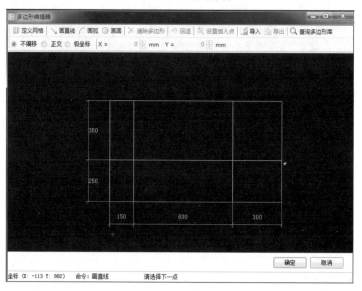

图 2.4.15　定义好的网格

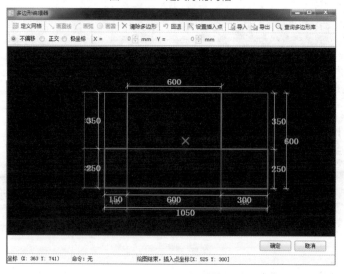

图 2.4.16　绘制端柱轮廓

使用上述方法,将端柱绘制完成。柱绘制完成如图 2.4.17 所示。

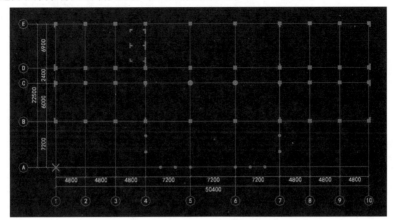

图 2.4.17　一层柱

(4)边角柱的判断

简单来说,中柱上面四个方向有梁,在房子中间;边柱上面三个方向有梁,在房子外墙下;角柱两个方向有梁且垂直,在房子角上。

在框架柱的顶点处,框架柱不再向上延伸,需要进行边角柱的判断。三种柱子的钢筋锚固长度计算方式不一样。

通过单击工具栏上的"自动判断边角柱"来完成判断步骤。当框架柱不是顶点位置时,边角柱的判断不起作用。

2.4.2　墙的绘制

墙钢筋建模标准见表 2.4.2。

表 2.4.2　墙钢筋建模标准

构件类别	构件	命名规则	属性定义标准	实例
墙	剪力墙	按照图纸标注命名,图纸未标注则参照剪力墙命名规则,如Q1(外)	1.墙名称 2.厚度 3.水平分布筋 4.垂直分布筋 5.拉筋 ……	属性编辑器 属性名称 / 属性值 / 附加 1 名称 / Q1(外) 2 厚度(mm) / 250 3 轴线距左墙皮距 / (125) 4 水平分布钢筋 / (2)Φ12@200 5 垂直分布钢筋 / (2)Φ12@200 6 拉筋 / Φ8@600*600 7 备注
	砌体墙	按照图纸标注命名,图纸未标注则参照砌体墙命名规则,如Q250(外)	1.墙名称 2.厚度 3.砌体通长筋 4.横向短筋 ……	属性编辑器 属性名称 / 属性值 / 附加 1 名称 / Q250(外) 2 厚度(mm) / 250 3 轴线距左墙皮距 / (125) 4 砌体通长筋 / 2Φ6@600 5 横向短筋 / Φ6@250 6 砌体墙类型 / 框架间填充墙

1）剪力墙

根据结施-5 可得出,剪力墙共三种,外墙 Q1(墙厚 250 mm),内墙 Q1(墙厚 250 mm),内墙 Q2(墙厚 200 mm)。

（1）新建剪力墙

在模块导航栏中找到"墙",在剪力墙构件列表中单击"新建剪力墙",建立过程与柱相同,为了与土建建模保持一致,对内外墙进行了区分。建立完成后如图 2.4.18 所示。

	属性名称	属性值	附加
1	名称	Q1(外)	☐
2	厚度(mm)	250	☐
3	轴线距左墙皮距	(125)	☐
4	水平分布钢筋	(2)Φ12@200	☐
5	垂直分布钢筋	(2)Φ12@200	☐
6	拉筋	Φ8@600*600	☐
7	备注		☐

图 2.4.18 剪力墙定义

剪力墙钢筋信息说明:

● 分布筋"(2)B12@200"表示墙体内外两排钢筋都是相同的。如果内外两排不相同,例如墙体外侧采用 B12@200,内侧采用 B10@200,那么用"(1)B12@200 + (1)B10@200"来表示。

● 拉筋"A8@600*600"表示每 600 mm×600 mm 范围内设置 1 道。

使用上述方法,可以建立三种剪力墙。

（2）绘制剪力墙

①Q1 绘制。剪力墙是一种典型的线状实体,一般用直线方式绘制,也可以采用矩形、智能布置等方式。双击"Q1(外)"构件,软件进入绘图界面,默认绘制方式为直线,鼠标左键单击 Q1 的起点(1 轴与 E 轴的交点),将光标移至 Q1 的终点(1 轴与 B 轴的交点)单击鼠标左键,完成 Q1 的初步绘制,如图 2.4.19 所示。

根据结施-5,可得出 Q1 不在 1 轴中心,可使用偏移、对齐等命令进行调整。

②Q2 绘制。Q2 的绘制可以通过作辅助轴线或者偏移完成。

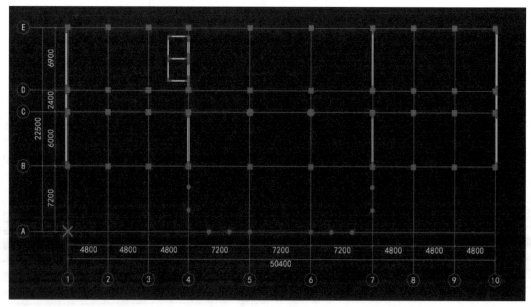

图 2.4.19 剪力墙绘制

2）剪力墙暗梁与连梁

剪力墙中除了竖向的加强部位端柱、暗柱等以外,还有暗梁和连梁作为横向的加强部位。

二者的简单区别是:连梁布置在门窗洞口之上,在门窗中绘制;暗梁布置在剪力墙的顶部,防止剪力墙开裂,在墙中绘制。

根据结施-5 与结施-6 剪力墙梁表的说明,首层有 AL1 和 LL1、LL2、LL3 等梁。由于连梁只能布置在门窗洞口的上方,只有在绘制好门窗洞口之后才能绘制连梁,因此我们将连梁的绘制放到门窗中进行,这里就只讲暗梁的新建与绘制。

(1)新建暗梁

在模块导航栏中找到"墙",在暗梁构件列表中单击"新建暗梁",建立过程与剪力墙相同,如图 2.4.20 所示。

(2)绘制暗梁

暗梁是线状实体,用直线方法绘制即可。初次布置位置不正确的,可以用对齐、偏移、移动等命令进一步调整,如图2.4.21所示。

3)砌体墙

根据建施设计说明第六条可得出,砌体墙共两种:外墙 Q250(墙厚 250 mm)、内墙 Q200(墙厚 200 mm)。

砌体墙的绘制根据结构设计说明第十条的第 9 条第(9)条

	属性名称	属性值	附加
1	名称	AL1	
2	类别	暗梁	☐
3	截面宽度(mm)	250	☐
4	截面高度(mm)	500	☐
5	轴线距梁左边线距	(125)	☐
6	上部钢筋	2Φ20	☐
7	下部钢筋	2Φ20	☐
8	箍筋	Φ8@150	
9	肢数	2	
10	拉筋		☐
11	起点为顶层暗梁	否	
12	终点为顶层暗梁	否	
13	备注		☐

图 2.4.20 新建暗梁

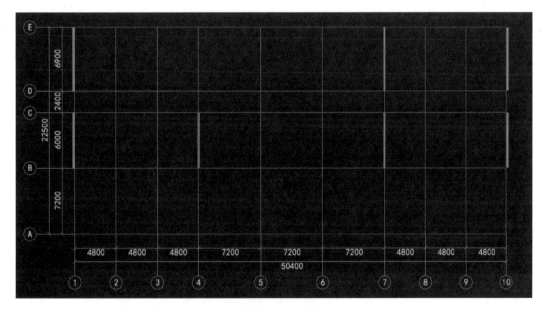

图 2.4.21 一层暗梁

规定,如图 2.4.22 所示。

(1)新建砌体墙

在模块导航栏中找到"墙",在砌体墙构件列表中单击"新建砌体墙",建立过程与剪力墙相同,如图 2.4.23 所示。

用同样的方法或者复制的方式建立 Q200(内)。

(9).填充墙砌体加筋通长布置 2A6@600,拉筋为A6@250;
起步距离为300MM

图2.4.22 砌体钢筋要求

	属性名称	属性值	附加
1	名称	Q250(外)	
2	厚度(mm)	250	☐
3	轴线距左墙皮距	(125)	☐
4	砌体通长筋	2 Φ6@600	☐
5	横向短筋	Φ6@250	☐
6	砌体墙类型	框架间填充墙	☐

图2.4.23 新建砌体墙

（2）绘制砌体墙

绘制砌体墙的方法同绘制剪力墙。幕墙由于与钢筋计算无关,不用画,但这样的模型导入土建算量软件时,由于外墙不封闭,会导致内外墙识别出错。解决方法是在一层所有构件绘制完成后,临时将幕墙位置布置成砌体外墙,形成封闭,导入土建信息后再删除即可。

（3）封闭性检查

为了后续布置板时采用点式布置方法,以及向土建导图绘制装修等,需要对梁、墙进行封闭性检查。

方法如下:隐藏除了墙以外的所有图元,通过"视图"菜单栏下的"构件图元显示设置"进行检查。检查墙端头交汇处是否中心线相交,如图2.4.24所示。

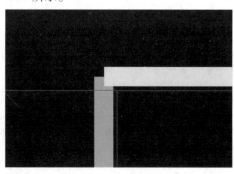

（a）不封闭　　　　　　　　　　　　　　　（b）封闭

图2.4.24 封闭性检查

如果不封闭,可以通过延伸、拉伸等命令,让其交汇在一起。

绘制完成的墙体如图2.4.25所示。

2.4.3 梁的绘制

梁钢筋建模标准见表2.4.3。

梁平法标注说明:

梁在平法标注中分为集中标注和原位标注。集中标注表达梁的通用数值;原位标注表达梁

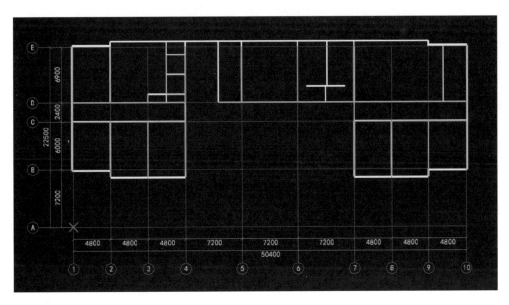

图 2.4.25 一层墙体

的特殊数值(不同值)。

集中标注中必须标注的五个部分:

• KL2(3A),表示 2 号框架梁,3 跨,一端有悬挑;KL2(3B),表示 2 号框架梁,3 跨,两端有悬挑;KL2(3),表示 2 号框架梁,3 跨,没有悬挑。

• 300×500 Y 500×250,表示截面宽×高为 300 mm×500 mm,腋梁尺寸为 500 mm×250 mm,其中"500"表示腋长,"250"表示腋高。

• Φ8@100/200(2),表示箍筋直径为 8 mm 的一级钢,加密区间距为 100 mm,非加密区间距 200 mm,用二肢箍绑扎。

• 纵向钢筋分三种情况:

角部通长筋+(架立筋):2 Φ22+(4 Φ20),表示梁上部角部 2 根直径 22 mm 的通长筋,中间 4 根直径 20 mm 的架立筋。

(架立筋):(4 Φ20),表示梁上部没有通长筋,有 4 根直径 20 mm 的架立筋。

上部纵筋;下部纵筋:3 Φ20;3 Φ22,表示梁上纵向钢筋与下部纵向钢筋均为通长筋时用分号隔开,上部配置 3 根直径 20 mm 的通长筋,下部配置 3 根直径 22 mm 的通长筋。

• 纵向构造钢筋和受扭钢筋:G4 Φ20,表示在梁的两侧各配 2 Φ20 的构造筋(腰筋);N4 Φ20,表示在梁的两侧各配 2 Φ20 的纵向受扭钢筋。

根据图纸结施-8"3.800 梁平法施工图"可以得出,本层包含框架梁、屋面框架梁、非框架梁等。

1)梁的建立

(1)框架梁的建立

在模块导航栏中双击"梁",然后在梁构件列表中单击"新建矩形梁",建立框架梁KL-1,将名称改为"KL1",并将集中标注信息填入属性编辑器,如图 2.4.26 所示。

表 2.4.3　梁钢筋建模标准

构件类别	构件	命名规则	属性定义标准	实　例
梁	框架梁	按照图纸标注命名,图纸未标注则参照楼层框架梁命名规则,如 KL1	1. 名称 2. 类别 3. 截面宽度 4. 截面高度 5. 箍筋 6. 肢数 7. 上部通长筋 8. 下部通长筋 9. 侧面构造或受扭筋 10. 拉筋 ……	属性编辑器 名称 KL1 类别 楼层框架梁 截面宽度(mm) 250 截面高度(mm) 500 轴线距左边线距 (125) 跨数量 9 箍筋 Φ8@100/200(2 肢数 2 上部通长筋 2Φ22 下部通长筋 侧面构造或受扭筋 拉筋 其它箍筋 备注
	屋面框架梁	按照图纸标注命名,图纸未标注则参照屋面框架梁命名规则,如 WKL1	1. 名称 2. 类别 3. 截面宽度 4. 截面高度 5. 箍筋 6. 肢数 7. 上部通长筋 8. 下部通长筋 9. 侧面构造或受扭筋 10. 拉筋 ……	属性编辑器 名称 WKL1 类别 屋面框架梁 截面宽度(mm) 250 截面高度(mm) 600 轴线距梁左边线距 (125) 跨数量 5B 箍筋 Φ8@100/200(2 肢数 2 上部通长筋 2Φ18 下部通长筋 侧面构造或受扭筋 G2Φ14 拉筋 (Φ6) 其它箍筋 备注
	非框架梁	按照图纸标注命名,图纸未标注则参照非框架梁命名规则,如 L1	1. 名称 2. 类别 3. 截面宽度 4. 截面高度 5. 箍筋 6. 肢数 7. 上部通长筋 8. 下部通长筋 9. 侧面构造或受扭筋 10. 拉筋 ……	属性编辑器 名称 L1 类别 非框架梁 截面宽度(mm) 250 截面高度(mm) 600 轴线距梁左边线距 (125) 跨数量 1 箍筋 Φ8@100/200(2 肢数 2 上部通长筋 2Φ20 下部通长筋 侧面构造或受扭筋 拉筋 其它箍筋 备注

KL2、KL3、KL4、KL5、KL6、KL8、KL8a 可以通过同样的方式或者复制修改的方法建立。对于截面变化的梁,先按照集中标注信息建立,等绘制好梁图元后,再通过梁平法表格等方式修改。

(2)屋面框架梁的建立

在框架梁柱节点处,如果此处为框架柱的顶点,框架柱不再向上延伸,那么这个节点处的框架梁做法就应该按照屋面框架梁的节点要求来做;如果框架柱继续向上延伸的话,不论该梁是否处于屋面,都应该按照楼层框架梁的节点要求来做。屋面框架梁和楼层框架梁的主要区别就是上部钢筋在支座处的锚固方式不一样,下部钢筋和侧面纵筋的锚固方式都是一样的。

屋面框架梁的建立与框架梁类似,区别在于其类别是"屋面框架梁",如图 2.4.27 所示。

在 WKL1 集中标注处有个信息"(+0.100)",表明该梁的标高要上升 0.100 m,负数则为降低标高。处理方法有两种:一是在新建构件时就修改其标高;二是在绘制好图元后,再修改图元的标高。

	属性名称	属性值	附加
1	名称	KL1	
2	类别	楼层框架梁	☐
3	截面宽度(mm)	250	☐
4	截面高度(mm)	500	☐
5	轴线距梁左边线距	(125)	☐
6	跨数量	9	
7	箍筋	Φ8@100/200(2	☐
8	肢数	2	
9	上部通长筋	2Φ22	
10	下部通长筋		
11	侧面构造或受扭筋		
12	拉筋		
13	其它箍筋		
14	备注		☐

图 2.4.26　楼层框架梁

	属性名称	属性值	附加
1	名称	WKL1	
2	类别	屋面框架梁	☐
3	截面宽度(mm)	250	☐
4	截面高度(mm)	600	☐
5	轴线距梁左边线距	(125)	☐
6	跨数量	5B	
7	箍筋	Φ8@100/200(2	☐
8	肢数	2	
9	上部通长筋	2Φ18	☐
10	下部通长筋		☐
11	侧面构造或受扭筋	G2Φ14	☐
12	拉筋	(Φ6)	☐
13	其它箍筋		
14	备注		☐

图 2.4.27　屋面框架梁

这里讲一下新建构件时修改标高。在属性编辑器中展开 WKL1 的"其它属性",可以看到该处有起点标高和终点标高信息,按照本章第 2 节中缺省属性的修改方法进行修改,如图 2.4.28 所示。

(3)非框架梁的建立

非框架梁的建立与框架梁的建立方法类似,只需要将类型改为"非框架梁"即可,如图 2.4.29所示。

	属性名称	属性值	附加
15	− 其它属性		
16	汇总信息	梁	☐
17	保护层厚度(mm)	(25)	☐
18	计算设置	按默认计算设置计算	
19	节点设置	按默认节点设置计算	
20	搭接设置	按默认搭接设置计算	
21	起点顶标高(m)	层顶标高+0.1	☐
22	终点顶标高(m)	层顶标高+0.1	☐

图 2.4.28　标高的修改

	属性名称	属性值	附加
1	名称	L1	
2	类别	非框架梁	☐
3	截面宽度(mm)	250	☐
4	截面高度(mm)	600	☐
5	轴线距梁左边线距	(125)	☐
6	跨数量	1	
7	箍筋	Φ8@100/200(2	☐
8	肢数	2	
9	上部通长筋	2Φ20	☐
10	下部通长筋		☐
11	侧面构造或受扭筋		☐
12	拉筋		☐
13	其它箍筋		
14	备注		☐

图 2.4.29　非框架梁

2)梁的绘制

绘制梁之前,必须先绘制好柱和墙,因为柱、墙是梁的支座,没有支座就无法计算梁伸入支座内的钢筋锚固长度。

梁是线状实体,绘制方法基本与墙相同。下面以 KL1 为例讲解其绘制与原位标注信息的输入过程。

(1)KL1 的绘制

①绘制梁 KL1。在构件列表中单击 KL1,软件会默认以直线方式绘制,单击起点(1 轴与 D 轴交点)后再单击终点(10 轴与 D 轴交点),然后单击右键确定,如图 2.4.30 所示。

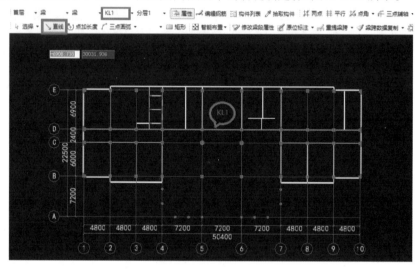

图 2.4.30　KL1 的绘制

在绘图区中可以看到,绘制出来的 KL1 是粉红色的。

②输入 KL1 原位标注信息。选中 KL1,然后单击工具栏中的"梁平法表格",即在下方弹出 KL1 的平法表格输入窗口,如图 2.4.31 所示。

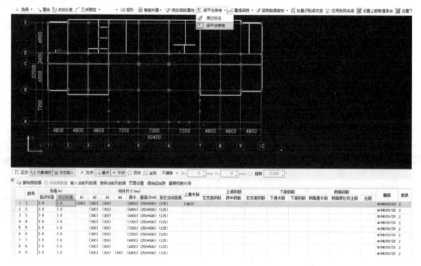

图 2.4.31　KL1 平法表格输入初始(局部)

平法表格信息解析:

●第一栏:显示跨号,1—9 表示有 9 跨,支座数量由软件自动判断生成,如果软件识别错误,可以通过"设置支座""删除支座"的方式调整。

●第二栏:显示各跨的标高信息,默认取自构件属性和层高信息,如果某跨标高有变化,在表格的对应跨位置进行修改。

●第三栏:显示各跨的尺寸信息。前四列显示各跨梁处于支座的中心位置;第五列显示跨长;第六列显示各跨的截面尺寸,如果有变截面的,也在表格的对应跨位置进行修改;第七列显示轴线距梁左边线的距离,如果偏心,也可以在此处进行修改。

●第四栏:显示本梁的上部通长筋信息,如果有则在第一行显示,如果没有则为空白。

●第五栏:显示本梁的非通长的上部钢筋信息,分跨中与左右支座三部分,若为架立筋则在跨中带括号输入。默认前跨的右支座等于后跨的左支座。

●第六栏:显示本梁的下部钢筋信息,分通长与不通长两种。下部通长钢筋信息在第一行的下部通长筋中输入,不通长的钢筋信息则在对应跨的下部钢筋中输入。

●第七栏:显示本梁的侧面钢筋信息,首先分通长与不通长两种,然后再区分是构造钢筋(如 G4B12)还是抗扭钢筋(如 N4B12),处理方法与下部钢筋的类似。

●第八栏:显示本梁的箍筋信息,各跨皆取自构件信息,如果某跨箍筋有变化,则在对应跨位置进行修改。

●第九栏:显示本梁各跨上方次梁的宽度,布置吊筋时必须输入。

●第十栏:显示本梁各跨的次梁加筋信息,也就是当主次梁相交时在次梁两侧增加的主梁箍筋。

●第十一栏:显示本梁各跨的吊筋信息,并自动生成吊筋锚固信息。

●第十二栏:显示本梁的加腋尺寸及钢筋信息。

●第十三栏:除了上述钢筋以外的其他钢筋。

平法表格和绘图区的梁跨钢筋信息一一对应,如图 2.4.32 所示。例如,在表格中选择第二行时,绘图区中 KL1 的第二跨就呈黄色高亮显示,反之亦然。

	跨号	尺寸(mm)	
		跨长	截面(B*H)
1	1	(4800)	(250*500)
2	2	(4800)	(250*500)
3	3	(4800)	(250*500)
4	4	(7200)	250*650
5	5	(7200)	250*650
6	6	(7200)	250*650
7	7	(4800)	(250*500)
8	8	(4800)	(250*500)
9	9	(4800)	(250*500)

(a)KL1 截面修改

	跨号	上部钢筋			
		上通长筋	左支座钢筋	跨中钢筋	右支座钢筋
1	1	2Φ22	3Φ22		3Φ22
2	2				3Φ22
3	3				2Φ22/2Φ25
4	4				2Φ22/2Φ25
5	5				4Φ22 2/2
6	6				4Φ22 2/2
7	7				3Φ22
8	8				4Φ22 2/2
9	9				4Φ22 2/2

(b)KL1 上部钢筋

图 2.4.32 平法表格中的钢筋信息

	跨号	下部钢筋	
		下通长筋	下部钢筋
1	1		2Φ20
2	2		2Φ20
3	3		3Φ22
4	4		4Φ22
5	5		4Φ22
6	6		4Φ22
7	7		2Φ20
8	8		2Φ20
9	9		3Φ20

	跨号	侧面钢筋		
		侧面通长筋	侧面原位标注筋	拉筋
1	1			
2	2			
3	3			
4	4		G2Φ14	(Φ6)
5	5		G2Φ14	(Φ6)
6	6		G2Φ14	(Φ6)
7	7			
8	8			
9	9			

(c) KL1 下部钢筋　　　　　　　　　(d) KL1 侧面钢筋

	跨号	箍筋	肢数	次梁宽度	次梁加筋	吊筋	吊筋锚固
1	1	Φ8@100/20	2				
2	2	Φ8@100/20	2				
3	3	Φ8@100/20	2				
4	4	Φ8@100/20	2	250	3/3	2Φ20	20*d
5	5	Φ8@100/20	2	250	3/3	2Φ20	20*d
6	6	Φ8@100/20	2	250	3/3	2Φ20	20*d
7	7	Φ8@100/20	2				
8	8	Φ8@100/20	2				
9	9	Φ8@100/20	2		3/3		

(e) KL1 箍筋、次梁加筋、吊筋

图 2.4.32　平法表格中的钢筋信息（续图）

根据图纸，KL1 平法表格各分块信息如下：

次梁加筋中的"3/3"表示每侧 3 根，钢筋信息同箍筋，若与箍筋不同，则在数量后面写上加筋信息，例如 3A8（4）/3A8（4），表示每侧增加 3 根 A8 的四肢箍。吊筋锚固自动生成。至此，KL1 绘制完毕。同时绘图区中 KL1 的颜色变成绿色。采用同样的方法，可以绘制出其他框架梁。

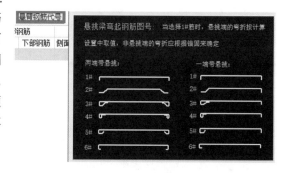

图 2.4.33　悬臂钢筋代号

（2）悬挑梁的绘制

悬挑梁的绘制方法同框架梁，但平法表格中悬挑端的上部钢筋信息输入方法与其有区别。

悬挑梁的悬臂端弯起钢筋一共有六种形式，可以通过单击平法表格上方的"悬臂钢筋代号"进行查看，如图 2.4.33 所示。

下面以 KL5 为例进行说明。

首先使用点加长度或者偏移的方法将 KL5 绘制出来，然后选中 KL5，单击"梁平法表格"（图 2.4.34），跨号出现"0"意味着是悬挑梁，如图 2.4.34 所示。KL5 在 0 跨的左支座和 4 跨的右支座是无法输入钢筋信息的，因为该处无支座。

方法一：在悬挑跨的"跨中钢筋"处输入"3B22"，如图 2.4.35 所示。

通过这种方法，跨中钢筋默认按照节点设置中第二种弯起方式计算。如图 2.4.36 所示，也可以通过修改节点设置进行改变。

	跨号	距左边线距离	上通长筋	上部钢筋			下部钢筋		侧面钢筋		拉筋
				左支座钢筋	跨中钢筋	右支座钢筋	下通长筋	下部钢筋	侧面通长筋	侧面原位标注筋	
1	0	(125)	2⌀22								
2	1	(125)									
3	2	(125)									
4	3	(125)									
5	4	(125)									

图 2.4.34 KL5 悬挑梁初始

	跨号	距左边线距离	上通长筋	上部钢筋			下部钢筋		侧面钢筋		拉筋
				左支座钢筋	跨中钢筋	右支座钢筋	下通长筋	下部钢筋	侧面通长筋	侧面原位标注筋	
1	0	(125)	2⌀22		3⌀22	3⌀22				2⌀18	
2	1	(125)				3⌀22				3⌀20	
3	2	(125)				3⌀22				2⌀18	
4	3	(125)				3⌀22				3⌀20	
5	4	(125)			3⌀22					2⌀18	

图 2.4.35 KL5 悬挑梁平法表格

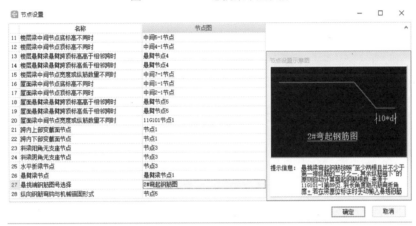

图 2.4.36 节点设置

方法二:在悬挑跨的跨中钢筋处输入"2-3B22",直接指定悬臂端弯起钢筋按照第二种方式计算。如果输入"1-3B22",则按照第一种弯起方式计算,不受节点设置中弯起方式的影响。

绘制完成的梁如图 2.4.37 所示。

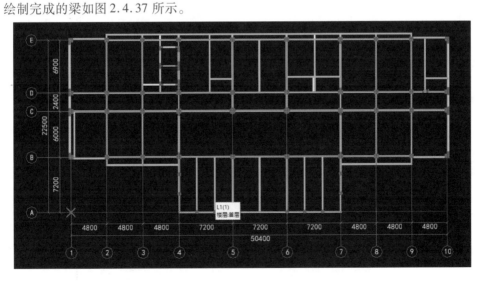

图 2.4.37 一层梁

3）梁的封闭性检查

检查方法和作用与墙的封闭性检查方法相同。

2.4.4　板的绘制

板的钢筋建模标准见表2.4.4。

表2.4.4　板钢筋建模标准

构件类别	构件	命名规则	属性定义标准	实例
板	楼板	按照图纸标注命名，图纸未标注则参照板命名规则，如LB1	1. 名称 2. 混凝土强度等级 3. 厚度 4. 马凳筋信息 ……	属性编辑器 名称 LB2 混凝土强度等级 (C30) 厚度(mm) (120) 顶标高(m) 层顶标高 保护层厚度(mm) (15) 马凳筋参数图 Ⅰ型 马凳筋信息 Φ8@1000*1000 线形马凳筋方向 平行横向受力 拉筋 马凳筋数量计算方 向上取整+1 拉筋数量计算方式 向上取整+1 归类名称 (LB2) 汇总信息 现浇板
	面筋	按照图纸标注命名，图纸未标注则参照面筋命名规则，如A8-200M	1. 名称 2. 钢筋信息 3. 类别 ……	属性编辑器 名称 A10-200M 钢筋信息 Φ10@200 类别 面筋 左弯折(mm) (0) 右弯折(mm) (0) 钢筋锚固 (30) 钢筋搭接 (0) 归类名称 (A10-200M) 汇总信息 板受力筋 计算设置 按默认计算设 节点设置 按默认节点设 搭接设置 按默认搭接设 长度调整(mm) 备注
	底筋	按照图纸标注命名，图纸未标注则参照底筋命名规则，如A8-200	1. 名称 2. 钢筋信息 3. 类别 ……	属性编辑器 名称 A10-200 钢筋信息 Φ10@200 类别 底筋 左弯折(mm) (0) 右弯折(mm) (0) 钢筋锚固 (30) 钢筋搭接 归类名称 (A10-200) 汇总信息 板受力筋 计算设置 按默认计算设 节点设置 按默认节点设 搭接设置 按默认搭接设 长度调整(mm) 备注

续表

构件类别	构件	命名规则	属性定义标准	实 例
板	温度筋	按照图纸标注命名,图纸未标注则参照温度筋命名规则,如 A6-200W	1.名称 2.钢筋信息 3.类别 ……	属性编辑器 名称 A6-200W 钢筋信息 Φ6@200 类别 温度筋 左弯折(mm) (0) 右弯折(mm) (0) 钢筋锚固 (30) 钢筋搭接 (0) 归类名称 (A6-200W) 汇总信息 板受力筋 计算设置 按默认计算设 节点设置 按默认节点设 搭接设置 按默认搭接设 长度调整(mm) 备注
	负筋	按照图纸标注命名,图纸未标注则参照负筋命名规则,如 A8-200	1.名称 2.钢筋信息 3.左标注 4.右标注 5.马凳筋排数 6.单边标注位置 7.分布钢筋 ……	属性编辑器 名称 A8-200 钢筋信息 Φ8@200 左标注(mm) 900 右标注(mm) 0 马凳筋排数 1/0 单边标注位置 (支座中心线) 左弯折(mm) (0) 右弯折(mm) (0) 分布钢筋 Φ8@200 钢筋锚固 (30) 钢筋搭接 (0) 归类名称 (6) 计算设置 按默认计算设 节点设置 按默认节点设 搭接设置 按默认搭接设 汇总信息 板负筋 备注
	跨板受力筋	按照图纸标注命名,图纸未标注则参照跨板受力筋命名规则,如 KA8-200	1.名称 2.钢筋信息 3.左标注 4.右标注 5.马凳筋排数 6.标注长度位置 7.分布钢筋 ……	属性编辑器 名称 8 钢筋信息 Φ12@150 左标注(mm) 1200 右标注(mm) 1200 马凳筋排数 2/2 标注长度位置 (支座中心线) 左弯折(mm) (0) 右弯折(mm) (0) 分布钢筋 Φ8@200 钢筋锚固 (29) 钢筋搭接 (0) 归类名称 (8) 汇总信息 板受力筋 计算设置 按默认计算设 节点设置 按默认节点设 搭接设置 按默认搭接设 长度调整(mm) 备注

在板钢筋工程中,板和钢筋相互分开,这与前面的墙、柱、梁有所不同。

绘制钢筋之前,必须先画板。

1)板

(1)新建板

在模块导航栏中找到"板",在板构件列表处单击"新建板",建立过程与其他构件相同,如图 2.4.38 所示。

这里的难点就在于马凳筋。马凳筋因其形状像马凳而得名,也称为撑筋。马凳筋用于上下两层板钢筋中间,起固定上层板钢筋的作用。当基础厚度较大时(大于 800 mm)不宜用马凳筋,而是用更稳定和牢固的支架,马凳筋的相关参数如图 2.4.39 所示。

①马凳筋的根数:可按面积计算根数,马凳筋个数 = 板面积/(马凳筋横向间距×纵向间距),如果板筋设计成底筋加支座负筋的形式且没有温度筋时,那么马凳筋个数必须扣除中空部分。梁可以起到马凳筋作用,所以马凳筋个数须扣除梁;电梯井、楼梯间和板洞部位无须马凳筋,不应计算;楼梯马凳筋另行计算。

	属性名称	属性值	附加
1	名称	LB2	
2	混凝土强度等级	(C30)	☐
3	厚度(mm)	(120)	☐
4	顶标高(m)	层顶标高	☐
5	保护层厚度(mm)	(15)	☐
6	马凳筋参数图	I 型	
7	马凳筋信息	Φ8@1000*1000	☐
8	线形马凳筋方向	平行横向受力	☐
9	拉筋		☐
10	马凳筋数量计算方	向上取整+1	☐
11	拉筋数量计算方式	向上取整+1	☐
12	归类名称	(LB2)	☐
13	汇总信息	现浇板	☐

图 2.4.38 新建板

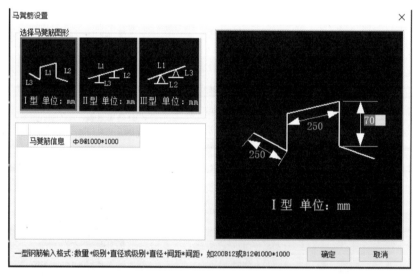

图 2.4.39 LB2 马凳筋参数设置

②马凳筋的长度:马凳高度 = 板厚 − 2 × 保护层 − 上部板筋与板最下排钢筋直径之和。上平直段为板筋间距 +50 mm(也可以是 80 mm,马凳筋上放一根上部钢筋),下左平直段为板筋间距 +50 mm,下右平直段为 100 mm,这样马凳筋的上部能放置两根钢筋,下部三点平稳地支承在板的下部钢筋上。马凳筋不能接触模板,防止马凳筋返锈。

③马凳筋的规格:除图纸有说明外,当板厚≤140 mm、板受力筋和分布筋≤10 mm 时,马凳筋直径可采用 φ8;当 140 < h≤200 mm、板受力筋≤12 mm 时,马凳筋直径可采用 φ10;当 200 < h≤300 mm 时,马凳筋直径可采用 φ12;当 300 < h≤500 mm 时,马凳筋直径可采用 φ14;当 500 < h≤700 mm 时,马凳筋直径可采用 φ16;当板厚 >800 mm 时,最好采用钢筋支架或角钢支架。

> 　　马凳筋高度 70 mm 的来历:由图 2.4.39 可知,板厚 120 mm,底筋直径 10 mm,没有面筋,负筋及跨板受力筋直径有 8,12,14 mm 等几种,简单取个中值 10 mm;120 mm(板厚) − 10 mm(底筋) − 10 mm(负筋等) − 15 mm(保护层) ×2 =70 mm。

采用同样的方法,可以建立一层的其他板。

(2)板的绘制

软件提供板的绘制方式有直线、点、弧线、矩形以及智能布置等,按照状态栏操作提示进行即可。当采用点式布置方式时,如果出现提示信息"不能在非封闭区域布置"时,那么需要返回梁、墙构件对梁、墙进行封闭性检查,修改不封闭位置。

在板施工图中,有时可以发现在板的集中标注下方有类似"(−0.050)"的信息,这意味着此处的板标高要降低 0.05 m,正数则升高。处理方式有以下两种:

①新建板时就修改板的标高,那么绘制的所有同名板图元标高都会修改。

②新建板时按照默认值处理,绘制好板图元后,选中需要调整标高的板图元,在属性编辑器中将顶标高改为"层标高 −0.050"即可,顶标高为黑色字体,是私有属性,改变该属性不会影响其他没选中的 LB6,如图 2.4.40 所示。

	属性名称	属性值	附加
1	名称	LB6	
2	混凝土强度等级	(C30)	☐
3	厚度(mm)	(120)	☐
4	顶标高(m)	层顶标高-0.05	☐
5	保护层厚度(mm)	(15)	☐
6	马凳筋参数图	Ⅰ型	
7	马凳筋信息	Φ8@1000*1000	☐
8	线形马凳筋方向	平行横向受力	☐
9	拉筋		☐
10	马凳筋数量计算方	向上取整+1	☐
11	拉筋数量计算方式	向上取整+1	☐
12	归类名称	(LB6)	☐
13	汇总信息	现浇板	
14	备注		

图 2.4.40　板标高调整

绘制完成的板如图 2.4.41 所示。

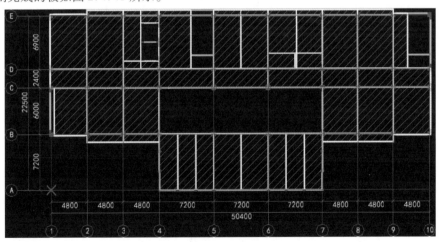

图 2.4.41　一层板

2)板受力筋

板受力筋又分为面筋、底筋、中间层筋、温度筋等四种。顾名思义,面筋布置在板的上方;底筋布置在板的下方;中间层筋布置在板厚的中间;温度筋布置在板上方的中心位置,与负筋或跨板受力筋连接,起防止板因温度变化而变形的作用。跨板受力筋也属于板受力筋的一种,是面筋与负筋的综合体。

（1）面筋与底筋

面筋与底筋一般是一次性同时布置上去的,所以在本书中合在一起讲。

①新建面筋与底筋。在模块导航栏中双击"板",在板受力筋构件列表处单击"新建受力筋",修改类别及其他信息即可完成,如图 2.4.42 和图 2.4.43 所示。

	属性名称	属性值	附加
1	名称	A10-200M	
2	钢筋信息	Φ10@200	□
3	类别	面筋	□
4	左弯折(mm)	(0)	□
5	右弯折(mm)	(0)	□
6	钢筋锚固	(30)	□
7	钢筋搭接	(0)	□
8	归类名称	(A10-200M)	□
9	汇总信息	板受力筋	□
10	计算设置	按默认计算设	
11	节点设置	按默认节点设	
12	搭接设置	按默认搭接设	
13	长度调整(mm)		□
14	备注		□

图 2.4.42　新建面筋

	属性名称	属性值	附加
1	名称	A10-200	
2	钢筋信息	Φ10@200	□
3	类别	底筋	□
4	左弯折(mm)	(0)	□
5	右弯折(mm)	(0)	□
6	钢筋锚固	(30)	□
7	钢筋搭接	(0)	□
8	归类名称	(A10-200)	□
9	汇总信息	板受力筋	□
10	计算设置	按默认计算设	
11	节点设置	按默认节点设	
12	搭接设置	按默认搭接设	
13	长度调整(mm)		□
14	备注		□

图 2.4.43　新建底筋

②绘制面筋与底筋。首先选择绘制范围 单板 多板 自定义,然后选择钢筋的方向 水平 垂直 XY方向,在需要绘制钢筋的板上单击鼠标左键,弹出"智能布置"窗口后选择对应的 X,Y 方向的面筋与底筋,如图 2.4.44 所示,最后单击"确定"即可。

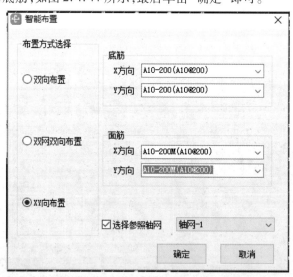

图 2.4.44　布置方式选择

绘制完成的面筋呈粉红色,底筋呈黄色。

采用同样的方法,还可采用"应用到同名板""复制钢筋"等命令完成一层面筋与底筋绘制,如图 2.4.45 所示。详细步骤参考状态栏提示信息。

（2）跨板受力筋

跨板受力筋是面筋与负筋的综合体,在图纸中表现为完整经过一个或多个整板且端头部分伸入其他板内的钢筋。如本工程结施-12 图纸中的 1,8,9,12 等编号钢筋。

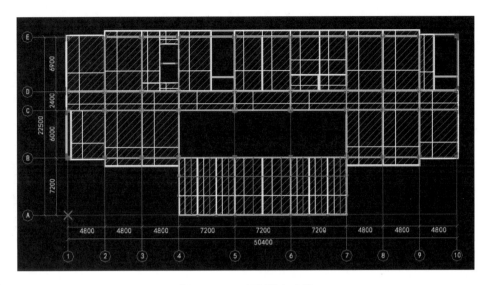

图 2.4.45　一层面筋与底筋

①新建跨板受力筋。在模块导航栏中双击"板",在板受力筋构件列表处单击"新建跨板受力筋",修改类别、左右标注、分布钢筋等信息即可完成,如图 2.4.46 所示。

	属性名称	属性值	附加
1	名称	8	
2	钢筋信息	Φ12@150	☐
3	左标注(mm)	1200	☐
4	右标注(mm)	1200	☐
5	马凳筋排数	2/2	☐
6	标注长度位置	(支座中心线)	☐
7	左弯折(mm)	(0)	☐
8	右弯折(mm)	(0)	☐
9	分布钢筋	Φ8@200	☐
10	钢筋锚固	(29)	
11	钢筋搭接	(0)	
12	归类名称	(8)	☐
13	汇总信息	板受力筋	☐
14	计算设置	按默认计算设	
15	节点设置	按默认节点设	
16	搭接设置	按默认搭接设	
17	长度调整(mm)		☐
18	备注		☐

图 2.4.46　新建跨板受力筋

属性值说明:

● 名称:图纸中明确将该钢筋命名为 8 号钢筋,故取名为"8"。

● 钢筋信息:采用 Φ12@150 的钢筋。

● 左右标注:指两端伸入其他板内的长度值,数值填反了可以在绘图后通过工具栏上的"交换左右标注"进行修改。

● 马凳筋排数:指在左右标注范围内设置的马凳筋排数,计算时分别用左右标注的长度/马凳筋设置间距。本钢筋用 1 200/1 000＝1.2,然后用收尾法取 2。

● 标注长度位置:左右标注的起始位置,主要区分标注长度是否含支座宽度。

● 分布钢筋:本处根据如图 2.4.47 所示的结构设计说明第十条第 4 条第(7)条来确定。

57

②绘制跨板受力筋。绘制方法同面筋和底筋,只在选择钢筋方向上有所区别:一般选择水平方向或者垂直方向,不会选择 X,Y 方向。如果左右标注方向反了可以通过"交换左右标注"修改。

(3)温度筋

①新建温度筋。在模块导航栏中双击"板",在板受力筋构件列表处单击"新建受力筋",修改类别及其他信息即可完成,如图 2.4.48 所示。

| 属性编辑器 | | 中 × |
属性名称	属性值	附加
1 名称	A6-200W	
2 钢筋信息	Φ6@200	☐
3 类别	温度筋	☐
4 左弯折(mm)	(0)	☐
5 右弯折(mm)	(0)	☐
6 钢筋锚固	(30)	
7 钢筋搭接	(0)	
8 归类名称	(A6-200W)	☐
9 汇总信息	板受力筋	☐
10 计算设置	按默认计算设	
11 节点设置	按默认节点设	
12 搭接设置	按默认搭接设	
13 长度调整(mm)		☐
14 备注		☐

(7)板内分布钢筋(包括楼梯踏板),除注明者外见下表:

楼板厚度	<110	120~160
分布钢筋直径 间距	Φ6@200	Φ8@200

图 2.4.47 分布钢筋

图 2.4.48 新建温度筋

②绘制温度筋。绘制方法同面筋。本工程根据结构设计说明第十条第 4 条第(8)条规定(图 2.4.49),没有符合要求的板厚,故不布置。

(8)短跨小于5.4m 板的未配筋表面加布温度筋Φ6@200(板厚130~140);Φ8@200(板厚150~200),双向单排,与板支座负筋搭接30d。(d为温度筋直径)

图 2.4.49 温度筋布置说明

至此,一层受力筋布置完毕,如图 2.4.50 所示。

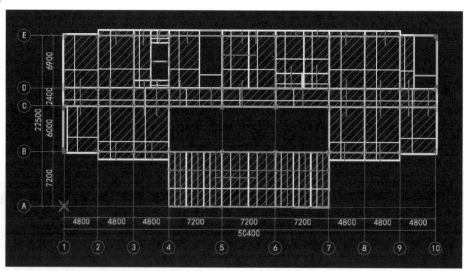

图 2.4.50 一层受力筋

3）板负筋

（1）新建板负筋

在模块导航栏中双击"板"，在板负筋构件列表处单击"新建负筋"，方法同跨板受力筋，如图2.4.51所示。

（2）绘制负筋

负筋的绘制方法有"按梁布置""按墙布置""按板边布置""画线布置"等方式，根据图纸负筋布置范围选择适合的方法布置。下面以(1,C)轴与(1,D)轴位置处的6号负筋为例，讲述负筋的绘制方法。

由于此处的连梁还没有绘制，无法找到参照物，因此不能使用"按梁布置"的方法。又由于墙是连通的，会超过6号负筋的布置范围，因此"按墙布置"也不适合。综上，建议采用"按板边布置"。

①在选择6号负筋后，选择"按板边布置"方式。

②选择需要布置的6号负筋的板边。

③单击鼠标左键确定负筋的左标注方向，即可完成该处负筋布置，如图2.4.52所示。如果左右标注方向反了可以通过"交换左右标注"修改。

	属性名称	属性值	附加
1	名称	A8-200	
2	钢筋信息	Φ8@200	☐
3	左标注(mm)	900	☐
4	右标注(mm)	0	☐
5	马凳筋排数	1/0	☐
6	单边标注位置	(支座中心线)	☐
7	左弯折(mm)	(0)	☐
8	右弯折(mm)	(0)	☐
9	分布钢筋	Φ8@200	☐
10	钢筋锚固	(30)	
11	钢筋搭接	(0)	
12	归类名称	(6)	☐
13	计算设置	按默认计算设	
14	节点设置	按默认节点设	
15	搭接设置	按默认搭接设	
16	汇总信息	板负筋	☐
17	备注		☐

图2.4.51　新建板负筋

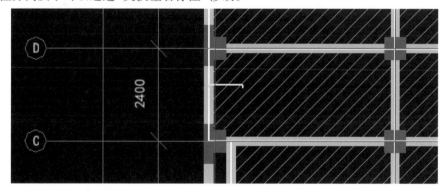

图 2.4.52　绘制负筋

如果只是一个板边的局部位置需要布置负筋，那就需要选择"画线布置"方式了。步骤参考状态栏提示信息。

负筋在绘制过程中很容易产生遗漏，最简单的检查方法是依次检查板的四周是否已经布置了负筋，如果没有布置，则检查该处是否有跨板受力筋，如果没有跨板受力筋，该处的负筋很有可能漏掉了，此时应比照图纸再进行检查。

绘制完成的负筋图如图 2.4.53 所示。

2.4.5　门窗洞口

门窗洞口钢筋建模标准见表2.4.5。

门窗洞口要影响过梁、连梁的绘制，因为上述两种梁只能布置在门窗洞口处，同时门窗洞口会影响墙内的钢筋计算。

表 2.4.5　门窗洞口钢筋建模标准

构件类别	构　件	命名规则	属性定义标准	实　例
门窗洞口	门	按照图纸标注命名,图纸未标注则参照门命名规则,如 M1	1. 名称 2. 洞口宽度 3. 洞口高度 4. 离地高度 ……	属性编辑器 属性名称 / 属性值 / 附加 1 名称 M1 2 洞口宽度(mm) 1000 3 洞口高度(mm) 2100 4 离地高度(mm) 0 5 洞口每侧加强筋 6 斜加筋 7 其它钢筋 8 汇总信息 洞口加强筋 9 备注
	窗	按照图纸标注命名,图纸未标注则参照窗命名规则,如 C1	1. 名称 2. 洞口宽度 3. 洞口高度 4. 离地高度 ……	属性编辑器 属性名称 / 属性值 / 附加 1 名称 LC1 2 洞口宽度(mm) 900 3 洞口高度(mm) 2700 4 离地高度(mm) 700 5 洞口每侧加强筋 6 斜加筋 7 其它钢筋
	洞口	按照图纸标注命名,图纸未标注则参照洞口命名规则,如 D1	1. 名称 2. 洞口宽度 3. 洞口高度 4. 离地高度 5. 洞口每侧加强筋 ……	属性编辑器 属性名称 / 属性值 / 附加 1 名称 D1 2 洞口宽度(mm) 1800 3 洞口高度(mm) 2700 4 离地高度(mm) 0 5 洞口每侧加强筋 6 斜加筋 7 其它钢筋 8 加强暗梁高度(mm) 9 加强暗梁纵筋 10 加强暗梁箍筋
	过梁	按照图纸标注命名,图纸未标注则参照过梁命名规则,如 GL250 * 1 200	1. 名称 2. 截面宽度 3. 截面高度 4. 上部纵筋 5. 下部纵筋 6. 箍筋 ……	属性编辑器 属性名称 / 属性值 / 附加 1 名称 GL250*1200 2 截面宽度(mm) 3 截面高度(mm) 120 4 全部纵筋 5 上部纵筋 2Φ10 6 下部纵筋 4Φ12 7 箍筋 Φ6@150(2) 8 肢数 2 9 备注
	连梁	按照图纸标注命名,图纸未标注则参照连梁命名规则,如 LL1	1. 名称 2. 截面宽度 3. 截面高度 4. 上部纵筋 5. 下部纵筋 6. 箍筋 7. 拉筋 ……	属性编辑器 属性名称 / 属性值 / 附加 1 名称 LL1 2 截面宽度(mm) 250 3 截面高度(mm) 1500 4 轴线距梁左边线距 (125) 5 全部纵筋 6 上部纵筋 4Φ20 2/2 7 下部纵筋 4Φ20 2/2 8 箍筋 Φ10@100 9 肢数 2 10 拉筋 Φ8@600 11 备注

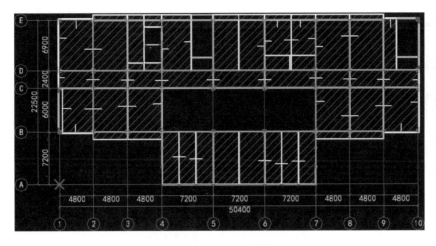

图 2.4.53　一层负筋

根据图纸建施-3"一层平面图"左下角"一层门窗规格及门窗数量一览表",可得出门窗编号、名称、规格以及数量。

1)门

(1)门的建立

在模块导航栏中双击"门窗洞",再单击"门",在构件列表处单击"新建"命令,新建矩形门(软件提供新建矩形门、异形门、参数化门),在属性编辑框中填入 M1 的属性,如图 2.4.54 所示。利用该方法或者复制修改的方式,建立剩余门构件。

(2)门的绘制

在绘制门之前,必须先画好墙,因为门是墙的附属构件(当一个构件必须借助其他构件才能存在,那么该构件被称作附属构件)。

图 2.4.54　新建门

门是一种点状实体,在钢筋中,确定门在墙中位置的方法主要有"点""智能布置""精确布置"三种方式。下面以"点"布置为例进行讲解。

①选定需要布置的门,单击"点"布置方式;

②移动鼠标到墙的对应位置,单击鼠标左键即可。

2)窗

窗与门完全相同,参照门的建立与绘制。

3)洞口

洞口与门窗类似,只需要注意洞口侧面可能配洞口加强钢筋。

4)过梁

(1)新建过梁

本工程参照结构设计说明第十条第 9 条第(6)条规定(图 2.4.55)建立过梁,设置好的过梁各参数如图 2.4.56 所示。

采用同样的方法建立其他过梁。

(2)过梁的绘制

在绘制过梁之前,必须先画好门窗洞口,因为过梁是门窗洞口的附属构件。

图 2.4.55 过梁选用表

门窗洞口宽度	b≤1200		>1200且≤2400		>2400且≤4000		>4000且≤5000	
断面 b×h	b×120		b×180		b×300		b×400	
配筋 墙厚	①	②	①	②	①	②	①	②
b=90	2Φ10	2Φ14	2Φ12	2Φ16	2Φ14	2Φ18	2Φ16	2Φ20
90<b<240	2Φ10	3Φ12	2Φ12	3Φ14	2Φ14	3Φ16	2Φ16	3Φ20
b≥240	2Φ10	4Φ12	2Φ12	4Φ14	2Φ14	4Φ16	2Φ16	4Φ20

图 2.4.56 新建过梁

	属性名称	属性值	附加
1	名称	GL250*1200	
2	截面宽度(mm)		☐
3	截面高度(mm)	120	☐
4	全部纵筋		☐
5	上部纵筋	2Φ10	☐
6	下部纵筋	4Φ12	☐
7	箍筋	Φ6@150(2)	☐
8	肢数	2	☐
9	备注		☐

过梁也是一种点状实体,它的长度默认是门窗洞口的宽度 +250 mm×2。

绘制过梁时,先选定需要布置的过梁,然后将鼠标移动到需要布置过梁的门窗洞口处,单击鼠标左键即可。

根据图纸建施-3 以及结施-2 可知,砌体填充墙一般在内墙门洞上设一道钢筋混凝土圈梁,兼作过梁,在外墙窗台及窗顶处各设一道。外墙门窗洞口(LM1 除外)高度刚好在梁底,故不需要再设置圈梁或过梁,外墙只有 LM1 需要布置过梁。内墙上设圈梁(兼作过梁),规格为200 mm × 120 mm。

	属性名称	属性值	附加
1	名称	LL1	
2	截面宽度(mm)	250	☐
3	截面高度(mm)	1500	☐
4	轴线距梁左边线距	(125)	☐
5	全部纵筋		☐
6	上部纵筋	4Φ20 2/2	☐
7	下部纵筋	4Φ20 2/2	☐
8	箍筋	Φ10@100	☐
9	肢数	2	
10	拉筋	Φ8@600	☐
11	备注		☐

图 2.4.57 新建连梁

5)连梁

连梁属于剪力墙结构中钢筋的横向加强带,有点类似于砌体墙结构的过梁。也许是这个原因,软件将连梁归为门窗洞口。

连梁同样分为楼层连梁与屋面连梁,类似于框架梁的划分。

(1)新建连梁

在模块导航栏中双击"门窗洞",在连梁构件列表处单击"新建矩形连梁"命令,结果如图2.4.57所示。

(2)连梁的绘制

参照线状实体的方法绘图。

首层门窗洞口绘制完成后如图 2.4.58 所示。

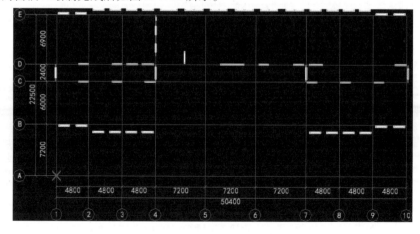

图 2.4.58 首层门窗洞口

2.4.6　圈梁的绘制

根据图纸建施-3 以及结施-2 可知,砌体填充墙设钢筋混凝土圈梁,一般内墙门洞上设一道,兼作过梁,外墙窗台及窗顶处各设一道。

1)圈梁的建立

在模块导航栏中双击"梁",在圈梁构件列表处单击"新建",然后选择"新建矩形圈梁",在属性编辑器中录入相关数据即可,如图 2.4.59 所示。

外墙圈梁合计两道:一道位于窗底,顶标高为 0.600 m(层底标高 + 0.6 m);另一道位于窗顶,顶标高为 3.480 m(窗底标高 + 窗高 + 圈梁高 = 0.6 m + 2.7 m + 0.18 m = 3.48 m = 层底标高 + 3.48 m);而外墙上的框架梁顶标高是 3.800 m,框架梁高 0.500 m,所以框架梁的底标高是 3.800 m − 0.500 m = 3.300 m,出现了外圈梁与框架梁重叠的情况,故舍去外墙位于窗顶的圈梁。所以外墙圈梁只有顶标高位于 0.600 m 处的一道。

	属性名称	属性值	附加
1	名称	圈梁250结设十	
2	截面宽度(mm)	250	
3	截面高度(mm)	180	
4	轴线距梁左边线距	(125)	
5	上部钢筋	2Φ10	
6	下部钢筋	2Φ10	
7	箍筋	Φ6@200	
8	肢数	2	
9	其它箍筋		
10	备注		
11	− 其它属性		
12	侧面纵筋(总配		
13	汇总信息	圈梁	
14	保护层厚度(mm)	(25)	
15	拉筋		
16	L形放射箍筋		
17	L形斜加筋		
18	计算设置	按默认计算设	
19	节点设置	按默认节点设	
20	搭接设置	按默认搭接设	
21	起点顶标高(m)	层底标高+0.6	
22	终点顶标高(m)	层底标高+0.6	

图 2.4.59　外墙圈梁

	属性名称	属性值	附加
1	名称	圈梁200结设十-9-7	
2	截面宽度(mm)	200	
3	截面高度(mm)	120	
4	轴线距梁左边	(100)	
5	上部钢筋	2Φ10	
6	下部钢筋	2Φ10	
7	箍筋	Φ6@200	
8	肢数	2	
9	其它箍筋		
10	备注		
11	− 其它属性		
12	侧面纵筋(		
13	汇总信息	圈梁	
14	保护层厚度	(25)	
15	拉筋		
16	L形放射箍		
17	L形斜加筋		
18	计算设置	按默认计算设置计	
19	节点设置	按默认节点设置计	
20	搭接设置	按默认搭接设置计	
21	起点顶标高	层底标高+2.22	
22	终点顶标高	层底标高+2.22	

图 2.4.60　内墙圈梁

内墙圈梁位于门洞上方,门高 2 100 mm,圈梁高度 120 mm,故内墙圈梁顶标高为层底标高 + 2.22 m,如图 2.4.60 所示。

这里圈梁的命名方式参考了构件类 + 墙厚 + 依据的方式,表明了该构件的圈梁,布置于 250 mm 厚的墙上,依据是结构设计说明第十条第 9 条第(7)条。若圈梁类型很多,需要继续添加元素进行区分。

2)圈梁的绘制

圈梁的绘制方法同墙、梁等,这里单独将"智能布置"讲述一下。

智能布置方式是一种半智能的绘图方式,是能够利用已经绘制好的其他图元为定位依据,进行快速画图的方法。以内墙上的圈梁布置为例,步骤如下:

①在构件列表框中选择需要布置在内墙上的圈梁。

②单击工具栏上的"智能布置",在弹出的选项中选择适合的定位方式,这里选择了"砌体墙

中心线"。

③在绘图区中选择需要布置圈梁的内墙图元,可以用单选、框选、批量选方式。选择完成后单击鼠标右键即可。软件自动按照绘制者所选择的墙图元位置,按中心线对齐方式布置圈梁。

布置完成的圈梁如图2.4.61所示。

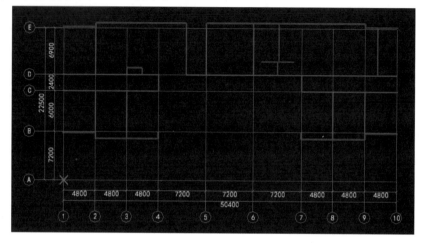

图2.4.61 一层圈梁

2.4.7 构造柱的绘制

根据图纸结施-2"结构设计说明(二)"中"9.填充墙"中第四点可知,"砌体填充墙应按下述原则设置钢筋混凝土构造柱:构造柱一般在砌体转角,纵、横墙体相交部位以及沿墙长每隔3 500~4 000 mm设置";根据建施-17"一层构造柱位置示意图"中可知构造柱规格及布置位置。

1)构造柱的建立

在模块导航栏中找到"柱"构件,然后在构造柱构件列表处单击"新建矩形构造柱",如图2.4.62所示。构造柱的建立方法参照柱。

2)构造柱的绘制

(1)点绘

构造柱可以使用点绘的方法绘制,具体步骤同框架柱的绘制。

(2)自动生成构造柱

在构造柱绘制的界面上,单击"自动生成构造柱",弹出如图2.4.63所示的对话框,根据设计说明来设置属性,单击"确定"即可生成构造柱。自动生成构造柱不需要先建构件,系统会自动反建构件。

由于本工程有构造柱位置图,不建议采用该方式。

	属性编辑器		무 ×
	属性名称	属性值	附加
1	名称	GZ1	
2	类别	构造柱	☐
3	截面编辑	否	
4	截面宽(B边)(	250	☐
5	截面高(H边)(	250	☐
6	全部纵筋	6⊕12	☐
7	角筋		☐
8	B边一侧中部		☐
9	H边一侧中部		☐
10	箍筋	Φ6@100/200	☐
11	肢数	2*2	
12	其它箍筋		
13	备注		☐
14	⊟ 其它属性		
15	汇总信息	构造柱	☐
16	保护层厚度	(25)	☐
17	上加密范围	500	☐
18	下加密范围	500	☐
19	插筋构造	设置插筋	☐
20	插筋信息		☐
21	计算设置	按默认计算设置计	
22	节点设置	按默认节点设置计	
23	搭接设置	按默认搭接设置计	
24	顶标高(m)	层顶标高	☐
25	底标高(m)	层底标高	☐

图2.4.62 新建构造柱

（3）智能布置

对不同位置的构造柱,采用不同的智能布置方式。具体步骤同圈梁的智能布置。

布置完成的构造柱如图2.4.64所示。

2.4.8 砌体加筋的绘制

前面已经讲了砌体内的通长钢筋与横向短筋是在砌体内定义并计算的。本部分的砌体加筋指砌体墙与构造柱、框架柱、混凝土墙交接处所设立的拉结筋,采用"自动生成砌体加筋"最方便。步骤如下:

①单击工具栏上的"自动生成砌体加

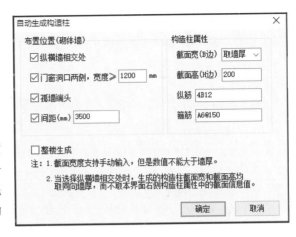

图2.4.63 自动生成构造柱

筋",在弹出的窗口中依次选择各种情况的加筋形式并修改节点中的钢筋信息,如图2.4.65所示。

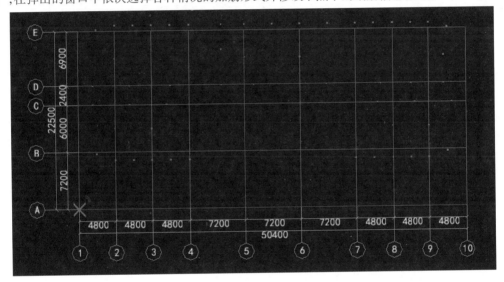

图2.4.64 一层构造柱

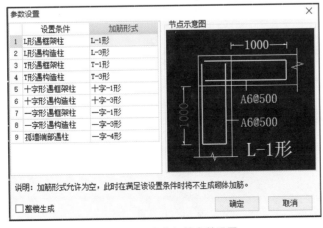

图2.4.65 砌体加筋参数设置

②单击"确定",然后选择生成砌体加筋的图元,即可自动生成砌体加筋,并反建构件。默认生成本层砌体加筋,可以选择整楼生成。

2.4.9 雨篷的绘制

雨篷的绘制方法同板。雨篷的侧面可用栏板,二者合在一起形成完整的雨篷。

2.4.10 楼梯的绘制

楼梯的钢筋在软件中一般被分为梯梁、梯柱、休息平台、梯段等,各部分分别加以计算。这一点与土建完全不同。

其中,梯梁部分参考梁的绘制,梯柱部分参考柱的绘制,休息平台参考板的绘制,这里就不再赘述了,但需要注意修改标高。本处重点讲解梯段的钢筋计算。

根据图纸结施-15 和结施-16 可知,本工程共有两种楼梯,分别为一号楼梯和二号楼梯。其中,一号楼梯一层梯段用 AT2,下面以 AT1 为例讲解梯段的钢筋计算。

①双击模块导航栏中的"单构件输入",并单击工具栏上的"构件管理",如图 2.4.66 所示。

②在单构件输入管理中先单击"楼梯",再单击"添加构件",并修改构件名称和数量,也可后期再修改,如图 2.4.67 所示。

图 2.4.66 单构件输入

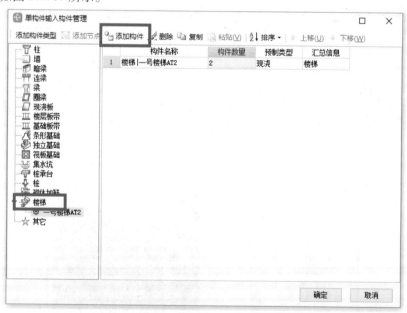

图 2.4.67 添加构件

③在单构件输入中选择"参数输入",如图 2.4.68 所示。

④在弹出的"参数输入法"窗口中单击"选择图集",如图 2.4.69 所示。

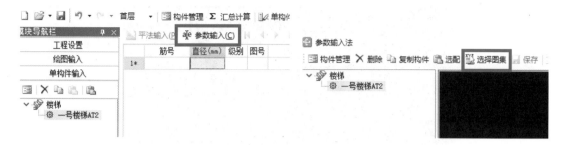

图 2.4.68　参数输入　　　　　　　　　　图 2.4.69　参数输入法

⑤在弹出的"选择标准图集"窗口中选择适合的图集,然后单击"选择",如图 2.4.70 所示。

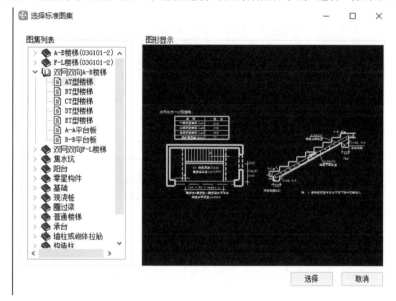

图 2.4.70　选择图集

⑥根据图纸要求输入 AT2 的梯板厚度、踏步段总高、踏步宽度、踏步数、梯段净宽、梯板分布钢筋等信息(图 2.4.71);继续输入梯段的梁宽、上部与下部纵筋等信息(图 2.4.72)。

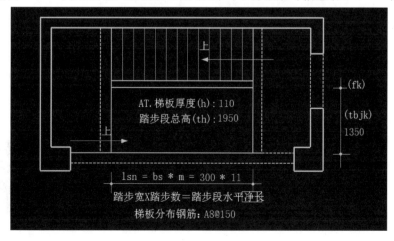

图 2.4.71　AT2 信息(一)

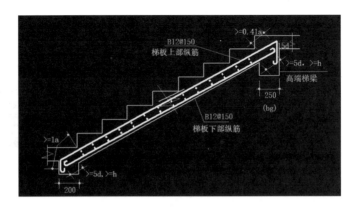

图 2.4.72 AT2 信息（二）

⑦检查无误后，单击工具栏"计算退出"，即可算出 AT2 的钢筋，如图 2.4.73 所示。

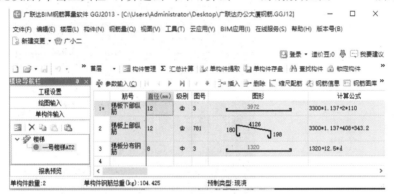

图 2.4.73 AT2 钢筋计算表

采用同样的方法可将二号楼梯的钢筋也计算出来。单构件输入方法还用于灌注桩等钢筋计算。

2.4.11 查漏补缺

至此，一层钢筋已经基本计算完毕，但由于整个工作过程繁重，可能错算、漏算某些项目。错算部分可以通过"云应用"菜单栏下"云检查"功能查出某些常见错误；漏算部分只能通过图纸对照补足。

2.5 基础层构件绘制

首先，单击首层处的下拉列表框按钮，在弹出的楼层选项中选择"基础层"，将当前楼层切换到基础层（图 2.5.1）。通过这种方式，也可以切换到其他楼层。

2.5.1 筏板的绘制

筏板钢筋建模标准见表 2.5.1。

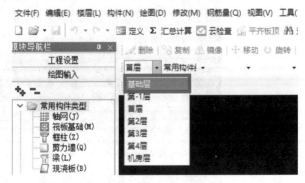

图 2.5.1 切换楼层

表 2.5.1 筏板钢筋建模标准

构件类别	构件	命名规则	属性定义标准	实例
筏板	筏板	按照图纸标注命名,图纸未标注则参照筏板命名规则,如 FB500	1.名称 2.混凝土强度等级 3.厚度 4.马凳筋信息 ……	属性编辑器 <table><tr><td></td><td>属性名称</td><td>属性值</td><td>附加</td></tr><tr><td>1</td><td>名称</td><td>FB500</td><td></td></tr><tr><td>2</td><td>混凝土强度等</td><td>(C30)</td><td>☐</td></tr><tr><td>3</td><td>厚度(mm)</td><td>(500)</td><td>☐</td></tr><tr><td>4</td><td>顶标高(m)</td><td>层底标高+0.5</td><td>☐</td></tr><tr><td>5</td><td>底标高(m)</td><td>层底标高</td><td>☐</td></tr><tr><td>6</td><td>保护层厚度(</td><td>(40)</td><td>☐</td></tr><tr><td>7</td><td>马凳筋参数图</td><td>Ⅰ型</td><td></td></tr><tr><td>8</td><td>马凳筋信息</td><td>Φ14@1000*1000</td><td>☐</td></tr><tr><td>9</td><td>线形马凳方</td><td>平行横向受力筋</td><td></td></tr><tr><td>10</td><td>拉筋</td><td></td><td></td></tr><tr><td>11</td><td>拉筋数量计算</td><td>向上取整+1</td><td></td></tr><tr><td>12</td><td>马凳筋数量计</td><td>向上取整+1</td><td></td></tr><tr><td>13</td><td>筏板侧面纵筋</td><td></td><td></td></tr><tr><td>14</td><td>U形构造封边</td><td></td><td></td></tr><tr><td>15</td><td>U形构造封边</td><td>max(15*d,200)</td><td></td></tr><tr><td>16</td><td>归类名称</td><td>(FB500)</td><td>☐</td></tr><tr><td>17</td><td>汇总信息</td><td>筏板基础</td><td></td></tr><tr><td>18</td><td>备注</td><td></td><td>☐</td></tr></table>
	面筋	按照图纸标注命名,图纸未标注则参照面筋命名规则,如 B25－200M	1.名称 2.钢筋信息 3.类别 ……	属性编辑器 <table><tr><td></td><td>属性名称</td><td>属性值</td><td>附加</td></tr><tr><td>1</td><td>名称</td><td>B25-200M</td><td></td></tr><tr><td>2</td><td>类别</td><td>面筋</td><td>☐</td></tr><tr><td>3</td><td>钢筋信息</td><td>Φ25@200</td><td>☐</td></tr><tr><td>4</td><td>钢筋锚固</td><td>(34)</td><td></td></tr><tr><td>5</td><td>钢筋搭接</td><td>(0)</td><td></td></tr><tr><td>6</td><td>归类名称</td><td>(B25-200M)</td><td>☐</td></tr><tr><td>7</td><td>汇总信息</td><td>筏板主筋</td><td>☐</td></tr><tr><td>8</td><td>计算设置</td><td>按默认计算设置计</td><td></td></tr><tr><td>9</td><td>节点设置</td><td>按默认节点设置计</td><td></td></tr><tr><td>10</td><td>搭接设置</td><td>按默认搭接设置计</td><td></td></tr><tr><td>11</td><td>长度调整(mm)</td><td></td><td>☐</td></tr><tr><td>12</td><td>备注</td><td></td><td>☐</td></tr></table>
	底筋	按照图纸标注命名,图纸未标注则参照底筋命名规则,如 B25－200	1.名称 2.钢筋信息 3.类别 ……	属性编辑器 <table><tr><td></td><td>属性名称</td><td>属性值</td><td>附加</td></tr><tr><td>1</td><td>名称</td><td>B25-200</td><td></td></tr><tr><td>2</td><td>类别</td><td>底筋</td><td>☐</td></tr><tr><td>3</td><td>钢筋信息</td><td>Φ25@200</td><td>☐</td></tr><tr><td>4</td><td>钢筋锚固</td><td>(34)</td><td></td></tr><tr><td>5</td><td>钢筋搭接</td><td>(0)</td><td></td></tr><tr><td>6</td><td>归类名称</td><td>(B25-200)</td><td>☐</td></tr><tr><td>7</td><td>汇总信息</td><td>筏板主筋</td><td></td></tr><tr><td>8</td><td>计算设置</td><td>按默认计算设置计</td><td></td></tr><tr><td>9</td><td>节点设置</td><td>按默认节点设置计</td><td></td></tr><tr><td>10</td><td>搭接设置</td><td>按默认搭接设置计</td><td></td></tr><tr><td>11</td><td>长度调整(mm)</td><td></td><td>☐</td></tr><tr><td>12</td><td>备注</td><td></td><td>☐</td></tr></table>

简单来讲,筏板是在基础工程中的一块比较厚的混凝土板,因此和板的处理方法是一样的。

根据图纸结施-3 可知,本工程的基础为筏板基础,筏板厚度为 500 mm,底标高为 －4.9 m,顶标高为 －4.4 m。

1）筏板

（1）筏板的建立

在模块导航栏中双击"基础"，选择"筏板基础"，在构件列表处点击"新建筏板基础"，在属性编辑框中输入相应的属性即可，如图 2.5.2 所示。

（2）筏板的绘制

筏板的绘制方式同板，本处采用矩形绘制，然后将两个矩形进行合并。如果在工程施工过程中划分了施工段，那么可以沿施工段分界线进行分割，但布置钢筋就需要选择"多板""XY"方向了，如图 2.5.3 所示。

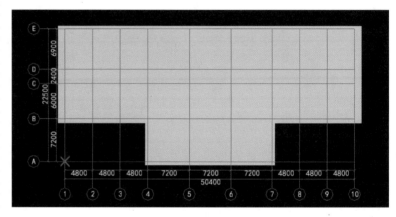

	属性名称	属性值	附加
1	名称	FB500	
2	混凝土强度等	(C30)	
3	厚度(mm)	(500)	
4	顶标高(m)	层底标高+0.5	
5	底标高(m)	层底标高	
6	保护层厚度(	(40)	
7	马凳筋参数图	Ⅰ型	
8	马凳筋信息	Φ14@1000*1000	
9	线形马凳筋方	平行横向受力筋	
10	拉筋		
11	拉筋数量计算	向上取整+1	
12	马凳筋数量计	向上取整+1	
13	筏板侧面纵筋		
14	U形构造封边		
15	U形构造封边	max(15*d,200)	
16	归类名称	(FB500)	
17	汇总信息	筏板基础	
18	备注		

图 2.5.2　新建筏板基础

图 2.5.3　筏板基础

2）筏板钢筋

（1）面筋与底筋的建立

在模块导航栏中双击"基础"，选择"筏板主筋"，在构件列表处单击"新建筏板主筋"，选择类别后在属性编辑框中输入相应的属性即可，如图 2.5.4、图 2.5.5 所示。

	属性名称	属性值	附加
1	名称	B25-200M	
2	类别	面筋	
3	钢筋信息	Φ25@200	
4	钢筋锚固	(34)	
5	钢筋搭接	(0)	
6	归类名称	(B25-200M)	
7	汇总信息	筏板主筋	
8	计算设置	按默认计算设置计	
9	节点设置	按默认节点设置计	
10	搭接设置	按默认搭接设置计	
11	长度调整(mm)		
12	备注		

	属性名称	属性值	附加
1	名称	B25-200	
2	类别	底筋	
3	钢筋信息	Φ25@200	
4	钢筋锚固	(34)	
5	钢筋搭接	(0)	
6	归类名称	(B25-200)	
7	汇总信息	筏板主筋	
8	计算设置	按默认计算设置计	
9	节点设置	按默认节点设置计	
10	搭接设置	按默认搭接设置计	
11	长度调整(mm)		
12	备注		

图 2.5.4　筏板面筋

图 2.5.5　筏板底筋

（2）面筋与底筋的绘制

在工具栏选择"单板""XY"方向，然后选择筏板，在弹出的窗口中选择相应的钢筋，单击"确定"即可，如图 2.5.6 所示。

图 2.5.6　选择布置方式

布置好的筏板面筋呈粉红色,底筋呈黄色。

2.5.2　集水坑的绘制

集水坑钢筋建模标准见表 2.5.2。

表 2.5.2　集水坑钢筋建模标准

构件类别	构件	命名规则	属性定义标准	实例
集水坑	集水坑	按照图纸标注命名,图纸未标注则参照集水坑命名规则,如 JSK1	1.名称 2.长度 3.宽度 4.坑底出边距离 5.坑底板厚度 6.坑底板顶标高 ……	属性编辑器 属性名称 / 属性值 / 附加 1　名称　JK1　□ 2　长度(X向)(mm　2225　□ 3　宽度(Y向)(mm　2225　□ 4　坑底出边距离　600　□ 5　坑底板厚度(　800　□ 6　坑底板顶标高(　筏板顶标高-1.1　□ 7　放坡输入方式　放坡角度　□ 8　放坡角度(°)　45　□ 9　X向底筋　　□ 10　X向面筋　　□ 11　Y向底筋　　□ 12　Y向面筋　　□ 13　坑壁水平筋　　□ 14　X向斜面钢筋　　□ 15　Y向斜面钢筋　　□ 16　备注　　□

根据图纸结施-3 可知,本工程共 JK1 和 JK2 两种集水坑。

JK1 规格为 2 225 mm×2 250 mm,集水坑坑顶标高为 -5.5 m,底板厚 800 mm,坑底出边距离为 600 mm,放坡角度为 45°;JK2 规格为 1000 mm×1000 mm,集水坑坑顶标高为 -5.4 m,底板厚 500 mm,坑底出边距离为 600 mm,放坡角度为 45°。在图纸中未发现配筋信息。

1)集水坑的建立

在模块导航栏中双击"基础",选择"集水坑",在构件列表处单击"新建矩形集水坑",在属性编辑框中输入相应的属性即可,如图 2.5.7、图 2.5.8 所示。由于图纸缺乏钢筋信息,就没有配置钢筋。

	属性名称	属性值	附加
1	名称	JK1	
2	长度(X向)(mm	2225	☐
3	宽度(Y向)(mm	2225	☐
4	坑底出边距离	600	☐
5	坑底板厚度(	800	☐
6	坑板顶标高(m	筏板顶标高-1.1	☐
7	放坡输入方式	放坡角度	☐
8	放坡角度(°)	45	☐
9	X向底筋		☐
10	X向面筋		☐
11	Y向底筋		☐
12	Y向面筋		☐
13	坑壁水平筋		☐
14	X向斜面钢筋		☐
15	Y向斜面钢筋		☐
16	备注		☐

图 2.5.7　JK1 属性

	属性名称	属性值	附加
1	名称	JK2	
2	长度(X向)(mm	1000	☐
3	宽度(Y向)(mm	1000	☐
4	坑底出边距离	600	☐
5	坑底板厚度	500	☐
6	坑板顶标高(m	筏板顶标高-1	☐
7	放坡输入方式	放坡角度	☐
8	放坡角度(°)	45	☐
9	X向底筋		☐
10	X向面筋		☐
11	Y向底筋		☐
12	Y向面筋		☐
13	坑壁水平筋		☐
14	X向斜面钢筋		☐
15	Y向斜面钢筋		☐
16	备注		☐

图 2.5.8　JK2 属性

2)集水坑的绘制

集水坑绘制一般采用点绘,在绘制时可以按 F4 切换插入点,系统默认在集水坑中点。绘制时用角点更容易定位。定位时可以作辅助线,也可使用"Shift + 左键"进行定位,甚至可以复制构件到首层去,通过首层的图元定位绘制。完成后将图元复制到基础层,并删除首层的集水坑图元和构件。

2.5.3　柱

钢筋工程中,基础柱要在基础梁之前绘制,因为基础柱是基础梁的支座,否则基础梁会找不到支座信息,导致梁跨识别错误,部分钢筋信息无法录入。

基础层柱的操作过程同首层,这里就不再赘述。绘制完成如图 2.5.9 所示。

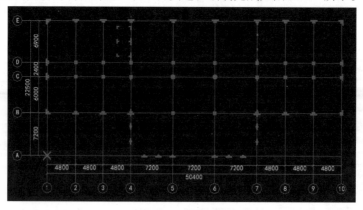

图 2.5.9　基础柱

2.5.4 基础梁的绘制

基础梁钢筋建模标准见表 2.5.3。

表 2.5.3 基础梁钢筋建模标准

构件类别	构件	命名规则	属性定义标准	实 例
基础梁	基础主梁	按照图纸标注命名,图纸未标注则参照基础主梁命名规则,如 JZL1	1.名称 2.类别 3.截面宽度 4.截面高度 5.跨数量 6.箍筋 7.肢数 8.下部通长筋 9.上部通长筋 10.侧面构造或受扭钢筋 ……	属性编辑器　　　　　　　　 ♯ × 　　属性名称　属性值　附加 1　名称　JZL1 2　类别　基础主梁 □ 3　截面宽度(mm)　500 □ 4　截面高度(mm)　1200 □ 5　轴线距梁左边　(250) □ 6　跨数量　9B □ 7　箍筋　Φ12@150(6) □ 8　肢数　6 □ 9　下部通长筋　6Φ28 □ 10　上部通长筋　6Φ28 □ 11　侧面构造或受　G4Φ16 □ 12　拉筋　(Φ8) □ 13　其它箍筋 □ 14　备注 □
	基础次梁	按照图纸标注命名,图纸未标注则参照基础次梁命名规则,如 JCL1	1.名称 2.类别 3.截面宽度 4.截面高度 5.跨数量 6.箍筋 7.肢数 8.下部通长筋 9.上部通长筋 10.侧面构造或受扭钢筋 ……	属性编辑器　　　　　　　　 ♯ × 　　属性名称　属性值　附加 1　名称　JCL1 2　类别　基础次梁 □ 3　截面宽度(mm)　500 □ 4　截面高度(mm)　1200 □ 5　轴线距梁左边　(250) □ 6　跨数量　1 □ 7　箍筋　Φ12@150(6) □ 8　肢数　6 □ 9　下部通长筋　6Φ28 □ 10　上部通长筋　6Φ28 □ 11　侧面构造或受　G4Φ16 □ 12　拉筋　(Φ8) □ 13　其它箍筋 □ 14　备注 □

基础梁:凡在柱基础之间承受墙身荷载而下部无其他承托的为基础梁。支座构件一般是柱的基础部分,当梁的标高偏低时,也可以是独基、承台等构件,基础主梁也作为基础次梁的支座。按照钢筋工程中建模的顺序原则:同层构件绘制过程中,支座必须先画,所以在基础梁绘制之前,必须先画基础梁支座。

根据图纸结施-3 可知,本工程基础主梁共四种,分别为 JZL1、JZL2、JZL3、JZL4,基础次梁共一种,为 JCL1。

1) 基础梁的建立

在模块导航栏中双击"基础",选择"基础梁",在构件列表处单击"新建",选择"新建矩形基础梁",在属性编辑框中输入相应的属性即可,如图 2.5.10、图 2.5.11 所示。

	属性名称	属性值	附加
1	名称	JZL1	
2	类别	基础主梁	☐
3	截面宽度(mm)	500	☐
4	截面高度(mm)	1200	☐
5	轴线距梁左边	(250)	☐
6	跨数量	9B	☐
7	箍筋	Φ12@150(6)	☐
8	肢数	6	
9	下部通长筋	6Φ28	☐
10	上部通长筋	6Φ28	☐
11	侧面构造或受	G4Φ16	☐
12	拉筋	(Φ8)	☐
13	其它箍筋		
14	备注		☐
15	⊟ 其它属性		
16	汇总信息	基础梁	☐
17	保护层厚度	(40)	☐
18	箍筋贯通布	是	
19	计算设置	按默认计算设置计	
20	节点设置	按默认节点设置计	
21	搭接设置	按默认搭接设置计	
22	起点顶标高	层底标高加梁高	☐
23	终点顶标高	层底标高加梁高	☐

图 2.5.10　新建基础主梁

	属性名称	属性值	附加
1	名称	JCL1	
2	类别	基础次梁	☐
3	截面宽度(mm)	500	☐
4	截面高度(mm)	1200	☐
5	轴线距梁左边	(250)	☐
6	跨数量	3	
7	箍筋	Φ12@150(6)	
8	肢数	6	
9	下部通长筋	6Φ28	☐
10	上部通长筋	6Φ28	☐
11	侧面构造或受	G4Φ16	☐
12	拉筋	(Φ8)	☐
13	其它箍筋		
14	备注		☐
15	⊟ 其它属性		
16	汇总信息	基础梁	☐
17	保护层厚度	(40)	☐
18	箍筋贯通布	是	
19	计算设置	按默认计算设置计	
20	节点设置	按默认节点设置计	
21	搭接设置	按默认搭接设置计	
22	起点顶标高	层底标高加梁高	☐
23	终点顶标高	层底标高加梁高	☐

图 2.5.11　新建基础次梁

【注意】

基础梁标高设置,默认基础梁底边与基础底边齐平,如果不同,则需要修改标高。

2) 基础梁的绘制

基础梁的绘制方法和框架梁的相同,不再赘述。绘制完成后,基础梁的颜色为粉红色,如图 2.5.12 所示。

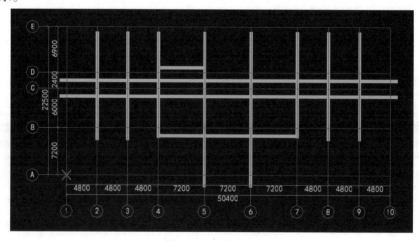

图 2.5.12　基础梁

通过单击"梁平法表格"进行数据录入,整个过程与框架梁平法表格录入相同,如图 2.5.13 所示。输入各种钢筋信息后,基础梁变成绿色。

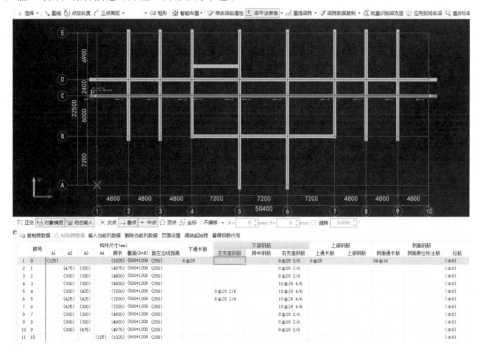

图 2.5.13　基础梁平法表格输入

2.5.5　墙的绘制

基础层剪力墙按照结施-4 中位置进行布置,方法同首层墙,但坡道部分剪力墙信息不明确,这里暂时按照其他剪力墙一样处理。如果是斜墙,可以通过调整剪力墙起点底标高与终点底标高的方式完成。绘制好的剪力墙如图 2.5.14 所示。

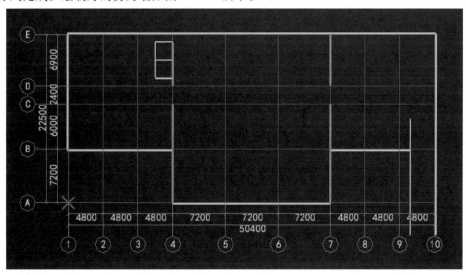

图 2.5.14　基础层剪力墙

2.6　地下室构件绘制

首先,单击基础层处的下拉列表框按钮,在弹出的楼层选项中选择"第 -1层",将当前楼层切换为地下一层。

在这里能看到的只有轴网,其他一无所有。我们虽然已经熟悉了各种构件的新建与绘制方法,但在这里重新开始绘制的话依然效率很低。

对比后可见,基础层和地下一层其实有很多构件与图元是一致的,因此可以采用更简单的方法来完成地下一层的钢筋建模工作,那就是利用"复制"的功能。

楼层间数据复制首先分为两大类:只复制构件、构件与图元一起复制。复制时要区分当前楼层是源楼层还是目标楼层,如图 2.6.1、图 2.6.2 所示。

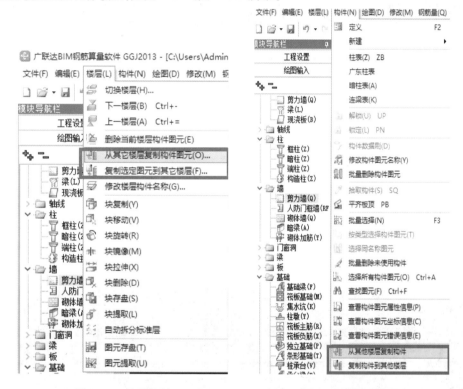

图 2.6.1　楼层复制　　　　　　　图 2.6.2　构件复制

将基础层的构件图元复制到地下一层时,如果当前楼层是基础层,那么就使用"复制选定图元到其它楼层";如果当前楼层是地下一层,那么就使用"从其它楼层复制构件图元"。若只需要复制构件,不复制图元,那就采用"复制构件到其他楼层"或"从其他楼层复制构件"。

2.6.1　从其他楼层复制构件图元

对比分析地下一层与基础层后,发现二者柱、墙都是一样的,我们需要把基础层的柱、墙复制到地下一层。步骤如下:

①由于当前楼层已经切换到地下一层了,我们选择"从其它楼层复制构件图元"。

②在弹出的窗口中选择源楼层为"基础层","图元选择"中点选需要复制的柱和墙,目标层选择"第 −1 层",如图 2.6.3 所示。

图 2.6.3　从其他楼层复制图元

③单击"确定",软件开始复制,完毕后出现提示信息"复制完成",在"动态观察"中可以看到复制成果,如图 2.6.4 所示。

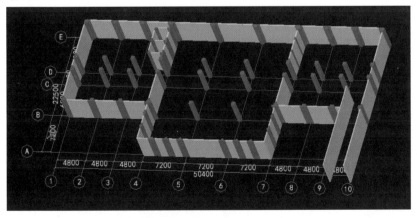

图 2.6.4　地下一层墙柱三维图

2.6.2　复制选定图元到其他楼层

复制选定图元到其他楼层的步骤如下:

①切换楼层到源楼层,也就是基础层。

②选择需要复制的构件图元,可以用点选、拉框选择、批量选择等方式,推荐使用批量选择。

按下批量选择的快捷键 F3,选择需要复制的图元,如图 2.6.5 所示。

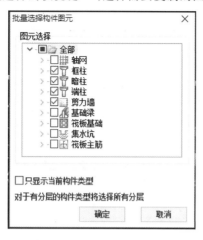 

图 2.6.5　批量选择构件图元　　　图 2.6.6　复制选定图元到其他楼层

③单击"楼层"菜单栏下的"复制图元到其它楼层",选择"第-1层",如图 2.6.6 所示。

④单击"确定",由于曾经使用过"从其它楼层复制构件图元"命令,地下一层中已经有了柱和墙,所以出现了新的提示,如图 2.6.7 所示。由于不需要保留地下一层的数据,处理方式为全部选择覆盖相关的选项,单击"确定"完成复制过程。

2.6.3　坡道

模块导航栏中没有坡道构件,需要用板替代坡道来完成。

1)新建坡道

在模块导航栏中双击"板",选择"现浇板";在构件列表处单击"新建",选择"新建现浇板"(图 2.6.8)。如果是螺旋坡道,则用螺旋板。

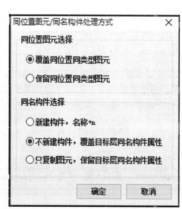 

图 2.6.7　处理方式　　　图 2.6.8　新建坡道

2)坡道的绘制

①用矩形布置方式,画一个平板,如图 2.6.9 所示。

②单击工具栏上的"三点定义斜板",然后选择"坡道板",输入坡道板三个角的标高,如图 2.6.10 所示。完成后通过"动态观察"查看坡道三维,如图 2.6.11 所示。

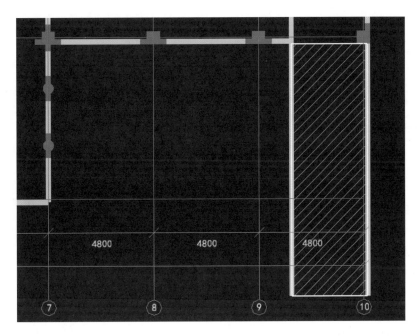

图 2.6.9 绘制坡道板

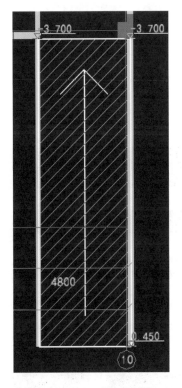

图 2.6.10 三点定义斜板

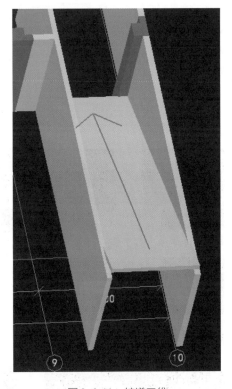

图 2.6.11 坡道三维

2.6.4 地下室其他构件绘制

地下室中的梁、板等构件的绘制方法同首层。

2.7 其他楼层构件绘制

2.7.1 二、三四层构件绘制

1）建模思路

二、三、四层的绘制过程可以参考首层或者地下室的思路。

①如果与已经建模的楼层完全不同,只有逐步绘制柱、墙、梁、板、其他构件等。

②如果与已经建模的楼层完全相同,那么就直接进行楼层间数据复制。

③如果与已经建模的楼层部分相同,那么可以复制相同部分,再修改不同部分。

2）弧形梁

二、三、四层的许多构件绘制方法都已经在首层中讲到了,现在把三层、四层中出现的弧形梁单独提出来讲一下。

（1）弧形梁的定义

定义方法同矩形梁,这里不再赘述。

（2）弧形梁的绘制

①在梁列表框中选择 L1 后,单击工具栏上的"三点画弧",然后选择起点（4 轴与 B 轴交点处的柱边）,如图 2.7.1 所示。

②用"Shift + 左键"单击三点画弧的第二点（5 轴与 B 轴交点处）,并输入偏移值（3600,－2415）,如图 2.7.2 所示。

③单击三点画弧的终点（6 轴与 B 轴交点处的柱边）,完成弧形梁 L1 的绘制,如图 2.7.3 所示。

④梁平法表格输入同首层梁。

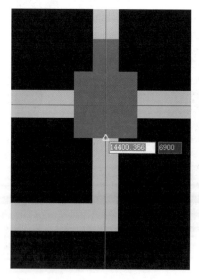

图 2.7.1 三点画弧起点

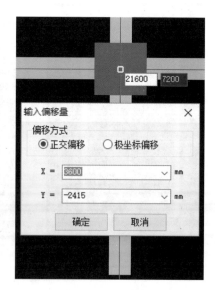

图 2.7.2 三点画弧第二点

用同样的方法可以绘制弧形墙等构件。

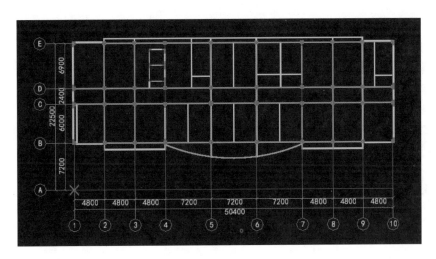

图 2.7.3　弧形梁

2.7.2　机房层构件绘制

1）女儿墙

（1）新建女儿墙

在模块导航栏中双击"墙"，选择"砌体墙"，在构件列表处单击"新建"，选择"新建砌体墙"（图 2.7.4）。注意修改女儿墙标高。

	属性名称	属性值	附加
1	名称	女儿墙	
2	厚度(mm)	240	
3	轴线距左墙皮距离	(120)	
4	砌体通长筋	2Φ6@600	
5	横向短筋	Φ6@250	
6	砌体墙类型	框架间填充墙	
7	备注		
8	− 其它属性		
9	汇总信息	砌体通长拉结筋	
10	钢筋搭接	(0)	
11	计算设置	按默认计算设置计	
12	搭接设置	按默认搭接设置计	
13	起点顶标高(m)	层底标高+0.75	
14	终点顶标高(m)	层底标高+0.75	
15	起点底标高(m)	层底标高	
16	终点底标高(m)	层底标高	

图 2.7.4　新建女儿墙

（2）女儿墙的绘制

女儿墙的绘制方法同首层墙，弧形部分可以用"三点画弧"绘制。绘制好的女儿墙如图 2.7.5 所示。

2）女儿墙压顶

虽然在模块导航栏的"其他"构件中有压顶，但由于其配筋只能采用其他钢筋手动列式计算，一般不采用，而是采用圈梁来替代。

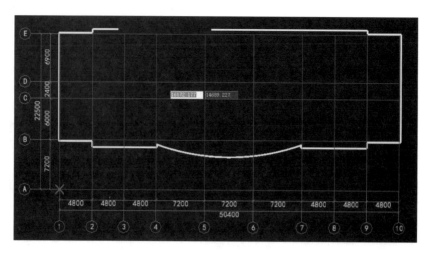

图 2.7.5　机房层女儿墙

（1）新建压顶

根据结构设计说明第十条第 9 条第(7)条要求：女儿墙压顶配筋为 4 φ 10、箍筋为φ 6@ 200，确定压顶钢筋信息。

在模块导航栏中双击"梁"，选择"圈梁"，在构件列表处单击"新建"，选择"新建矩形圈梁"（图 2.7.6）。注意修改压顶标高。

（2）压顶的绘制

由于已经绘制好女儿墙，压顶绘制用"智能布置"方式最便捷。详细步骤如下：首先选择"智能布置"方式，在"智能布置"下拉选项中选择"砌体墙中心线"（图 2.7.7），然后选择需要布置压顶的女儿墙，单击鼠标右键完成布置。

属性编辑器

	属性名称	属性值	附加
1	名称	女儿墙压顶	
2	截面宽度(mm)	340	□
3	截面高度(mm)	150	□
4	轴线距梁左边线距	(170)	□
5	上部钢筋	2Φ10	□
6	下部钢筋	2Φ10	□
7	箍筋	Φ6@200	□
8	肢数	2 ...	
9	其它箍筋		
10	备注		□
11	□ 其它属性		
12	侧面纵筋(总配		□
13	汇总信息	圈梁	
14	保护层厚度(mm)	(25)	□
15	拉筋		□
16	L形放射箍筋		□
17	L形斜加筋		□
18	计算设置	按默认计算设	
19	节点设置	按默认节点设	
20	搭接设置	按默认搭接设	
21	起点顶标高(m)	层底标高+0.9	□
22	终点顶标高(m)	层底标高+0.9	□

智能布置 ▾ | 修改

轴线
砌体墙轴线
砌体墙中心线
条基轴线
条基中心线

图 2.7.6　新建压顶　　　　图 2.7.7　智能布置

3）机房间的绘制

机房间分内外两层。内层按照首层的思路绘制即可。外层有部分斜屋面,绘制方法如下:

①按照正常不调整标高的方式,新建并绘制好机房间的柱、墙、门窗、梁、板等。在板的绘制过程中,先不管四周的 YXB(延伸悬挑板),统一画成 WB1 和 WB2,如图 2.7.8 所示。

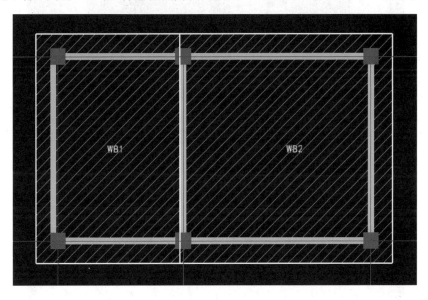

图 2.7.8　机房间绘制

②调整 WB2 的标高,采用"三点定义斜板"功能,过程同地下一层坡道,完成后的 WB2 如图 2.7.9 所示。

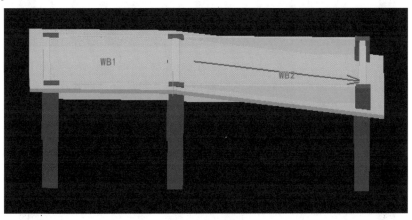

图 2.7.9　调整 WB2

③调整 WL1、WL2 的标高。发现梁、墙、柱位置不正确可进行调整。选中 WL1,单击"梁平法表格",修改第二跨终点顶标高为 18.70 m(计算式为 19.6 m − 7 325/8 175×1 m,其中 19.6 m 为层顶标高,7 320 mm 是轴线距离 7 200 mm 加上半个墙厚 125 mm,因为板从墙外侧开始倾斜;8 175 mm 是 WB2 的长度),如图 2.7.10 所示。

完成后即可看到 WL1 已经与图纸一致了。采用同样的方法修改对侧的 WL2 和右侧的 WL2,梁修改即完成。

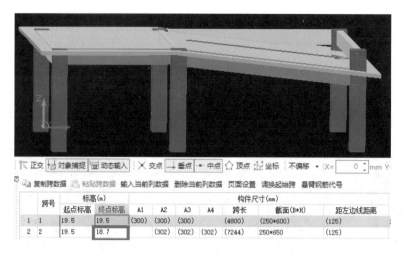

图 2.7.10　修改梁标高

④调整柱标高。选中右侧两根需要调整标高的柱,然后在属性编辑窗口中将其顶标高由"层顶标高"修改为"顶板顶标高",如图 2.7.11 所示。

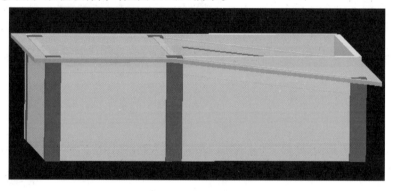

图 2.7.11　修改柱标高

⑤修改墙标高。选中墙,然后在属性编辑窗口中将其起点顶标高和终点顶标高由"层顶标高"都修改为"顶板顶标高",如图 2.7.12 所示。

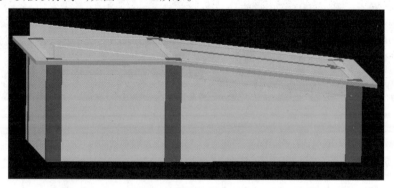

图 2.7.12　修改墙标高

⑥墙体标高修改后仍不正确,是由于绘制墙的过程中是拉通布置的,图元没断开。选中墙,在 4 轴与墙相交处,用"打断"命令将墙拆分,如图 2.7.13 所示。

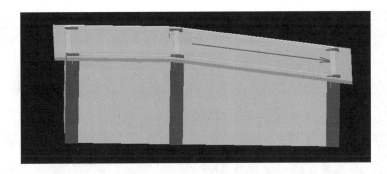

图 2.7.13　打断墙图元

⑦至此,机房间的整体造型已经修改完成,但板还需要进一步调整。因为现在只有 2 块板,而图中分为了 8 块。调整板的方法是:选中板,用"分割"命令或者"按梁分割"命令,将板分割成指定的 8 块(图 2.7.14)。若分割过多,可以用"合并"命令进行合并。

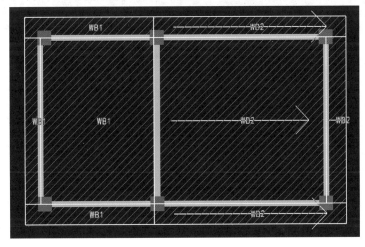

图 2.7.14　分割板

⑧修改板名称。首先选中左上方的 WB1,在属性编辑窗口中将名称由"WB1"修改为"YXB2";选中右上方的"WB2",在属性编辑窗口中将名称由"WB2"修改为"YXB4";选中左侧的"WB1",在属性编辑窗口中将名称由"WB1"修改为"YXB1";选中右侧的"WB2",在属性编辑窗口中将名称由"WB2"修改为"YXB3"。接下来,下方的"WB1"与"WB2"修改略有不同。选中左下方的"WB1",在属性编辑窗口中单击名称后的"WB1",然后在下拉列表框中选择"YXB2"(图 2.7.15),在弹出的窗口中选择"是"即可,如图 2.7.16 所示。并用这个方法修改右下方的WB2。修改完成后的板如图 2.7.17 所示。

图 2.7.15　修改图元名称　　　　　　　　　图 2.7.16　确认修改

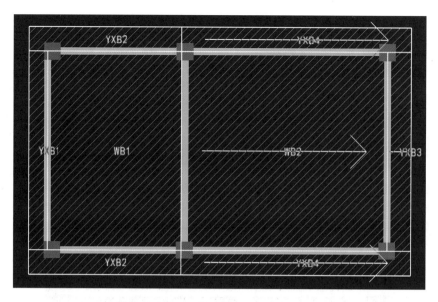

图 2.7.17　修改完成的板

⑨板配筋。方法同首层构件。

本工程钢筋模型至此全部建立完成,可以通过"汇总计算"来查看钢筋模型与钢筋工程量。

第3章 土建建模技术

土建 BIM 建模标准见表 3.0.1 ~ 表 3.0.9。

表 3.0.1 土建 BIM 建模标准——计算规则

注意事项	软件操作
文件命名	广联达办公大厦土建
原点定位要求	坐标原点为 1—1 和 A—A 交点
清单规则	房屋建筑与装饰工程计量规范计算规则(2013-四川)
定额规则	四川省建设工程工程量清单计价定额计算规则(2015)
清单库	工程量清单项目计量规范(2013-四川)
定额库	四川省房屋建筑与装饰工程量清单计价定额(2015)
做法模式	纯做法模式
室外地坪标高	−0.45 m
楼层信息	地下 1 层,地上 4 层
混凝土标号及类别	根据图纸信息调整
砂浆标号及类别	根据图纸信息调整
软件版本	广联达 BIM 土建算量软件 GCL2013(含变更)(10.6.3.1325 版本)

表 3.0.2 土建 BIM 建模标准——柱

构件名称	图 纸	命名方式
框架柱	严格按照图纸	KZ1
暗柱	严格按照图纸	AZ1
核心筒柱	严格按照图纸	GBZ1
框支柱	严格按照图纸	KZZ1
构造柱	严格按照图纸	GZ1
门边柱	严格按照图纸	MZ1
人防柱	严格按照图纸	RFZ1
柱帽	严格按照图纸	ZM1

表 3.0.3　土建 BIM 建模标准——墙

构件名称	图　纸	命名方式
剪力墙	严格按照图纸	JLQ300（内外墙分别定义）
砖墙、砌体墙	严格按照图纸	Q 240（内外墙分别定义）
连梁	严格按照图纸	LL1

表 3.0.4　土建 BIM 建模标准——梁

构件名称	图　纸	命名方式	软件布置构件
框架梁	严格按照图纸	KL1	
框支梁	严格按照图纸	KZL1	
次梁	严格按照图纸	L1	
圈梁	严格按照图纸	QL1	
腰梁	严格按照图纸	腰梁	圈梁替代
腰带	严格按照图纸	腰带	圈梁替代

表 3.0.5　土建 BIM 建模标准——板

构件名称	图　纸	命名方式	注意事项
跨中板带	严格按照图纸	KZB（2000）	
柱上板带	严格按照图纸	ZSB（2000）	
楼层板	严格按照图纸	LB200	
地下室板	严格按照图纸	B200（-1.5）	如果有名称 LB1，按照图纸

表 3.0.6　土建 BIM 建模标准——基础

构件名称	图　纸	命名方式
独立基础	严格按照图纸	J1
筏板基础	严格按照图纸	FB500
基础主梁	严格按照图纸	JZL1/JL1
基础次梁	严格按照图纸	JCL1
基础连梁	严格按照图纸	JLL1
条形基础	严格按照图纸	TJ1

表 3.0.7　土建 BIM 建模标准——集水井

构件名称	图　纸	命名方式
集水井	严格按照图纸	1*1*1(长×宽×高)

表 3.0.8　土建 BIM 建模标准——楼梯

构件名称	图　纸	命名方式
梯柱	严格按照图纸	TZ1
休息平台板	严格按照图纸	PB1
梯梁	严格按照图纸	TL(1.35)
楼梯	严格按照图纸	AT1

表 3.0.9　土建 BIM 建模标准——门窗

构件名称	图　纸	命名方式
门	严格按照图纸	M1
窗	严格按照图纸	C1
门联窗	严格按照图纸	MLC1
楼梯	严格按照图纸	AT1
幕墙	严格按照图纸	MQ1

3.1　工程设置及轴网

3.1.1　新建工程

新建工程可以通过两种方式:一是,直接新建;二是,利用已做好的钢筋工程,直接导入到图形软件中。

1)直接新建工程

①启动软件。此处介绍两种打开方式:

a. 直接双击桌面"广联达 BIM 土建算量软件 GCL2013"图标,打开软件。

b. 如果桌面找不到该图标,单击计算机屏幕左下角"开始"按钮,在搜索框内输入"gcl",找到"广联达 BIM 土建建模软件 GCL2013",单击打开软件。

②单击软件的"新建向导"。

③输入工程名称"广联达办公大厦土建",选择清单规则"房屋建筑与装饰工程计量规范计算规则(2013-四川)",选择定额规则"四川省建设工程工程量清单计价定额计算规则(2015)",软件会自动匹配清单库、定额库,做法模式选择"纯做法模式",如图 3.1.1 所示。

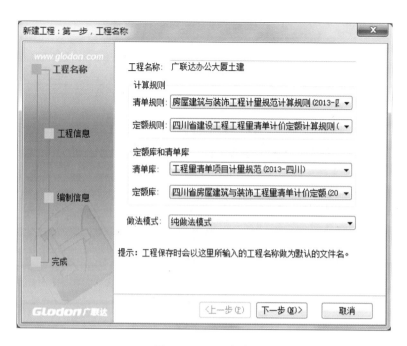

图 3.1.1　工程名称

④输入完成后点击"下一步"(属性名称为蓝色字体的为必填项,会影响算量;黑色字体为选填,不影响算量)。根据图纸输入室外地坪相对标高 −0.45 m,输入完成后单击"下一步",如图3.1.2 所示。

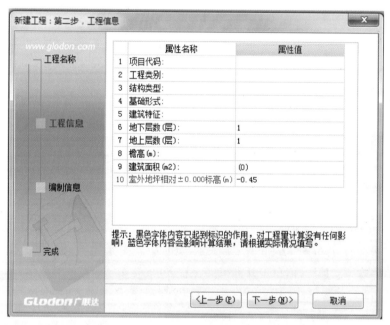

图 3.1.2　工程信息

⑤编制信息可不填,如图 3.1.3 所示,直接单击"下一步"。

⑥所填工程信息检查无误后单击"完成"即可,如图 3.1.4 所示。

图 3.1.3　编制信息

图 3.1.4　完成新建工程信息输入

　　2）导入钢筋工程新建

　　在实际项目中,如果需要钢筋以及土建的算量,可以先建好钢筋模型,再导入到图形软件中,继续完善土建模型,就不需要重复建立钢筋软件中已建立好的模型。

　　新建工程方法如图 3.1.1,进入图形软件楼层设置界面,单击左上角"文件"命令,再单击"文件"下方的"导入钢筋(GGJ)工程",弹出对话框(图 3.1.5),找到钢筋模型文件,单击"打开"即可导入 。

图 3.1.5　打开文件

导入后弹出对话框,提示信息为"楼层高度不一致,请修改后导入",单击"确定",弹出如图 3.1.6 所示的对话框,选择"按照钢筋层高导入",弹出如图 3.1.7 所示的对话框,周边楼层列表单击"全选"命令,右边部分将"辅助轴线"勾选,单击"确定",弹出对话框提示"导入完成,建议您进行合法性检查!",如图 3.1.8 所示。

图 3.1.6　层高对比

导入完成后,软件会弹出是否保存对话框,建议立即保存文件。

3.1.2　楼层信息设置

①确定首层底标高。根据图纸结施-4 中"结构层楼面标高、结构层高"表,可以得出首层底标高为 −0.1 m,如图 3.1.9 所示。

图 3.1.7　导入文件

图 3.1.8　提示信息

层号	标高 H(m)	层高(m)
机房顶	19.500	
机房层	15.500	4.000
4	11.600	3.900
3	7.700	3.900
2	3.800	3.900
1	−0.100	3.900
−1	−4.400	4.300

结构层楼面标高

结构层高

图 3.1.9　结构层楼面
标高、结构层高

②根据图 3.1.9 所示数据,先建立地上部分楼层。单击"首层"所在行任意位置,再单击"插入楼层"按钮,可添加第 1 层、第 2 层、第 3 层、第 4 层、第 5 层,再双击第 5 层将其名称改成"机房层",分别输入层高 3.9,3.9,3.9,3.9,4.0 m,完成地上部分层高建立。

③本工程有地下室,地下室层高为 4.3 m,建立地下部分。单击基础层所在行任意位置,再单击"插入楼层"按钮,可添加"第 −1 层",并输入层高"4.300",完成地下一层的建立。

④基础层层高确定原则为基础底部至垫层顶部,本工程基础为筏板基础,厚度为 500 mm,故在"基础层"输入层高 0.5 m,完成基础层建立,如图 3.1.10 所示。

⑤"现浇板厚"为选填,可根据本工程中最常用板的厚度填写,也可不填。

⑥"建筑面积"为选填,填写每层建筑面积,可以在报表中查到材料的单方含量。

⑦"相同层数"一般用于高层的标准层建立。

插入楼层 删除楼层 上移 下移

	楼层序号	名称	层高(m)	首层	底标高(m)	相同层数	现浇板厚(mm)	建筑面积(m2)
1	5	机房层	4.000	☐	15.500	1	120	
2	4	第4层	3.900	☐	11.600	1	120	
3	3	第3层	3.900	☐	7.700	1	120	
4	2	第2层	3.900	☐	3.800	1	120	
5	1	首层	3.900	☑	-0.100	1	120	
6	-1	第-1层	4.300	☐	-4.400	1	120	
7	0	基础层	0.500		-4.900	1	120	

图 3.1.10　基础层层高

3.1.3　混凝土、砂浆标号及类别设置

①根据图纸“结构总说明一”中第八点“主要结构材料”第 2 条“混凝土”以及第 5 条“砌体（填充墙）”说明可查看构件混凝土及砂浆标号、类别，如图 3.1.11 和图 3.1.12 所示。

2. 混凝土：

混凝土所在部位	混凝土　强度等级		备　注
	墙、柱	梁、板	
基础垫层		C15	
基础底板		C30	抗渗等级为 P8
地下一层 ~ 二层楼面	C30	C30	地下一层外墙混凝土抗渗等级为 P8
三层 ~ 屋面	C25	C25	
其余各结构构件			

（1）地下室底板及外墙和水池混凝土应采用防水混凝土，设计抗渗等级为不低于 P8 级。坍落度 > 14 cm。

（2）建议地下室采用 HEA 型防水外加剂，掺量为水泥用量的 8%（基础加强带为 12%）。外加剂供应方应提供详细的实验数据，实验数据必须符合国家对外加剂的要求。供应方还应提供详细的施工方案和施工要求，保证外加剂的正确使用。

图 3.1.11　混凝土砂浆的标号、类别

5. 砌体(填充墙)

陶粒混凝土块：容重 < 7.50 kN/m^3

砂浆：基础采用 M5 水泥砂浆，一般部位采用 M5 混合砂浆。

图 3.1.12　砌体构件的标号、类别

②设置混凝土标号：鼠标左键单击基础层所在行任意位置，更改标号设置中混凝土标号，将垫层“中砂 C10”改为“中砂 C15”，基础“中砂 C10”改为“中砂 C30”，如图 3.1.13 所示。

6	-1	第-1层	4.300	☐	-4.400	1	120
7	0	基础层	0.500		-4.900	1	120

标号设置 [当前设置楼层：基础层，-4.900 ~ -4.400]

	构件类型	砼标号	砼类别	砂浆标号	砂浆类别	备注
1	基础	中砂 C30	普通混凝土	M5	水泥砂浆	包括除基础梁、垫层以外的基础构件
2	垫层	中砂 C15	普通混凝土	M5	水泥砂浆	
3	基础梁	中砂 C20	普通混凝土			
4	砼墙	中砂 C20	普通混凝土			包括连梁、暗梁、端柱、暗柱
5	砌块墙			M5	水泥砂浆	
6	砖墙			M5	水泥砂浆	
7	石墙			M5	水泥砂浆	
8	梁	中砂 C20	普通混凝土			
9	圈梁	中砂 C20	普通混凝土			
10	柱	中砂 C20	普通混凝土	M5	水泥砂浆	包括框架柱、框支柱、普通柱、芯柱
11	构造柱	中砂 C20	普通混凝土			
12	现浇板	中砂 C20	普通混凝土			包括螺旋板、柱帽
13	预制板	中砂 C20	普通混凝土			
14	楼梯	中砂 C20	普通混凝土			包括楼梯类型下的楼梯、直形梯段、螺旋梯段
15	其他	中砂 C20	普通混凝土	M5	水泥砂浆	除上述构件类型以外的其他混凝土构件类型

图 3.1.13　设置混凝土标号

③根据以上方法,设置其他楼层的相应信息。

3.1.4　轴网的绘制

楼层信息设置完成后,单击左边"绘图输入"按钮,进入绘图界面。首先绘制轴网,如图 3.1.14所示。

图 3.1.14　绘图界面

①选取一张轴网最全的图纸作为绘制的标准。本工程可使用建施-3"一层平面图"。根据建施-3 可以看出,该轴网为正交轴网,轴网纵向共 11 根轴线,间距分别为 4800,4800,7200,7200,7200,4800,4800,1900,2900 mm,横向 5 根轴线,间距分别为 7200,6000,2400,6900 mm。

②双击模块导航栏中的"轴网",然后单击构件列表中的"新建"按钮,再单击"新建正交轴网",如图 3.1.15 所示。

图 3.1.15　新建正交轴网

③新建好轴网 1 后,首先输入下开间,在"3000"处输入"4800,4800,4800,7200,7200,7200,4800,4800,1900,2900",也可在常用值中选取,如图 3.1.16 所示;再单击左进深,输入"7200,6000,2400,6900",如图 3.1.17 所示。

④输入完成后,单击"生成轴网",如图 3.1.18 所示。

图 3.1.16　输入下开间数据

图 3.1.17　输入左进深数据

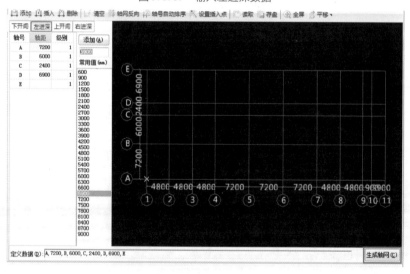

图 3.1.18　生成轴网

在生成的轴网中单击"绘图"按钮,弹出"输入角度"对话框,输入默认值"0"后单击"确定",即可完成轴网建立,如图 3.1.19 所示。

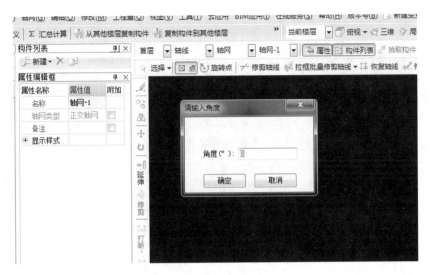

图 3.1.19 输入角度

⑤轴网调整：

a.单击"修改轴号位置"，然后框选所有轴线，如图 3.1.20 所示。

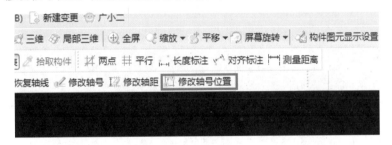

图 3.1.20 修改轴号位置

b.单击右键确定后，弹出对话框(图 3.1.21)，选择"两端标注"，再单击"确定"按钮。

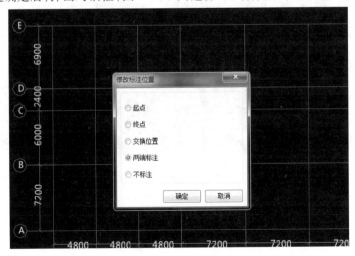

图 3.1.21 修改标注位置

c.得到如图 3.1.22 所示轴网，对比图纸后发现 10 轴仅上端显示轴号。

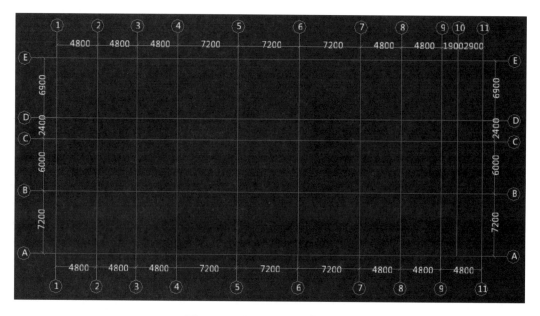

图3.1.22 仅显示上端轴号的轴网

d. 修改 10 号轴线显示方式,单击"修改轴号位置"按钮,选择 10 号轴线,单击右键确定,在弹出的对话框中选择终点,可得到如图3.1.23 所示的轴网。

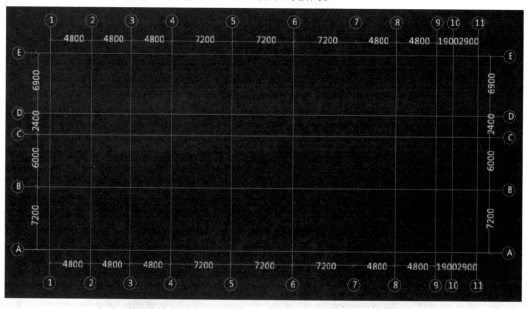

图3.1.23 修改后轴网

⑥添加 1—11 轴线以及 A—E 轴的总长标注,到轴网编辑页面将图中"1"改成"2"即可,如图3.1.24所示。这样即可完成轴网的绘制,最终绘制完成的轴网如图3.1.25 所示。

图 3.1.24 增加轴线标注

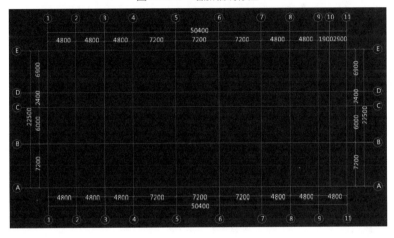

图 3.1.25 绘制完成的轴网

3.2 首层构件绘制

3.2.1 柱的绘制

柱的建模标准见表 3.2.1。

表 3.2.1 柱的建模标准

构件类别	构 件	命名规则	属性定义标准	实 例
柱	混凝土柱	按照图纸标注命名,图纸未标注则参照柱命名规则,如 KZ1	1.柱名称 2.柱类别 3.柱材质 4.混凝土标号 5.截面尺寸	属性名称 / 属性值 名称 KZ1 类别 框架柱 材质 现浇混凝 砼标号 (中砂 C30 截面宽度(600 截面高度(600

1）查看柱信息

根据结施-5"-0.100～19.500 墙体、柱平法施工图"可以查看柱的信息。框架柱共 7 种类型：矩形有 4 种，截面尺寸均为 600 mm×600 mm；圆形柱有 3 种，直径分别为 850,500,500 mm。

2）框架柱构件的建立

①在模块导航栏中找到"柱"构件，单击右边构件列表中的"新建"按钮，如图3.2.1所示。然后选择"新建矩形柱"，在属性编辑器中修改柱信息，将截面尺寸改为 600 mm×600 mm，如图 3.2.2 所示，即可完成 KZ1 的建立。

②在模块导航栏中找到"柱"构件，单击右边构件列表中的"新建"按钮，选择"新建圆形柱"，在属性编辑器中修改柱信息，将半径改为 425 mm，如图 3.2.3 所示，即可完成 KZ2 的建立。

图 3.2.1 新建柱

图 3.2.2 KZ1 构件属性　　图 3.2.3 KZ2 构件属性　　图 3.2.4 建立其余柱

③由于 KZ3 与 KZ1 截面尺寸相同，可采用复制命令，选中 KZ1 且单击右键，然后单击"复制"，即可生成 KZ3。KZ4 可以由 KZ2 复制后，将半径改为 250 mm 后得到，KZ5、KZ6、KZ7 均可通过复制建立，如图 3.2.4 所示。

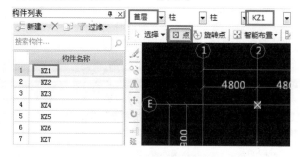

图 3.2.5 绘制 KZ1

3）框架柱的绘制

根据图纸结施-5，可知本工程柱均不是偏心柱，故可采用点绘的方式来完成。选中 KZ1，单击"绘图"，软件默认为点绘，将鼠标放置于 2 轴与 E 轴的交点，软件会自动捕捉交点，出现十字叉时单击鼠标左键即可完成柱的放置，如图 3.2.5 所示。采用同样的方式再完成 KZ1、KZ2、KZ3、KZ6、KZ7 的绘制。

图纸中 KZ4、KZ5 部分柱不在轴网的交点处，可采用"Shift + 鼠标左键"的方法布置，"Shift +

鼠标左键"即相对于当前捕捉的基点偏移绘制。在构件列表中选择 KZ4,单击"绘图",软件切换到绘图界面。将光标放置在 4 轴与 B 轴相交的位置,按住 Shift 键,再单击鼠标左键,弹出对话框,在对话框中 X 处输入"0",Y 处输入"−2225",单击"确定"即可,如图3.2.6所示。(X,Y 的值取决于选择的基点,X 方向上左边为负右边为正,Y 方向上上边为正下边为负)

图 3.2.6 正交偏移

KZ5 也可采用这个方法完成绘制。

(1)异形端柱

本工程为框架剪力墙结构,构造端柱工程量并入剪力墙计算。为方便软件计算,在建立柱构件时,将构造端柱用异形柱的方式建立。根据图纸结施-6"剪力墙柱详图",得出首层共 4 个构造端柱,分别为 GDZ1、GDZ2、GDZ3、GDZ4。

(2)新建参数化柱

在柱构件列表中,单击"新建",选择"新建参数化柱",弹出如图 3.2.7 所示对话框,选择 L 行中 L-a 形,根据 GDZ1 的尺寸信息,改 a 值为 600 mm,b 值为 300 mm,c 值为 350 mm,d 值为 250 mm,单击"确定"即可完成新建。新建后软件默认名称为"KZ8",此处需要将其改为"GDZ1",并将类别改为"端柱",如图 3.2.8 所示。

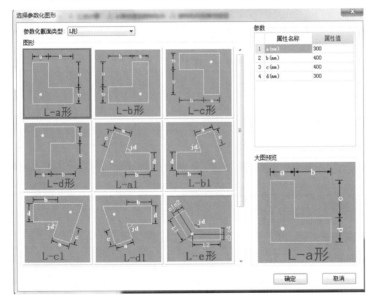

图 3.2.7 新建参数化柱

图 3.2.8 修改名称及类型

101

GDZ2、GDZ3、GDZ4 均可采用此方法绘制。

（3）新建异形柱

此处以 GDZ2 为例介绍新建异形柱的另一种方法。在柱构件列表中，单击"新建"，选择"新建异形柱"，弹出如图 3.2.9 所示的对话框，再单击"定义网格"，弹出如图 3.2.10 所示的对话框。根据结施-6 中 GDZ2 的信息，定义网格为：水平方向输入"150，600，300"，垂直方向输入"250，350"，单击"确定"后绘图界面如图 3.2.11 所示；定义好网格后，选择"画直线"命令，画出GDZ2 的轮廓，如图3.2.12所示；单击"确定"，再将名称改为"GDZ2"，类别改为"端柱"即可。

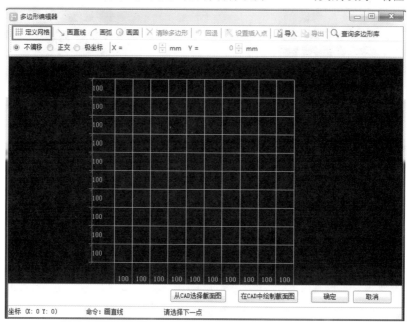

图 3.2.9　新建异形柱

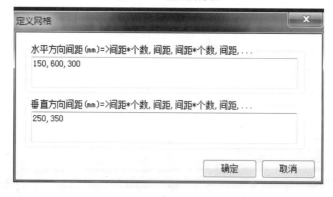

图 3.2.10　定义网格

（4）绘制异形柱

①绘制 GDZ1。选中 GDZ1，单击"旋转点"命令（图 3.2.13），单击 1 轴与 E 轴交点，再单击 1 轴与 D 轴交点，完成柱的放置。选择绘制好的图元，单击右键选择"设置偏心柱"命令（图 3.2.14），将图中"125"改成"300"即可。

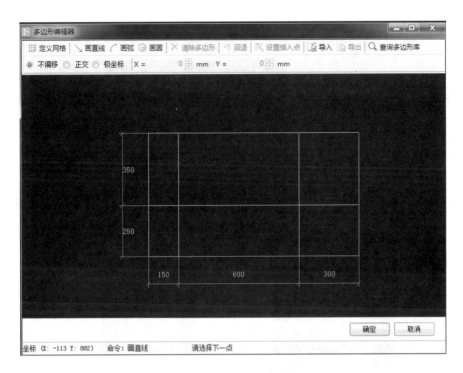

图 3.2.11　定义网格完成

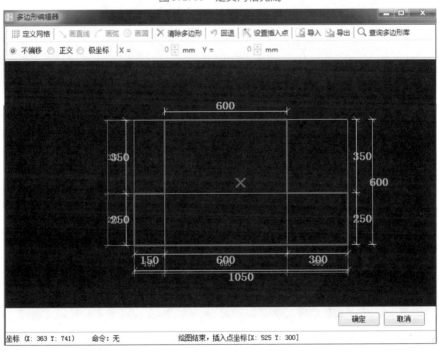

图 3.2.12　GDZ2 轮廓图

②绘制 GDZ2。选中 GDZ2,单击"旋转点"命令,单击 1 轴与 D 交点,再单击 1 轴与 C 轴交点。单击"调整柱端头"命令,再单击刚刚绘制的 GDZ2,可调换柱端头。选中该柱,单击右键选择"设置偏心柱"命令(图 3.2.15),将图中"525"改成"600"即可。

图 3.2.13　旋转点

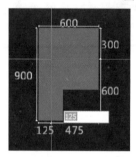

图 3.2.14　设置偏心柱一

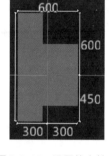

图 3.2.15　设置偏心柱二

使用上述方法,将端柱绘制完成。柱绘制完成如图 3.2.16 所示。

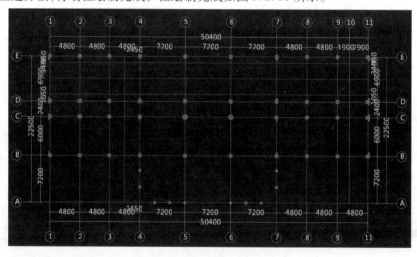

图 3.2.16　绘制完成的端柱

3.2.2　剪力墙的绘制

剪力墙建模标准见表 3.2.2。

表 3.2.2 剪力墙建模标准

构件类别	构件	命名规则	属性定义标准	实 例	
墙	剪力墙	按照图纸标注命名,图纸未标注则参照剪力墙命名规则,如 Q1(外)	1. 墙名称 2. 柱类别 3. 柱材质 4. 混凝土标号 5. 厚度	属性名称	属性值
				名称	Q1(外)
				类别	混凝土墙
				材质	现浇混凝
				砼标号	(中砂 C30
				厚度(mm)	250

根据结施-5 可得出:剪力墙共 3 种,外墙 Q1(墙厚 250 mm)、内墙 Q1(墙厚 250 mm)、内墙 Q2(墙厚 200 mm)。连梁共 4 种,因连梁并入剪力墙计算,所以在软件中可以用剪力墙代替,然后根据连梁尺寸,在有连梁的下方开洞,完成连梁的绘制。暗梁、暗柱工程量也并入剪力墙计算,故用剪力墙替代,不再单独绘制暗柱及暗梁。

1)新建剪力墙

在模块导航栏中找到"墙",在构件列表处单击"新建",选择"新建外墙",如图 3.2.17 所示。在属性编辑框中更改名称为"Q1(外)"(在软件中需要区分内外墙,故此次在剪力墙 Q1 后加上"外"以示区分),厚度为"250",如图 3.2.18 所示,即完成 Q1(外)的建立。

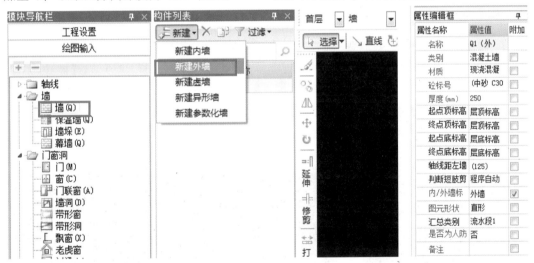

图 3.2.17 新建外墙 　　　　　　　　图 3.2.18 修改属性

使用上述方法,建立其他剪力墙。

2)绘制剪力墙

(1)Q1 的绘制

双击"Q1(外)"构件,软件进入绘图界面,默认绘制方式为"直线",用鼠标左键单击 Q1 的起点(1 轴与 E 轴的交点),将光标移至 Q1 的终点(1 轴与 B 轴的交点)单击鼠标左键,完成 Q1 的绘制。

　　根据图纸结施-5 可知，Q1 不在 1 轴中心，可使用偏移命令来绘制。选中 Q1，单击右键选择"偏移"命令，向左移动光标输入"175"（图 3.2.19），然后按回车键，在弹出的对话框"是否要删除原来图元"中选择"是"即可。

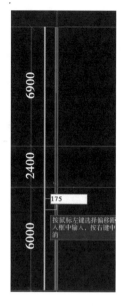

图 3.2.19　输入偏移值

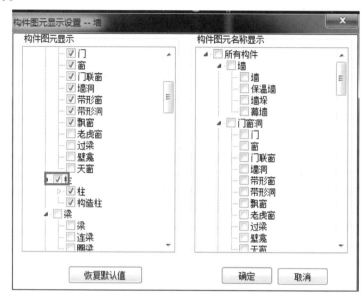

图 3.2.20　选择柱构件

　　除了使用偏移命令外，还可以使用单对齐命令完成剪力墙的偏移。从图纸结施-5 中可知，剪力墙 Q1 与端柱边缘平齐。首先按 F12 弹出如图 3.2.20 所示对话框，勾选"柱"，单击"确定"，将柱图元显示在绘图区域，选择 Q1，单击右键选择"单对齐"命令（图 3.2.21），先选择对齐的目标线，再选择需要对齐的边线，单击右键确定即可完成剪力墙的偏移。

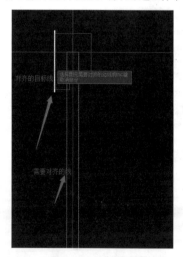

图 3.2.21　单对齐

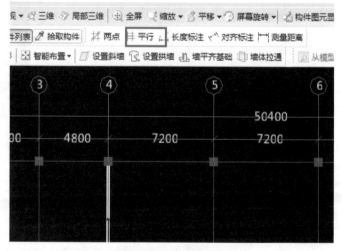

图 3.2.22　平行命令

　　使用同样方法将 Q1 绘制完成。

　　（2）Q2 的绘制

　　Q2 的绘制可以通过作辅助轴线来完成。单击"平行"命令（图 3.2.22），选择 4 轴轴线，弹出对话框,输入偏移距离"-2450"(偏移左为负、右为正、上为正、下为负),轴号不需要输入,单击"确定"即可生成辅助轴线。

　　使用同样的方法,建立与 E 轴平行的三条辅助轴线。辅助轴线绘制好后,单击 Q2 进行平行线的绘制,如图 3.2.23 所示。

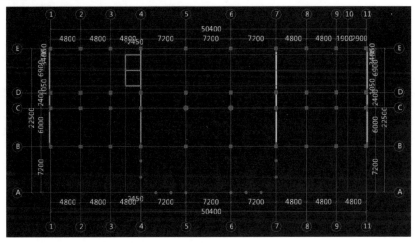

图 3.2.23　作平行线

3.2.3　梁的绘制

梁建模标准见表 3.2.3。

　　根据图纸结施-8"3.800 梁平法施工图"可以得出,本层包含框架梁、屋面框架梁、非框架梁以及悬挑梁四大类。其中框架梁有 KL1、KL2、KL3、KL4、KL5、KL6、KL7、KL8、KL8a(其中,KL1、KL2、KL4、KL8 为变截面);屋面框架梁有 WKL1、WKL2、WKL3;非框架梁 12 种,分别为 L1 ~ L12;悬挑梁 1 种,为 XL1。

1)框架梁的建立

　　在模块导航栏中双击"梁",然后在构件列表中,单击"新建矩形梁"(图 3.2.24)建立框架梁,将名称改为 KL1,截面宽度改为 250 mm,截面高度改为 500 mm。

　　KL2、KL3、KL4、KL5、KL6、KL8、KL8a 与 KL1 截面尺寸相同,可以通过"复制"命令建立。选中 KL1,单击右键,选择"复制",然后修改名称即可。

　　对于有变截面的,本软件不能进行原位标注,故只能新建另一尺寸框架梁,如 KL1-1,复制 KL1,软件生成构件 KL1-1,然后改尺寸为 250 mm×650 mm 即可。

2)屋面框架梁的建立

屋面框架梁的建立与框架梁类似,如图 3.2.25 所示。

3)非框架梁的建立

　　①非框架梁的建立与框架梁类似,只需要将类型改为非框架梁即可,如图 3.2.26 所示。

　　②本工程中,L8、L9 集中标注中有"(-0.050)",表示该梁需要降标高。在新建梁 L8、L9时,需要将属性编辑器梁起点顶标高和终点顶标高处分别减 0.050 m,如图 3.2.27 所示。

表 3.2.3　梁建模标准

构件类别	构 件	命名规则	属性定义标准	实 例
梁	框架梁	按照图纸标注命名,图纸未标注则参照框架梁命名规则,如 KL1	1.名称 2.类别 3.材质 4.混凝土标号 5.截面尺寸	属性名称 / 属性值 名称 KL1 类别 框架梁 材质 现浇混凝土 砼标号 (中砂 C30 截面宽度(250 截面高度(500
	屋面框架梁	按照图纸标注命名,图纸未标注则参照屋面框架梁命名规则,如 WKL1	1.名称 2.类别 3.材质 4.混凝土标号 5.截面尺寸	属性名称 / 属性值 名称 WKL1 类别 框架梁 材质 现浇混凝 砼标号 (中砂 C30 截面宽度(250 截面高度(600
	非框架梁	按照图纸标注命名,图纸未标注则参照非框架梁命名规则,如 L1	1.名称 2.类别 3.材质 4.混凝土标号 5.截面尺寸	属性名称 / 属性值 名称 L1 类别 非框架梁 材质 现浇混凝 砼标号 (中砂 C30 截面宽度(250 截面高度(500
	悬挑梁	按照图纸标注命名,图纸未标注则参照悬挑梁命名规则,如 XTL1	1.名称 2.类别 3.材质 4.混凝土标号 5.截面尺寸	属性名称 / 属性值 名称 XL1 类别 悬挑梁 材质 现浇混凝 砼标号 (中砂 C30 截面宽度(250 截面高度(500

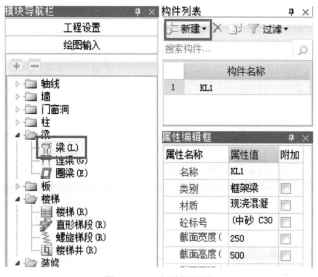

图 3.2.24　新建矩形梁　　　　　　　图 3.2.25　屋面框架梁的建立

图 3.2.26　非框架梁的建立　　　　图 3.2.27　修改属性（降标高）

4）悬挑梁的建立

悬挑梁的建立与框架梁类似，只需要将类型改为悬挑梁即可，如图 3.2.28 所示。

5）梁的绘制

梁的绘制较简单，一般采用直线，绘制顺序为从左至右、从上至下，以防止漏绘。此处以 KL3、KL8、L8 为例绘制。

（1）KL3 的绘制

在构件列表中单击 KL3，软件会默认以直线方式绘制（图 3.2.29）。单击起点（1 轴与 E 轴交点），然后单击终点（2 轴与 E 轴交点），再单击右键确定。由图纸结施-8 可以看出 KL3 不在轴线中心，此处可采用"单对齐"，继续单击右键切换到选择状态（或按键盘 ESC 键），选择绘制好的 KL3，单击右键，选择"单对齐"，然后选择对齐的目标边线（柱边），再选择需要对齐的边（梁边）（图 3.2.30），单击右键确定完成对齐操作。

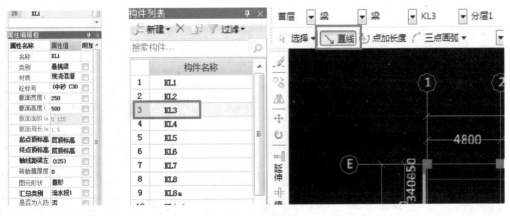

图 3.2.28　悬挑梁的建立　　　　　　图 3.2.29　直线绘制梁

（2）梁 KL8 的绘制

梁 KL8 为变截面梁，该梁 1,2,6,7 跨截面为 250 mm × 500 mm，3,4,5 截面为 250 mm × 650 mm。所以该梁需要使用构件 KL8（截面为 250 mm × 500 mm）、KL8-1（截面为 250 mm × 650 mm）绘制。选择 KL8（绘图区上方，"直线"命令如果未选中，请单击一下"直线"命令），单击起点（2 轴与 E 轴交点），再单击终点（4 轴与 E 轴交点），单击右键确定，再单击第二段起点（7 轴

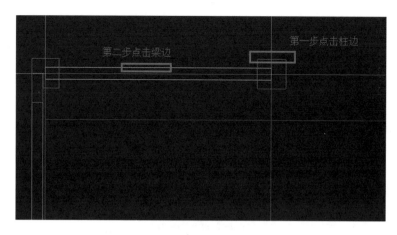

图 3.2.30　单对齐

与 E 轴交点)和终点(9 轴与 E 轴交点),单击右键确定完成 KL8 绘制。选择 KL8-1,单击起点(4 轴与 E 轴交点)和终点(7 轴与 E 轴交点),单击右键确定完成 KL8-1 的绘制。

(3)非框架梁 L8 的绘制

从图纸结施-8 可以看出,梁 L1 在 D 轴和 E 轴之间,起点和终点不好捕捉,在绘制时可以采用"Shift 键 + 鼠标左键"绘制。首先将鼠标放置在 6 轴与 D 轴的交点处,然后按住 Shift 键不放,再单击鼠标左键,此时会弹出"输入偏移量"的对话框,起点在 6 轴与 D 轴交点的正上方 2 000 mm处,故在 X 方向上输入"0",在 Y 方向上输入"2000",即可捕捉到起点,终点软件可以自动捕捉。

其余梁的绘制方法同上。绘制完成的梁,如图 3.2.31 所示。

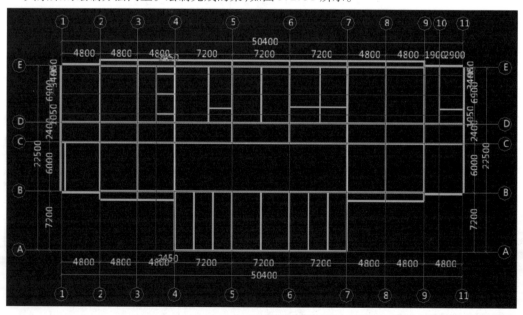

图 3.2.31　绘制完成的梁

3.2.4　板的绘制

板的建模标准见表 3.2.4。

表 3.2.4　板的建模标准

构件类别	构件	命名规则	属性定义标准	实　例
板	楼板	按照图纸标注命名,图纸未标注则参照板命名规则,如 LB1	1. 名称 2. 类别 3. 材质 4. 混凝土标号 5. 厚度	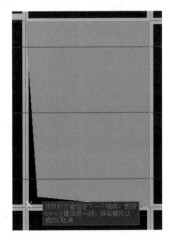

根据图纸结施-12"3.800 板平法施工图"可以得出,本层板有屋面板和楼板,分别为 WB1、LB1(未标注板)、LB2、LB3、LB4、LB5、LB6,板厚均为 120 mm,LB6 部分需要降标高。

1)楼板的建立

在模块导航栏中双击"板",然后再单击"现浇板",单击构件列表中的"新建"命令,再单击"新建现浇板"。在属性编辑框中,名称命名为"LB1",类别为"有梁板",厚度为 120 mm,如图 3.2.32 所示。用相同方法可新建其他板。

2)板的绘制

软件提供绘制方式有直线、点、弧线、矩形以及智能布置。

(1)直线绘制

以 LB5 为例,绘制 2 轴、3 轴交 D 轴、E 轴的 LB5。在构件列表中选择 LB5,软件默认绘制方式为"直线",单击该板的四个角点,形成封闭矩形即可,如图 3.2.33 所示。

图 3.2.32　新建楼板

图 3.2.33　直线绘制板

(2)点绘制

点绘制是最为常用的绘制方式。选中板构件后,单击需要绘制板的任意区域,软件将会自动布置该板。

【注意】

如果使用点绘制时,弹出如图 3.2.34 所示的对话框,一般是由于梁或者墙不封闭,需要按快捷键"Z"(或者按 F12,在构件图元显示列表中,将柱取消显示),检查梁是否封闭。如果不封闭,将梁选中(需要在绘制梁的界面中才能选中,软件中如果要选中某构件,需要在该构件的绘制界面下才能选中),把终点拉封闭即可。节点处软件会自动处理,不会影响算量。本工程还需要将剪力墙向两端延长,使之与梁形成封闭的空间,如图 3.2.35 所示。

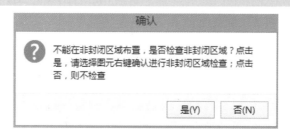

图 3.2.34　点式布板不封闭提示

(3)矩形绘制

矩形绘制与直线绘制类似,但矩形绘制只需要单击对角两点即可。

(4)降板

在 6 轴、7 轴交 D 轴、E 轴位置处的 LB6 均需降板"0.050 m"。操作方式为:选中这 4 块板,在属性编辑器中将顶标高改为"层顶标高 − 0.050"即可,顶标高为黑色字体,即私有属性,改变该属性不会影响其他的 LB6,如图 3.2.35 所示。

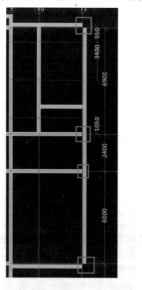

属性编辑框	无 ×
属性名称	属性值
名称	LB6
类别	有梁板
材质	现浇混凝土
砼标号	(中砂 C30)
厚度(mm)	(120)
顶标高(m)	层顶标高-0.050
是否是楼板	▼
是否是空心	否
汇总类别	流水段1
备注	
⊞ 计算属性	
⊞ 显示样式	

图 3.2.35　剪力墙和梁形成封闭空间　　　　图 3.2.35　修改顶标高

3.2.5　填充墙的绘制

填充墙的建模标准见表 3.2.5。

表3.2.5　填充墙建模标准

构件类别	构件	命名规则	属性定义标准	实　例
墙	填充墙	按照图纸标注命名,图纸未标注则参照填充墙命名规则,如 QT1(外)	1.名称 2.类别 3.材质 4.混凝土标号 5.厚度	<table><tr><td>属性名称</td><td>属性值</td></tr><tr><td>名称</td><td>QT1</td></tr><tr><td>类别</td><td>砌体墙</td></tr><tr><td>材质</td><td>烧结空心</td></tr><tr><td>砂浆标号</td><td>(M5)</td></tr><tr><td>砂浆类型</td><td>混合砂浆</td></tr><tr><td>厚度(mm)</td><td>200</td></tr></table>

根据图纸建施-0"建筑设计说明室内装修做法表"、建施-3"一层平面图"以及建施-15"1 号卫生间详图、电梯详图"可知,一层砌体墙有:砌块外墙厚度 250 mm,材质为页岩多孔砖;砌块内墙厚度为 200 mm,材质为页岩空心砖;砌块内墙厚度为 200 mm,材质为页岩空心砖和页岩实心砖(卫生间隔墙);砂浆均为 M5 混合砂浆。

1)墙体的建立

在模块导航栏中双击"墙",在构件列表处中单击"新建",然后选择"新建外墙",修改属性如图3.2.36所示。用同样的方法创建内墙,如图3.2.37、图3.2.38 所示。

属性名称	属性值	附加
名称	QT1（外）	
类别	砌体墙	☐
材质	烧结多孔	☐
砂浆标号	(M5)	☐
砂浆类型	混合砂浆	☐
厚度(mm)	250	☐
起点顶标高	层顶标高	☐
终点顶标高	层顶标高	☐
起点底标高	层底标高	☐
终点底标高	层底标高	☐
轴线距左墙	(125)	☐
内/外墙标	外墙	☐
图元形状	直形	☐
汇总类别	流水段1	☐
是否为人防	否	☐
备注		☐

图 3.2.36　外墙属性

属性名称	属性值	附加
名称	QT1	
类别	砌体墙	☐
材质	烧结空心	☐
砂浆标号	(M5)	☐
砂浆类型	混合砂浆	☐
厚度(mm)	200	☐
起点顶标高	层顶标高	☐
终点顶标高	层顶标高	☐
起点底标高	层底标高	☐
终点底标高	层底标高	☐
轴线距左墙	(100)	☐
内/外墙标	内墙	☑
图元形状	直形	☐
汇总类别	流水段1	☐
是否为人防	否	☐
备注		☐

图 3.2.37　内墙 QT1 属性

属性名称	属性值	附加
名称	QT2	
类别	砌体墙	☐
材质	烧结多孔	☐
砂浆标号	(M5)	☐
砂浆类型	混合砂浆	☐
厚度(mm)	200	☐
起点顶标高	层顶标高	☐
终点顶标高	层顶标高	☐
起点底标高	层底标高	☐
终点底标高	层底标高	☐
轴线距左墙	(100)	☐
内/外墙标	内墙	☑
图元形状	直形	☐
汇总类别	流水段1	☐
是否为人防	否	☐
备注		☐

图 3.2.38　内墙 QT2 属性

2)墙体绘制

墙体的主要绘制方式有直线、点加长以及弧线。"点加长"命令与"Shift + 左键"偏移效果类似。此处以 2 轴与 B 轴处的墙体为例,用"点加长"命令绘制。

单击"点加长"命令,先单击 2 轴与 E 轴交点,再单击 2 轴与 D 轴的交点,弹出如图3.2.39所示的对话框,长度输入"0",反向延伸长度输入"625",单击"确定"即可。

图 3.2.39　设置点加长度

使用以上方法,绘制完成的墙体如图 3.2.40 所示。

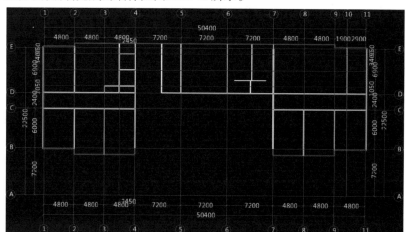

图 3.2.40　绘制完成的墙体

3.2.6　门窗洞口的绘制

门窗洞口的建模标准见表 3.2.6。

表 3.2.6　门窗洞口建模标准

构件类别	构件	命名规则	属性定义标准	实　例
门窗洞口	门	按照图纸标注命名,图纸未标注则参照门命名规则,如 M1	1.名称 2.洞口宽度 3.洞口高度	属性名称　属性值 名称　M1 洞口宽度(　1000 洞口高度(　2100
	窗	按照图纸标注命名,图纸未标注则参照窗命名规则,如 C1	1.名称 2.洞口宽度 3.洞口高度 4.离地高度	属性名称　属性值 名称　LC1 类别　普通窗 洞口宽度(　900 洞口高度(　2700 离地高度(　700
	洞口	按照图纸标注命名,图纸未标注则参照洞口命名规则,如 D1	1.名称 2.洞口宽度 3.洞口高度 4.离地高度	名称　D1 洞口宽度(　1800 洞口高度(　2700 洞口面积(m　4.86 离地高度(　0
	壁龛	按照图纸标注命名,图纸未标注则参照壁龛命名规则,如消火栓箱	1.名称 2.洞口宽度 3.洞口高度 4.壁龛深度 5.离地高度	属性名称　属性值 名称　消火栓箱 洞口宽度(　750 洞口高度(　1650 壁龛深度(　100 离地高度(　150

根据图纸建施-3"一层平面图"左下角"一层门窗规格及门窗数量一览表"可知门窗编号、名称、规格以及数量。门编号为 M1、M2、LM1、TLM1、YFM1、JXM1、JXM2;窗编号为 LC1、LC2、LC3;幕墙编号为 MQ1、MQ2。

1)门窗的建立

在模块导航栏中双击"门窗洞",再单击"门",在构件列表处单击"新建"命令,然后点选"新建矩形门"(软件提供"新建矩形门""异形门""参数化门""标准门"4 种方式),在属性编辑框中填入 M1 的属性,框厚设置为"0",如图 3.2.41 所示。利用该方法,建立其余的门构件。

2)窗的建立

在模块导航栏中双击"门窗洞",再单击"窗",在构件列表处单击"新建"命令,再点选"新建矩形窗"(软件提供"新建矩形窗""异形窗""参数化窗""标准窗"4 种方式),在属性编辑框中填入 LC1 的属性,框厚设置为"0",窗离地高度为 600 mm(窗离地高度请查阅建施 10"①—⑩轴立面图"及建施 11"⑩—①立面图"),如图 3.2.42 所示。利用该方法,建立其余的窗构件。

图 3.2.41　矩形门属性

3)幕墙的建立

软件中不能直接建立幕墙,需要用带形窗代替。在模块导航栏中双击"门窗洞",再单击"带形窗",在构件列表处单击"新建"命令,再点选"新建带形窗",在属性编辑框中填入 MQ1 的属性,框厚设置为"0",起点顶标高、终点顶标高均为层顶标高,起点底标高、终点底标高均为层底标高,如图 3.2.43 所示。利用该方法,建立幕墙 MQ2,如图 3.4.44 所示。

图 3.2.42　窗属性　　　图 3.2.43　MQ1 属性　　　图 3.2.44　MQ2 属性

4)洞口的建立

在模块导航栏中双击"门窗洞",再单击"洞口",在构件列表处单击"新建"命令,再点选"新建矩形洞口"(软件提供"新建矩形洞""异形洞口"2 种方式),在属性编辑框中填入 D1 的属性,如图 3.2.45 所示。利用该方法,也可建立电梯洞口。根据图纸建施-15、结施-5 可知,一层电梯洞口规格为 1 200 mm × 2 600 mm,离地高度为 0。

5)壁龛的建立

本工程需在墙上建立消火栓箱洞口。在模块导航栏中双击"门窗洞",再单击"壁龛",在构件列表处单击"新建"命令,再点选"新建矩形壁龛"(软件提供"新建矩形壁龛""异形壁龛"2 种方式),在属性编辑框中填入"消火栓箱"的属性,如图 3.2.46 所示。

属性编辑框		
属性名称	属性值	附加
名称	D1	☐
洞口宽度(	1800	☐
洞口高度(	2700	☐
洞口面积 (m	4.86	☐
离地高度(	0	☐
是否随墙变	是	☐
汇总类别	流水段1	☐
备注		☐
＋ 计算属性		
＋ 显示样式		

属性编辑框		
属性名称	属性值	附加
名称	消火栓箱	☐
洞口宽度(	750	☐
洞口高度(	1650	☐
壁龛深度(	100	☐
离地高度(	150	☐
汇总类别	流水段1	☐
是否为人防	否	☐
备注		☐
＋ 计算属性		
＋ 显示样式		

图 3.2.45　D1 属性　　　　　　图 3.2.46　消火栓箱属性

6)门窗洞口的绘制

门窗洞口是依附于墙存在的,在绘制门窗洞口前,需要把墙体绘制完毕。幕墙在软件中用带形洞替代,可以不依附于墙。在绘制门窗时,最常用的命令是点绘,算量对于门窗位置是否精确没有太高要求,所以直接点大概位置即可,当然软件也提供精确布置命令。

此处以 M1 绘制为例。首先采用点绘:选中 M1 构件,在绘图区上方单击"点",然后将光标放置在 M1 所在墙上,软件会提供输入框,输入数字,此处在左边框内输入"3500",输入完成后按回车键即可完成 M1 的放置(按"Tab 键"可切换左右输入框),如图 3.2.47 所示。此处也可在该墙的适当位置直接点击左键放置该门。

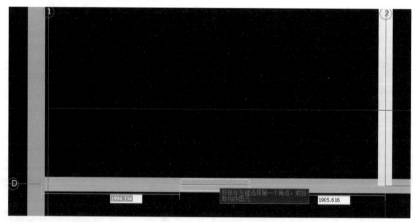

图 3.2.47　点绘门窗洞口

此处以 LC2 为例,使用"精确布置"命令来绘制。选中 LC2,单击"精确布置"命令。首先单击左键选择布置的墙体,然后再选择插入点(此处选择该墙的左边起点),软件弹出如图3.2.48所示的对话框,在弹出的对话框中输入"600",单击"确定"即可。

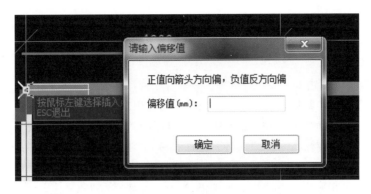

图 3.2.48 输入偏移值

绘制完成的门窗如图 3.2.49 所示。

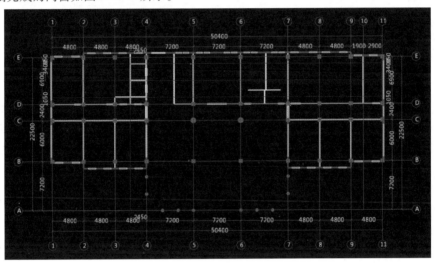

图 3.2.49 绘制完成的门窗

3.2.7 过梁、圈梁的绘制

过梁、圈梁的建模标准见表 3.2.7。

表 3.2.7 过梁、圈梁建模标准

构件类别	构件	命名规则	属性定义标准	实 例		
过梁	过梁	按照图纸标注命名,图纸未标注则参照过梁命名规则,如 GL1	1. 名称 2. 类别 3. 材质 4. 混凝土标号 5. 厚度	属性名称	属性值	B
				名称	LB1	
				类别	有梁板	
				材质	现浇混凝	
				砼标号	(中砂 C30	
				厚度(mm)	(120)	

根据图纸建施-3 和结施-2 可知,砌体填充墙设钢筋混凝土圈梁,一般内墙门洞上设一道,兼作过梁,外墙窗台及窗顶处各设一道。外墙门窗洞口(LM1 除外)高度刚好在梁底,故不需要再设置圈梁或过梁。外墙只有 LM1 需要布置过梁,过梁规格为250 mm×180 mm。内墙上设圈梁

（兼作过梁），规格为 200 mm × 120 mm，外墙圈梁规格为 240 mm × 180 mm。

1）圈梁的建立

在模块导航栏中双击"梁"，然后选择"圈梁"，在构件列表处单击"新建"，然后选择"新建矩形圈梁"，在属性编辑器中"截面宽度"处输入"200"，"截面高度"处输入"120"，"起点顶标高"和"终点顶标高"处输入"层底标高 + 2.2"。因为 LM1 高度为 2 100 mm，圈梁高度为 120 mm，所以起点、终点顶标高为层底标高 + 2.2 m，如图 3.2.50 所示。用同样的方法建立外墙圈梁 QL2，圈梁高度为 180 mm，圈梁顶标高为层底标高 + 0.6 m。

2）过梁的建立

在模块导航栏中双击"门窗洞口"，然后选择"过梁"，在构件列表处单击"新建"，然后选择"新建矩形过梁"，在属性编辑器中"截面高度"处输入"180"即可，过梁的宽度同墙宽，故无须设置，如图 3.2.51 所示。

属性编辑框		무
属性名称	**属性值**	**附加**
名称	QL1	☐
材质	现浇混凝土	☐
砼标号	(中砂 C25)	☐
截面宽度 (mm)	200	☐
截面高度 (mm)	120	☐
截面面积 (mm)	0.024	☐
截面周长 (mm)	0.64	☐
起点顶标高	层底标高+2.2	☐
终点顶标高	层底标高+2.2	☐
轴线距梁左	(100)	☐
砖胎膜厚度	0	☐
图元形状	直形	☐
汇总类别	流水段1	☐
备注		☐

图 3.2.50　圈梁属性

属性编辑框		무
属性名称	**属性值**	**附力**
名称	GL1	☐
材质	现浇混凝土	☐
砼标号	(中砂 C25)	☐
长度 (mm)	(500)	☐
截面宽度 (mm)		☐
截面高度 (mm)	180	☐
起点伸入墙	250	☐
终点伸入墙	250	☐
截面面积 (mm)	0	☐
位置	洞口上方	☐
顶标高 (m)	洞口顶标高加过梁	☐
中心线距左	(0)	☐
汇总类别	流水段1	☐
备注		☐

图 3.2.51　过梁属性

3）圈梁的绘制

圈梁绘制可以采用直线命令，绘制方法同墙，也可以采用智能布置绘制圈梁：单击"智能布置"命令，选择墙中心线，然后选择需要布置的砌体墙，单击右键确定即可。

外墙布置圈梁可自动生成。

4）过梁的绘制

（1）点绘

过梁可采用点绘来完成绘制。选中过梁构件，单击"点"命令，再单击需要布置过梁的门窗洞口即可。

（2）智能布置

过梁布置也可采用智能布置：单击"智能布置"，按门窗洞口宽度布置，过梁规格一般是根据门窗洞口的宽度来设计的。此外，外墙上门 LM1 的过梁直接使用点绘即可。

3.2.8　构造柱的绘制

构造柱的建模标准见表 3.2.8。

表 3.2.8　构造柱建模标准

构件类别	构件	命名规则	属性定义标准	实　例	
柱	构造柱	按照图纸标注命名，图纸未标注则参照构造柱命名规则，如 GZ1	1 构造柱名称 2 构造柱类别 3 构造柱材质 4 混凝土标号 5 截面尺寸	**属性名称**	**属性值**
				名称	GZ1
				类别	带马牙槎
				材质	现浇混凝土
				砼标号	(中砂 C25)
				截面宽度 (mm)	240
				截面高度 (mm)	240

根据图纸结施-2"结构设计说明(二)"中"9.填充墙"中第四点可知:"砌体填充墙应按下述原则设置钢筋混凝土构造柱:构造柱一般在砌体转角、纵、横墙体相交部位以及沿墙长每隔3 500~4 000 mm设置。"根据建施-17"一层构造柱位置示意图"可知构造柱规格及布置位置。

1)构造柱的建立

在模块导航栏中双击"柱",然后选择"构造柱",在构件列表中单击"新建",选择"新建矩形构造柱",在属性编辑框中输入相应属性,如图3.2.52所示。

2)构造柱的绘制

(1)点绘

构造柱可以使用点绘的方法绘制,步骤同框架柱的绘制。

(2)自动生成构造柱

在构造柱绘制的界面上,单击"自动生成构造柱",弹出如图3.2.53所示的对话框,根据设计说明来设置属性,单击"确定"即可生成构造柱。自动生成构造柱不需要先建构件,系统会自动反建构件。

图 3.2.52　柱的属性

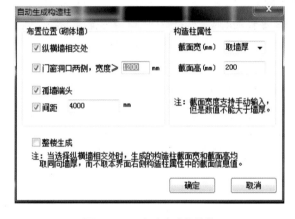

图 3.2.53　自动生成构造柱

3.2.9　楼梯的绘制

楼梯的建模标准见表3.2.9。

表 3.2.9　楼梯建模标准

构件类别	构件	命名规则	属性定义标准	实　例
楼梯	楼板	按照图纸标注命名,图纸未标注则参照楼梯命名规则,如AT1	1.名称 2.截面形状 3.材质 4.混凝土标号	

根据图纸结施-15 和结施-16 可知,本工程共两种楼梯,分别为一号楼梯和二号楼梯。

1)楼梯的建立

此处以一号楼梯为例建立楼梯构件。根据图纸结施-15 可知,一层楼梯为 AT2。在模块导航栏中双击"楼梯",选择"楼梯",在构件列表处单击"新建"命令,选择"新建参数化楼梯",在弹出的对话框中选择"标准双跑楼梯 1",单击"确定",弹出如图 3.2.54 所示的对话框,填好对应属性,单击"保存退出",楼梯构件即建立完毕。

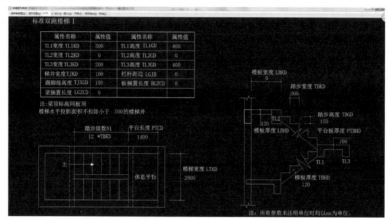

图 3.2.54　新建楼梯

【说明】

　　在软件弹出的对话框中,TL1 和 LT3 对应结施-15 中的 TL－1,规格为 200 mm×400 mm。TL2 对应结施-8 中 L6,规格为 250 mm×400 mm。因为已经绘制了 L6,所以将 TL2 的参数设置为 0,梯井宽度和踢脚线高度为 100 mm,栏杆距边、板搁置长度和梁搁置长度均设置为 0。因为在绘制板的时候,已将 PB1 绘制,故将楼板宽度设置为 0。

2)楼梯的绘制

此处以点绘为例介绍楼梯的绘制。分析 L6 和 KL7 的宽度均为 250 mm,故只需捕捉 L6 和 KL7 的交点。如图 3.2.55 所示,用"Shift + 左键"偏移,在 X 方向上输入"－125",在 Y 方向上输入"125",单击"确定"即可。

图 3.2.55　绘入偏移量

用此方法将一层二号楼梯绘制完毕。

3.2.10　零星构件的绘制

1）台阶

台阶的建模标准见表 3.2.10。

表 3.2.10　台阶建模标准

构件类别	构件	命名规则	属性定义标准	实　例
零星构件	台阶	按照图纸标注命名,图纸未标注则参照台阶命名规则,如 TJ1	1. 名称 2. 材质 3. 顶标高 4. 台阶高度 5. 踏步个数	

根据图纸建施-3 可知,台阶在门厅和电梯厅外,为 3 个梯步段,踏步高为 150 mm,踏步宽度为 300 mm。

（1）台阶的建立

在模块导航栏中双击"其他",选择"台阶",在构件列表处单击"新建",选择"新建台阶",在属性编辑框中输入相应的属性即可,如图 3.2.56 所示。

（2）台阶的绘制

以门厅前台阶为例进行介绍。选中 TJ-1,单击"直线",绘制如图 3.2.57 所示的形状(使用"Shift + 左键"或者绘制辅助轴线定位)。形状绘制完毕后,设置台阶踏步边,单击"设置台阶踏步边"命令,选中左、右和前面 3 边,单击鼠标右键,在弹出的对话框中输入"300",然后单击"确定"即可。

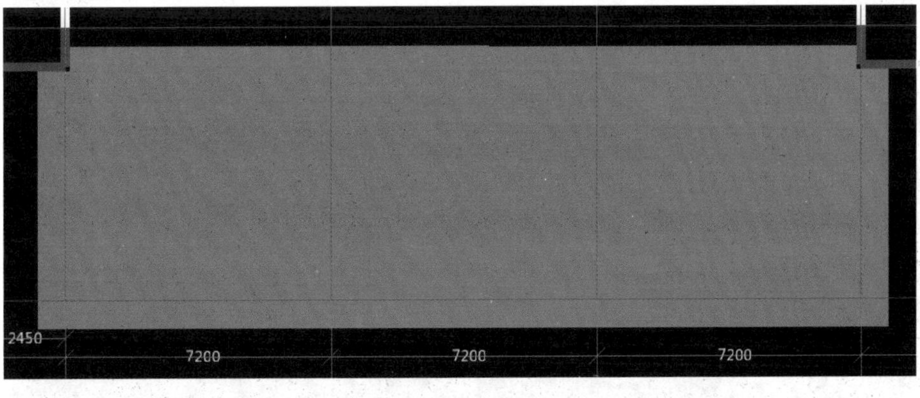

图 3.2.56　台阶的属性

图 3.2.57　绘制台阶

台阶绘制也可采用矩形、点等方式进行,利用直线或矩形的方式绘制电梯厅前的台阶。

2）散水

散水的建模标准见表 3.2.11。

表 3.2.11　散水的建模标准

构件类别	构件	命名规则	属性定义标准	实　例
零星构件	散水	按照图纸标注命名,图纸未标注则参照散水命名规则,如 SS1	1.名称 2.材质 3.厚度	

根据图纸建施-3 可知,散水沿建筑物周边布置一圈,宽度为 900 mm。

（1）散水的建立

在模块导航栏中双击"其他",选择"散水",在构件列表处单击"新建",选择"新建散水",在属性编辑框中输入相应的属性即可,如图3.2.58所示。

（2）散水的绘制

散水可以用直线、点、矩形等方式绘制,此处采用智能布置。智能布置需要外墙封闭,所以需要在墙体里边建立虚墙使外墙封闭（新建虚墙时需要把内外墙标志改为外墙,系统默认是内墙）。新建好虚墙后,切换到散水绘制界面,单击"智能布置",单击"外墙外边线"命令,系统弹出对话框,在对话框中输入散水宽度"900"即可。散水与台阶相交处,软件会自动扣除散水。但坡道处无须布置散水,可以通过分割的方法进行处理。处理后完成散水的绘制,如图 3.2.59 所示。

图 3.2.58　散水的属性

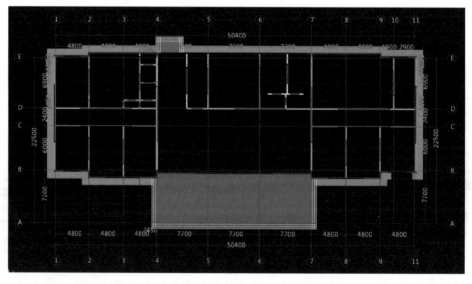

图 3.2.59　绘制完成的散水

3）雨篷

雨篷的建模标准见表 3.2.12。

表 3.2.12　雨篷建模标准

构件类别	构件	命名规则	属性定义标准	实　例
零星构件	雨篷	按照图纸标注命名，图纸未标注则参照雨篷命名规则，如雨篷 1	1. 名称 2. 材质 3. 板厚 4. 标高	属性名称：属性值 名称：雨篷1 材质：现浇混凝土 板厚(mm)：150 顶标高(m)：3.45
	雨篷栏板	按照图纸标注命名，图纸未标注则参照雨篷栏板命名规则，如雨篷栏板 1	1. 名称 2. 材质 3. 截面宽度 4. 截面高度 5. 标高	属性名称：属性值 名称：雨篷栏板1 材质：现浇混凝土 截面宽度(：100 截面高度(：200 截面面积(m：0.02 起点底标高：层底标高+3.550 终点底标高：层底标高+3.550

根据图纸结施-12 可知，雨篷的尺寸为 3300 mm × 1500 mm，雨篷栏板尺寸为 100 mm × 200 mm。此处分开建立雨篷和雨篷栏板。

（1）雨篷

• 雨篷的建立

在模块导航栏中双击“其他”，选择“雨篷”，在构件列表处单击“新建”，选择“新建雨篷”，在属性编辑框中输入相应的属性即可，如图3.2.60所示。

属性编辑框

属性名称	属性值	附加
名称	雨篷1	
材质	现浇混凝土	☐
板厚(mm)	150	☐
顶标高(m)	3.45	☐
建筑面积计	不计算	☐
汇总类别	流水段1	☐
备注		☐
+ 计算属性		
+ 显示样式		

图 3.2.60　雨篷的属性

• 雨篷的绘制

此处使用矩形命令，利用“Shift + 左键”偏移绘制雨篷。

（2）雨篷栏板

• 雨篷栏板的建立

在模块导航栏中双击“其他”，选择“栏板”，在构件列表处单击“新建”，选择“新建矩形栏板”，在属性编辑框中输入相应的属性即可，如图 3.2.61 所示。

属性编辑框

属性名称	属性值	附加
名称	雨篷栏板1	
材质	现浇混凝土	☐
截面宽度(	100	☐
截面高度(	200	☐
截面面积(m	0.02	☐
起点底标高	层底标高+3.550	☐
终点底标高	层底标高+3.550	☐
轴线距左边	(50)	☐
汇总类别	流水段1	☐
备注		☐

图 3.2.61　雨篷栏板的属性

• 雨篷栏板的绘制

采用“Shift + 左键”偏移绘制矩形栏板，如图3.2.62所示。

4）后浇带

后浇带的建模标准见表 3.2.13。

图 3.2.62　绘制完成的雨篷栏板

表 3.2.13　后浇带建模标准

构件类别	构件	命名规则	属性定义标准	实　例
零星构件	后浇带	按照图纸标注命名,图纸未标注则参照后浇带命名规则,如 HJD1	1. 名称 2. 宽度	属性名称　属性值　附加 名称　HJD1 宽度(mm)　800　☐

根据图纸结施-12 可知,一层后浇带位于 5 轴和 6 轴之间,后浇带宽度为 800 mm。

（1）后浇带的建立

在模块导航栏中双击"其他",选择"后浇带",在构件列表处单击"新建",选择"新建后浇带",在属性编辑框中输入相应的属性即可,如图 3.2.63 所示。

（2）后浇带的绘制

使用直线命令绘制后浇带,可以使用"Shift + 左键"偏移定位,或者作辅助轴线进行绘制。

属性名称	属性值	附加
名称	HJD1	☐
宽度(mm)	800	☐
轴线距后浇	(400)	☐
筏板(桩承	矩形后浇	☐
基础梁后浇	矩形后浇	☐
外墙后浇带	矩形后浇	☐
内墙后浇带	矩形后浇	☐
梁后浇带类	矩形后浇	☐
现浇板后浇	矩形后浇	☐
汇总类别	流水段1	☐
备注		☐
➕ 计算属性		
➕ 显示样式		

图 3.2.63　后浇带的属性

3.3　首层装修绘制

根据建施-0 中的"室内装修做法表"可知,首层有 5 种类型的房间装修,分别为电梯厅、门厅,楼梯间,接待室、会议室、办公室,卫生间、清洁间,走廊。楼面做法分为楼面 1、楼面 2、楼面 3。踢脚做法分为踢脚 1、踢脚 2、踢脚 3。内墙面做法分为:内墙面 1、内墙面 2。吊顶做法分为吊顶 1、吊顶 2 及顶棚 1。根据建施-3 可知,首层还有独立柱装修。

3.3.1　装修构件的建立

装修构件的建模标准见表3.3.1。

表3.3.1　装修构件建模标准

构件类别	构件	命名规则	属性定义标准	实　例
装修	楼地面	按照图纸标注命名,图纸未标注则参照楼地面命名规则,如LM1(DM1)	1.名称 2.块料厚度 3.顶标高	属性名称／属性值 名称 楼面1 块料厚度(0 顶标高(m) 层底标高 是否计算防 否 汇总类别 流水段1
	踢脚	按照图纸标注命名,图纸未标注则参照踢脚命名规则,如TJ1	1.名称 2.块料厚度 3.高度	属性名称／属性值 名称 踢脚1 块料厚度(0 高度(mm) 100 起点底标高 墙底标高 终点底标高 墙底标高
	墙面	按照图纸标注命名,图纸未标注则参照墙面命名规则,如NQM1(WQM1)	1.名称 2.块料厚度 3.标高 4.内/外墙面	名称 内墙面1 所附墙材质 (程序自动判断) 块料厚度(mm) 0 起点顶标高 墙顶标高 终点顶标高 墙顶标高 起点底标高 墙底标高 终点底标高 墙底标高 内/外墙面 内墙面
	天棚	按照图纸标注命名,图纸未标注则参照天棚命名规则,如TP1	名称	名称 顶棚1
	吊顶	按照图纸标注命名,图纸未标注则参照吊顶命名规则,如DD1	1.名称 2.离地高度	名称 吊顶2 离地高度(mm) 3400
	独立柱	按照图纸标注命名,图纸未标注则参照独立柱命名规则,如DLZ1	1.名称 2.块料厚度 3.标高	名称 独立柱装修1 块料厚度(mm) 0 顶标高(m) 柱顶标高 底标高(m) 柱底标高
	房间	按照图纸标注命名,图纸未标注则参照房间命名规则,如FJ1	名称	名称 楼梯间

1)楼地面的建立

在模块导航栏中双击"装修",选择"楼地面",在构件列表处单击"新建",选择"新建楼地面",在属性编辑框中输入相应的属性即可,如图3.3.1所示。用同样的方法可新建楼面2、楼面3。

2）踢脚的建立

在模块导航栏中双击"装修"，选择"踢脚"，在构件列表处单击"新建"，选择"新建踢脚"。根据建施-1 可知，踢脚 1 的高度为 100 mm，在属性编辑框中输入相应的属性即可，如图3.3.2所示。用同样的方法可新建踢脚 2、踢脚 3。

3）内墙面的建立

在模块导航栏中双击"装修"，选择"墙面"，在构件列表处单击"新建"，选择"新建内墙面"，在属性编辑框中输入相应的属性即可，如图 3.3.3 所示。用同样的方法可新建内墙面 2。

图 3.3.1　楼面的属性

图 3.3.2　踢脚的属性

图 3.3.3　内墙面 1 属性

4）外墙面的建立

在模块导航栏中双击"装修"，选择"墙面"，在构件列表处单击"新建"，选择"新建外墙面"，在属性编辑框中输入相应的属性即可，如图 3.3.4 所示。

5）天棚的建立

在模块导航栏中双击"装修"，选择"天棚"，在构件列表处单击"新建"，选择"新建天棚"，在属性编辑框中输入相应的属性即可，如图 3.3.5 所示。

图 3.3.4　外墙面的属性

图 3.3.5　天棚 1 的属性

6）吊顶的建立

在模块导航栏中双击"装修"，选择"吊顶"，在构件列表处单击"新建"，选择"新建吊顶"。根据建施-1 可知，吊顶 1 高度为 3400 mm，在属性编辑框中输入相应的属性即可，如图3.3.6所示。用同样的方法可新建吊顶 2。

7）独立柱装修的建立

在模块导航栏中双击"装修"，选择"独立柱装修"，在构件列表处单击"新建"，选择"新建独立柱装修"，在属性编辑框中输入相应的属性即可，如图 3.3.7 所示。

8）房间的建立

本软件可以通过建立房间，然后将房间的装修（如楼地面、踢脚、墙面、吊顶等）依附到房间，这样可以大大提高绘图效率。此处以接待室、会议室、办公室为例，建立房间构件。该房间装修为楼面 3、踢脚 3、内墙面 1、吊顶 1。

在模块导航栏中双击"装修"，选择"房间"，在构件列表处单击"新建"，选择"新建房间"，在属性编辑框中输入相应的属性即可，如图 3.3.8 所示。

图3.3.6　吊顶1的属性　　图3.3.7　独立柱装修1的属性　　图3.3.8　接待室的属性

新建好房间后，在构件列表中选择"楼地面"，再单击"添加依附构件"，如图 3.3.9 所示。在楼地面 1 中点开下三角，选择楼面 3，如图 3.3.10 所示。用同样的方法添加踢脚 3、内墙面 1 以及吊顶 1，这样即把房间依附构件添加完毕。再用同样的方法建立其他房间。

图 3.3.9　添加依附构件

图 3.3.10　添加楼面 3

3.3.2　装修构件的绘制

1）装修构件及房间绘制

装修构件的绘制方式分为两种：一是按不同构件分别布置，如在布置楼面时，通过点绘，将整层楼的地面分别点绘上,然后再用同样的方法,分别布置踢脚、墙面等;二是通过房间布置构件,这也是最为常用的方法,操作方式是在构件列表中选择不同房间,分别点绘房间,如在构件列表中选中接待室,单击接待室房间内部的任意位置即可布置,如图 3.3.11 所示。

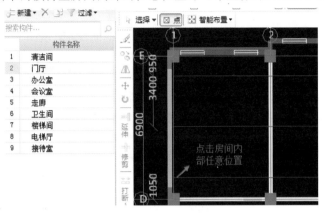

图 3.3.11　通过房间布置构件

2)独立柱装修绘制

如果工程中存在独立柱装修,就需要单独绘制。在模块导航栏中选择"独立柱装修",在构件列表中选中"独立柱装修 1",在绘图区上方单击"智能布置",然后选择"柱",使用鼠标框选需要装修的柱,再单击右键即可完成独立柱的装修。

3.3.3　外墙保温的绘制

外墙保温的建模标准见表 3.3.2。

表 3.3.2　外墙保温建模标准

构件类别	构　件	命名规则	属性定义标准	实　例
外墙保温	外墙保温	按照图纸标注命名,图纸未标注则参照外墙保温命名规则,如外墙保温 1	1.名称 2.厚度 3.空气层厚度	属性名称　属性值 名称　外墙保温1 厚度(mm)　35 空气层厚度　0

根据图纸建施-0 可知,外墙保温用的是 35 mm 厚的聚苯板。

1)外墙保温的建立

在模块导航栏中双击"其他",选择"保温层",在构件列表处单击"新建",选择"新建保温层",在属性编辑框中输入相应的属性即可,如图 3.3.12 所示。

2)外墙保温层的绘制

在构件列表中选中"外墙保温 1"(如果只有一个构件,默认为选中状态),单击绘图区上方的"智能布置",选择智能布置下边的"外墙外边线",软件会弹出对话框,智能布置成功后单击"确定"即可。

图 3.3.12　外墙保温 1 的属性

3.4　基础层构件绘制

3.4.1　筏板的绘制

筏板的建模标准见表3.4.1。

表3.4.1　筏板建模标准

构件类别	构　件	命名规则	属性定义标准	实　例
筏板	筏板	按照图纸标注命名，图纸未标注则参照筏板命名规则，如FB1	1. 名称 2. 材质 3. 混凝土标号 4. 厚度 5. 标高 6. 砖胎膜厚度	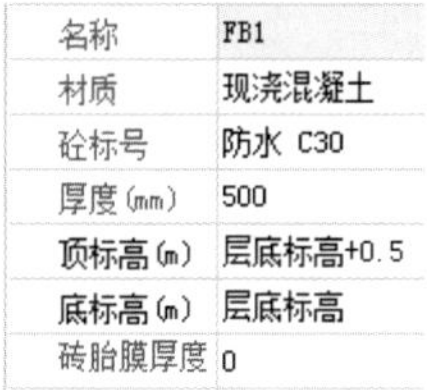名称 FB1 材质 现浇混凝土 砼标号 防水 C30 厚度(mm) 500 顶标高(m) 层底标高+0.5 底标高(m) 层底标高 砖胎膜厚度 0

根据图纸结施-3可知，本工程的基础为筏板基础，筏板厚度为500 mm，底标高为−4.9 m，顶标高为−4.4 m。根据图纸结施-1中第八条“主要结构材料”第2条“混凝土”可知，筏板的混凝土强度等级为C30，抗渗等级为P8。

1）筏板的建立

在模块导航栏中双击“基础”，选择“筏板基础”，在构件列表处单击“新建”，选择“新建筏板基础”，在属性编辑框中输入相应的属性即可，如图3.4.1所示。

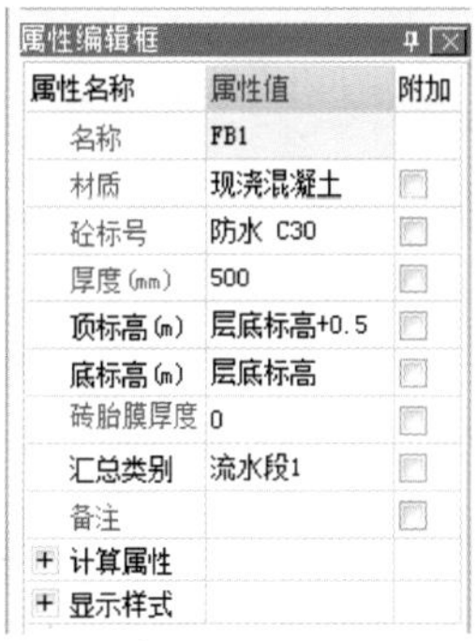

属性编辑框
属性名称 属性值 附加
名称 FB1
材质 现浇混凝土
砼标号 防水 C30
厚度(mm) 500
顶标高(m) 层底标高+0.5
底标高(m) 层底标高
砖胎膜厚度 0
汇总类别 流水段1
备注
+ 计算属性
+ 显示样式

图3.4.1　FB1的属性

2）筏板的绘制

筏板的绘制方式同板，本处采用直线绘制。

3.4.2　集水坑的绘制

集水坑的建模标准见表3.4.2。

表3.4.2　集水坑建模标准

构件类别	构　件	命名规则	属性定义标准	实　例
集水坑	集水坑	按照图纸标注命名，图纸未标注则参照集水坑命名规则，如JSK1	1. 名称 2. 材质 3. 截面宽度 4. 截面长度 5. 坑底出边距离 6. 板底厚度 7. 标高 8. 放坡 9. 砖胎膜厚度	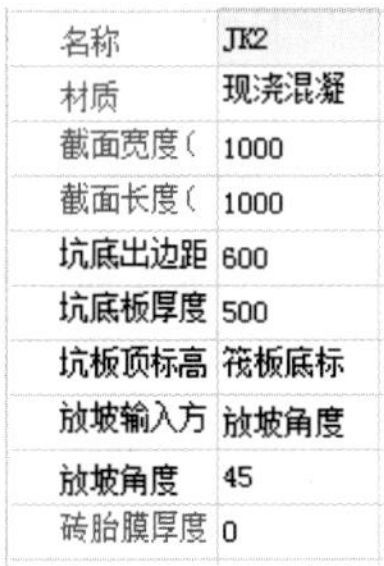名称 JK2 材质 现浇混凝 截面宽度(1000 截面长度(1000 坑底出边距 600 坑底板厚度 500 坑板顶标高 筏板底标 放坡输入方 放坡角度 放坡角度 45 砖胎膜厚度 0

根据图纸结施-3 可知,本工程共 JK1 和 JK2 两种集水坑。

JK1 有 2 个,规格为 2225 mm×2250 mm,集水坑坑顶标高为 −5.5 m,底板厚 800 mm,坑底出边距离为 600 mm,放坡角度为 45°。

JK2 有 1 个,规格为 1000 mm×1000 mm,集水坑坑定标高为 −5.4 m,底板厚 500 mm,坑底出边距离为 600 mm,放坡角度为 45°。

1)集水坑的建立

在模块导航栏中双击"基础",选择"集水坑",在构件列表处单击"新建",选择"新建矩形集水坑",在属性编辑框中输入相应的属性即可,如图 3.4.2 所示。使用同样的方法可建立 JK2。

2)集水坑的绘制

集水坑绘制一般采用点绘。在绘制时可以按 F4 键切换插入点,系统默认在集水坑中点,在绘制时用集水坑的 4 个角点更容易定位,定位时可以作辅助线,也可使用"Shift + 左键"进行定位。

属性编辑框		中
属性名称	属性值	附加
名称	JK1	☐
材质	现浇混凝土	☐
截面宽度(	2225	☐
截面长度(	2250	☐
坑底出边距	600	☐
坑底板厚度	800	☐
坑板顶标高	筏板底标高-1.1	☐
放坡输入方	放坡角度	☐
放坡角度	45	☐
砖胎膜厚度	0	☐
汇总类别	流水段1	☐
备注		☐
+ 计算属性		
+ 显示样式		

图 3.4.2 JK1 的属性

3.4.3 垫层的绘制

垫层的建模标准见表 3.4.3。

表 3.4.3 垫层建模标准

构件类别	构 件	命名规则	属性定义标准	实 例
垫层	垫层	按照图纸标注命名,图纸未标注则参照垫层命名规则,如筏板垫层 1	1.名称 2.材质 3.混凝土标号 4.厚度 5.标高	名称 筏板垫层1 材质 现浇混凝 砼标号 (中砂 C15 形状 面型 厚度(mm) 100 顶标高(m) 基础底标

本工程筏板基础垫层厚度为 100 mm,混凝土标高为 C15,出边距离为 100 mm,集水坑垫层同筏板基础。

1)垫层的建立

在模块导航栏中双击"基础",选择"垫层",在构件列表处单击"新建",选择"新建面式垫层",在属性编辑框中输入相应的属性即可,如图 3.4.3 所示。用同样的方法建立集水坑垫层,新建时选择"新建集水坑柱墩后浇带垫层",如图 3.4.4 所示。

2)垫层的绘制

筏板基础绘制,采用智能布置。选中"筏板垫层",单击"智能布置",选择"筏板",再选择筏板图元,单击鼠标右键,在弹出的对话框中输入出边距离"100",再单击"确定"即可。集水坑布置方法同筏板。

属性名称	属性值	附加
名称	筏板垫层1	☐
材质	现浇混凝土	☐
砼标号	(中砂 C15)	☐
形状	面型	☐
厚度 (mm)	100	☐
顶标高 (m)	基础底标高	☐
汇总类别	流水段1	☐
备注		☐
＋ 计算属性		
＋ 显示样式		

属性名称	属性值	附加
名称	集水坑垫层1	☐
材质	现浇混凝土	☐
砼标号	(中砂 C15)	☐
形状	集水坑柱墩后	☐
厚度 (mm)	100	☐
顶标高 (m)	基础底标高	☐
汇总类别	流水段1	☐
备注		☐
＋ 计算属性		
＋ 显示样式		

图 3.4.3　筏板垫层 1 的属性　　　　图 3.4.4　集水坑垫层 1 的属性

3.4.4　基础梁的绘制

基础梁的建模标准见表 3.4.4。

表 3.4.4　基础梁建模标准

构件类别	构件	命名规则	属性定义标准	实　例
基础梁	基础主梁	按照图纸标注命名，图纸未标注则参照基础主梁命名规则，如 JZL1	1. 名称 2. 类别 3. 材质 4. 混凝土标号 5. 截面尺寸 6. 标高 7. 砖胎膜厚度	名称 JZL1 类别 基础主梁 材质 现浇混凝土 砼标号 (中砂 C20) 截面宽度 (mm) 500 截面高度 (mm) 1200 截面面积 (mm) 0.6 截面周长 (mm) 3.4 起点顶标高 基础底标高加梁高 终点顶标高 基础底标高加梁高 轴线距梁左 (250) 砖胎膜厚度 0
	基础次梁	按照图纸标注命名，图纸未标注则参照基础次梁命名规则，如 JCL1	1. 名称 2. 类别 3. 材质 4. 混凝土标号 5. 截面尺寸 6. 标高 7. 砖胎膜厚度	名称 JCL1 类别 基础次梁 材质 现浇混凝土 砼标号 (中砂 C20) 截面宽度 (mm) 500 截面高度 (mm) 1200 截面面积 (mm) 0.6 截面周长 (mm) 3.4 起点顶标高 基础底标高加梁高 终点顶标高 基础底标高加梁高 轴线距梁左 (250) 砖胎膜厚度 0

根据图纸结施-3 可知：本工程基础主梁共 4 种，分别为 JZL1、JZL2、JZL3、JZL4；基础次梁共 1 种，为 JCL1；梁底标高为基础底标高，混凝土标号为 C30。

1）基础梁的建立

在模块导航栏中双击"基础"，选择"基础梁"，在构件列表处单击"新建"，选择"新建矩形基础梁"，在属性编辑框中输入相应的属性即可。绘制时应注意梁标高设置，顶标高为基础底＋梁高,如图3.4.5所示。用同样的方法可建立基础次梁,如图 3.4.6 所示。

属性编辑框		𝄖 ×
属性名称	属性值	附加
名称	JZL1	☐
类别	基础主梁	☐
材质	现浇混凝土	☐
砼标号	(中砂 C30)	☐
截面宽度(mm)	500	☐
截面高度(mm)	1200	☐
截面面积(mm)	0.6	☐
截面周长(mm)	3.4	☐
起点顶标高	基础底标高加梁高	☐
终点顶标高	基础底标高加梁高	☐
轴线距梁左	(250)	☐
砖胎膜厚度	0	☐
汇总类别	流水段1	☐
备注		☐
＋ 计算属性		
＋ 显示样式		

图 3.4.5 JZL1 的属性

属性编辑框		𝄖 ×
属性名称	属性值	附加
名称	JCL1	☐
类别	基础次梁	☐
材质	现浇混凝土	☐
砼标号	(中砂 C30)	☐
截面宽度(mm)	500	☐
截面高度(mm)	1200	☐
截面面积(mm)	0.6	☐
截面周长(mm)	3.4	☐
起点顶标高	基础底标高加梁高	☐
终点顶标高	基础底标高加梁高	☐
轴线距梁左	(250)	☐
砖胎膜厚度	0	☐
汇总类别	流水段1	☐
备注		☐
＋ 计算属性		
＋ 显示样式		

图 3.4.6 JCL1 的属性

2）基础梁的绘制

基础梁绘制方法与框架梁的相同,此处不再赘述。绘制完成后,如图 3.4.7 所示。

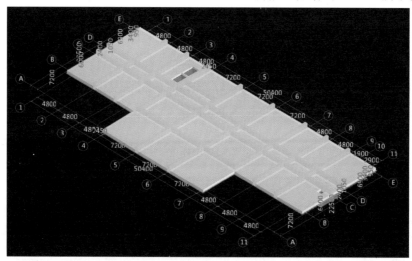

图 3.4.7 绘制完成后的基础梁

3.4.5 土方的绘制

土方开挖的建模标准见表3.4.5。

根据结施-3 可知,本工程属于大开挖土方,集水坑部分为基坑开挖。根据四川省 2015 定额可知,土方需增加工作面 800 mm,放坡系数为 0.25（开挖深度超过 1.5 m 时需放坡）。

1）大开挖土方

大开挖土方有两种处理方式:第一种是直接新建大开挖土方,使用智能布置进行土方开挖;第二种是使用垫层进行反建与绘制。

表 3.4.5　土方开挖建模标准

构件类别	构　件	命名规则	属性定义标准	实　例
土方开挖	大开挖土方	按照图纸标注命名，图纸未标注则参照大开挖土方命名规则，如 DKW1	1. 名称 2. 工作面宽 3. 放坡系数 4. 标高	属性编辑框 属性名称　属性值　附加 名称　DKW1 深度(mm)　(4450) 工作面宽(　800 放坡系数　0.25 顶标高(m)　底标高加 底标高(m)　垫层底标 汇总类别　流水段1 备注
	挖基坑土方	按照图纸标注命名，图纸未标注则参照挖基坑土方命名规则，如 JK1	1. 名称 2. 坑底长 3. 坑底宽 4. 工作面宽 5. 放坡系数 6. 标高	名称　JK1 深度(mm)　(4450) 坑底长(mm) 3000 坑底宽(mm) 3000 工作面宽(　0 放坡系数　0 顶标高(m)　底标高加 底标高(m)　垫层底标

（1）新建大开挖土方

在模块导航栏中双击"土方"，选择"大开挖土方"，在构件列表处单击"新建"，选择"新建大开挖土方"，在属性编辑框中输入相应的属性即可，如图 3.4.8 所示。绘制时采用智能布置。选择智能布置下的"筏板基础"，在绘图区单击鼠标左键选择筏板图元，单击鼠标右键确定即可生成大开挖土方。

（2）使用垫层反建与绘制

在模块导航栏中双击"基础"，选择"垫层"，单击构件"筏板垫层"，再单击绘图区上方"自动生成土方"按钮，弹出如图 3.4.9 所示的对话框，在对话框中选择"大开挖土方"和"垫层底"，单击"确定"后弹出如图 3.4.10 所示的对话框，输入工作面宽为"800"，放坡系数为"0.25"，单击"确定"后弹出如图 3.4.11 所示的对话框，再单击"确定"即可。

图 3.4.8　大开挖土方 1 的属性

图 3.4.9　选择自动生成土方类型

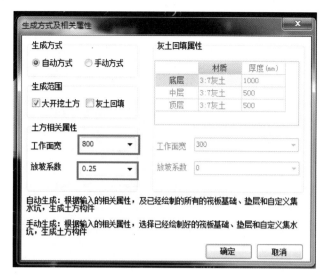

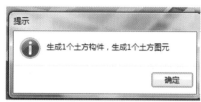

<table>
<tr><td colspan="2">图 3.4.10　选择生成方式及相关属性</td><td>图 3.4.11　提示信息</td></tr>
</table>

2）基坑土方

本工程中集水坑部分为挖基坑土方,此处以 JK1 的土方开挖为例进行介绍。

在模块导航栏中双击"土方",选择"基坑土方",在构件列表处单击"新建",选择"新建矩形基坑土方",在属性编辑框中输入相应的属性即可,如图 3.4.12 所示。

绘制采用智能布置时,选择智能布置下的"集水坑",再在绘图区用鼠标左键选择 JK1 图元,单击鼠标右键确定即可生成基坑土方。

图 3.4.12　基坑土方 1 的属性

3）坡道土方

坡道土方在负一层,所以在绘制大开挖土方(坡道处)时需要到负一层绘制。绘制时采用矩形,再使用"三点定义斜大开挖"来定义坡道大开挖土方,具体尺寸及开挖深度可参考结施-3 中自行车坡道详图。

3.5　其他层构件绘制

前面讲解了基础层和首层的构件绘制,本节主要讲解除以上两层外其他楼层构件的绘制。

3.5.1　二层构件绘制

1）柱的绘制

根据图纸建施-3 和建施-4 可知,首层和二层柱截面尺寸、混凝土标号没有差别,只是二层没有 KZ4 和 KZ5,因此可以采用层间复制的方法将柱复制到二层,再修改不一样的地方即可,或者只复制相同部分(柱 KZ3 和 KZ4 均在 B 轴以下,复制的时候可以只复制 B 轴及以上部分)。

将绘图界面切换到首层柱,如图 3.5.1 所示。

在选择状态下,框选 B 轴及以上部分柱,单击"楼层"选项卡下拉菜单中的"复制选定图元到

图 3.5.1　首层柱界面

其他楼层"(图 3.5.2),在弹出的对话框中选择第 2 层(图 3.5.3),单击"确定",系统弹出对话框"图元复制成功",再单击"确定"即可。

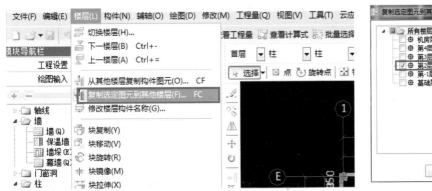

图 3.5.2　复制选定图元到其他楼层

图 3.5.3　点选目标楼层

2)剪力墙、砌体墙的绘制

根据结施-3 和结施-4 可知,首层和二层剪力墙位置、截面尺寸和混凝土标号均一样,只有剪力墙高度不一样(楼层高度不一样,设置为层底标高和层顶标高,复制到二层后,软件会自动匹配层底标高和层顶标高)。根据建施-3 和结施-3 可知,砌体墙首层和二层位置、截面尺寸和混凝土标号均一样。不同的地方有:墙高度;2 轴和 D 轴、E 轴之间的墙体;在 B 轴以下部分不上人屋面有 240 mm 厚女儿墙(女儿墙在屋顶层讲解)。

将首层剪力墙和砌体墙复制到二层,可以使用快捷键 F3。在首层任意构件界面的选择状态下,按 F3,弹出如图 3.5.4 所示的对话框,选择"墙"下所有构件,单击"确定",即可选中首层中的所有墙体;再单击"楼层"下边的"复制选定图元到其他楼层",在弹出的对话框中选择"第 2 层",单击"确定",系统弹出对话框提示"图元复制成功",然后再单击"确定"即可(截图同柱,此处不再截图)。

复制完成后,切换到第二层墙的绘制界面,如图 3.5.5 所示。选中二层多余的墙体(图 3.5.6),按下键盘上的删除键,即可删除多余的墙体。

3)梁的绘制

根据图纸结施-8 和结施-9 可知,新增及有变化的梁为 KL5、KL6、KL7、L1、L3、L4、L12、XL1,减少 B 轴以下的屋面框架梁。

复制方式同柱(不复制 B 轴以下的屋面框架梁及 L1)。复制到二层后,再更改有区别的梁,

图 3.5.4　选择构件图元

图 3.5.5　第二层墙的绘制界面

此处以 KL7 和 L1 弧形梁为例。

（1）KL7 的更改

将界面切换到梁的选择界面下，如图 3.5.7 所示。选中 9 轴、11 轴交 E 轴处的 KL9，单击鼠标右键选择"修改构件图元名称"（图 3.5.8），软件弹出如图 3.5.9 所示的对话框，选择"KL7"，单击"确定"即可。

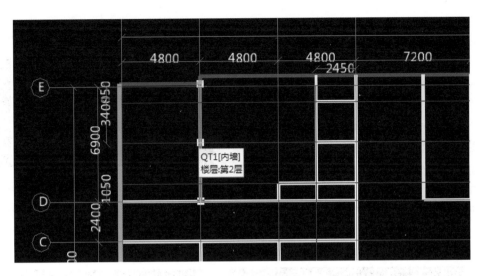

图 3.5.6 选中多余墙体

图 3.5.7 梁的选择界面

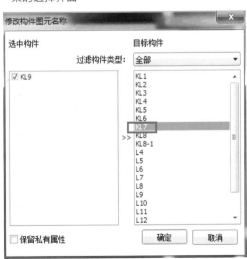

图 3.5.8 选择"修改构件图元名称" 图 3.5.9 修改图元名称

（2）L1 的更改

根据建施-9 可知，L1 位于 4 轴与 7
轴之间，中点在 5 轴与 6 轴的中心，故
需在 5 轴与 6 轴中心作一条辅助线，选
择"平行"命令，选择 5 轴，在弹出的对
话框中输入"3600"，单击"确定"即可。
因为复制梁的时候未复制 L1，所以二层
没有 L1 构件，需要新建 L1。选择"三
点画弧"（图 3.5.10），单击 L1 起点（4

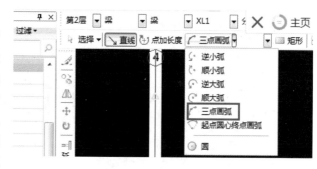

图 3.5.10　三点画弧

轴与 B 轴交点处端柱的终点，见图 3.5.11），再单击中点[5 轴 6 轴中间的辅助轴线，与 B 轴交
点，使用"Shift + 左键"偏移，在弹出的对话框中 X 处输入"0"、Y 处输入" − 2415"（− 2290 −
125）即可]，最后单击终点（7 轴与 B 轴交点处端柱的终点，见图 3.5.12），即可完成 L1 的绘制。

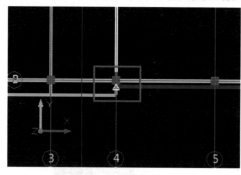

图 3.5.11　选择起点

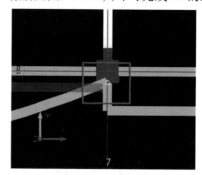

图 3.5.12　选择终点

其他有变化的梁，可参考以上方法自行
绘制。

4）板的绘制

根据图纸结施-12 和结施-13 可知，首层
和二层板的厚度、位置及标高不同的有：B 轴
以下部分为弧形板；4 轴、7 轴与 B 轴、C 轴相
交的位置新增了板。

板的复制方法同墙，再删除 B 轴以下板，
用点绘的方式新增弧形板 LB1 及 LB3。

5）门窗洞口的绘制

根据图纸建施-3 和建施-4 可知，首层和
二层的门窗不同之处有以下几点：首层 MQ1
的位置对应的是二层 MQ3；首层 LM1 的位置
对应的是二层的 LC1；首层 TLM1 的位置对
应的是二层的 M2；首层 LC3 的位置对应的是
二层的 TLC1；首层 1 轴、3 轴交 D 轴处为 M1，
二层相同位置变为 M2。

图 3.5.13　选择"门窗洞"

在首层界面下按 F3,系统弹出如图 3.5.13 所示的对话框,将"门窗洞"勾选,单击"确定",再单击楼层下的"复制选定图元到其他楼层",在弹出的对话框中选择"第 2 层",再单击"确定"即可。

如果二层需要复制首层的构件图元,也可以采用"从其他楼层复制构件图元"命令。在二层界面下单击楼层下边的"从其他楼层复制构件图元"命令(图 3.5.14),弹出如图 3.5.15 所示的对话框,可以选择源楼层、目标楼层以及所需复制的构件图元。达到的效果与在首层按 F3 进行复制一样。

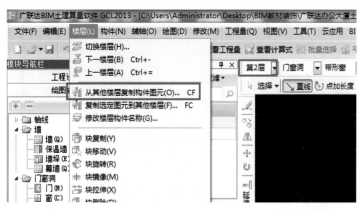

图 3.5.14 复制构件图元

图 3.5.15 选择目标楼层

复制完成后,对首层与二层之间不相同的地方进行修改。此处以飘窗 TCL1 为例进行讲解,其他门窗洞口的绘制方法可参照首层。

飘窗 TLC1 位于 1 轴交 C 轴、D 轴,以及 11 轴交 C 轴、D 轴。在模块导航栏中双击"门窗洞",再单击"飘窗",在构件列表中单击"新建"命令,然后单击"新建参数化飘窗",弹出如图 3.5.16 所示的对话框,选择"矩形飘窗",单击"确定",弹出"编辑图形参数"对话框(图 3.5.17),输入相应属性值(输入洞口高度和宽度以及窗长、窗高),单击"保存"退出即可建立 TLC1。完成后 TLC1 的属性如图 3.5.18 所示。

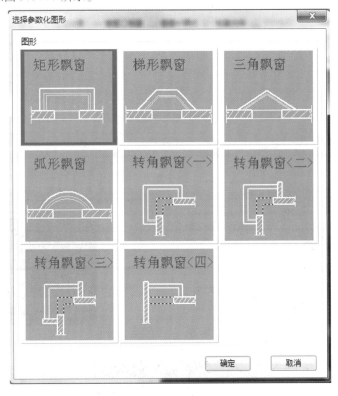

图 3.5.16　选择参数化图形

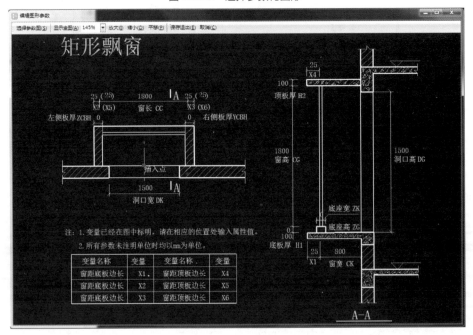

图 3.5.17　编辑图形参数

飘窗的绘制方法与普通窗一致。在绘制之前删除从首层复制的 LC3，再布置 TLC1。如果需要更改参数,则单击属性编辑框的截面形状栏,再双击"矩形飘窗",后边会出现三个小点,单击三个小点(图 3.5.19),即可转到尺寸编辑页面。

图 3.5.18　TLC1 的属性　　　　图 3.5.19　修改属性操作

6)过梁、圈梁、构造柱的绘制

过梁、圈梁绘制方法同首层。如果图纸中有详细的构造柱布置图(建施-16、建施-17 等),则按图纸位置采用点绘方式绘制;如果图纸中没有详细的构造柱位置布置图,那么可以根据结施说明自动生成构造柱。构造柱不建议直接通过楼层复制(标准层除外)。

7)女儿墙的绘制

女儿墙的建模标准见表 3.5.1。

表 3.5.1　女儿墙建模标准

构件类别	构件	命名规则	属性定义标准	实例
墙	女儿墙	按照图纸标注命名,图纸未标注则参照墙命名规则,如女儿墙	1.名称 2.类别 3.材质 4.混凝土标号 5.厚度 6.标高	属性名称 / 属性值 名称 / 女儿墙 类别 / 砌体墙 材质 / 砖 砂浆标号 / (M5) 砂浆类型 / 混合砂浆 厚度(mm) / 240 起点顶标高 / 层底标高+0.9 终点顶标高 / 层底标高+0.9 起点底标高 / 层底标高 终点底标高 / 层底标高
压顶	压顶	按照图纸标注命名,图纸未标注则参照压顶命名规则,如女儿墙压顶	1.名称 2.材质 3.截面宽 4.截面高度 5.标高	属性名称 / 属性值 名称 / 女儿墙压顶 材质 / 现浇混凝土 截面宽度(/ 340 截面高度(/ 150 截面面积(m / 0.051 起点顶标高 / 墙顶标高 终点顶标高 / 墙顶标高

根据建施-8 详图 1 可知,女儿墙高度为 900 mm,厚度为 240 mm,其中压顶高 150 mm,宽度为 340 mm。根据建施-4 可知,女儿墙位置为 4 轴交 A 轴、B 轴,4 轴、7 轴交 A 轴,7 轴交 A 轴、B 轴,为居中布置。

图 3.5.20　女儿墙的属性

（1）女儿墙

• 女儿墙的建立

女儿墙的建立方式同墙。其材质为砖，砂浆为混合砂浆，建立女儿墙构件，属性如图 3.5.20 所示。

• 女儿墙的绘制

女儿墙的绘制方法同墙，此处不再赘述。

（2）压顶

• 压顶的建立

在模块导航栏中双击"其他"，然后选择"压顶"，在构件列表处单击"新建"，选择"新建矩形压顶"，在属性编辑框中输入相应属性，如图 3.5.21 所示。

• 压顶的绘制

压顶绘制可以选择直线或者智能布置等方式，此处以智能布置为例。单击"智能布置"，再单击下面的"墙中心线"，用鼠标左键点选需要生成压顶的女儿墙，选择完成后单击鼠标右键，即可完成压顶的布置。

三、四层构件的绘制方法与一、二层的相同，此处不再赘述。

3.5.2　机房层构件绘制

1）机房层屋面板绘制

根据建施-7 和建施-8 可知，机房层的屋面由不上人屋面（平屋面）和坡屋面组成，此处主要讲解坡屋面板的绘制。绘制屋面之前，先将机房层的柱、梁、墙、门窗等绘制完毕。根据图纸结施-14 可知，不上人屋面和坡屋面均为 150 mm 厚。

图 3.5.21　压顶的属性

（1）屋面板的建立

在模块导航栏中双击"板"，然后再单击"现浇板"，单击构件列表处的"新建"命令，再单击"新建现浇板"，在属性编辑框中输入名称为"WB1"，类别为"有梁板"，厚度为"150"，如图 3.5.22 所示。用相同的方法可新建 WB2。

（2）屋面板的绘制

• 平屋面的绘制

图 3.5.22　WB1 的属性

选择 WB1，单击"矩形"命令，以 3 轴与 E 轴交点为基点，按下 Shift 键，再单击鼠标左键，在弹出的对话框中输入"－900，850"（图 3.5.23），单击"确定"，矩形的第一个点即可确定。再以 4 轴与 D 轴的交点为基点，按下 Shift 键，再单击鼠标右键，在弹出的对话框中输入"0，－600"，即可完成 WB1 的绘制。

• 坡屋面的绘制

坡屋面绘制应先绘制好平板，再改标高。选择 WB2，单击"矩形"命令，以 4 轴与 E 轴交点为基点，按下 Shift 键，再单击鼠标左键，在弹出的对话框中输入"0，850"，单击"确定"，矩形的第一个点即可确定；再以 5 轴与 D 轴的交点为基点，按下 Shift 键，再单击鼠标左键，在弹出的对话框中输入"900，－600"即可完成 WB2 平板的绘制。然后再单击绘图区上方的"三点定义斜板"命

图 3.5.23　输入偏移量

令,选择已绘制好的 WB2 图元(图 3.5.24),单击四个角上出现的"19.500"中的任意一个,此处单击右上角的"19.500",然后在输入框中输入"18.600",按回车键,输入框跳转到左上角处,输入"19.500",再按回车键,输入框跳转到左下角,输入"19.500",三个点即可确定该斜板,即完成斜板绘制。

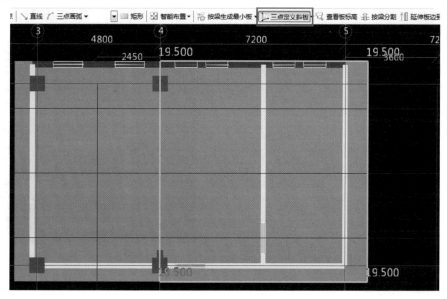

图 3.5.24　WB2 图元

机房层绘制墙时,可以先直接绘制,不用改标高变为斜墙或者斜梁。在板的绘制界面下有"平齐板顶"命令,单击"平齐板顶",再在选择需要平齐的墙、梁上单击右键即可,如图 3.5.25 所示。

2)电梯顶板的绘制

根据结施-7 和建施-15 可知,电梯顶板为 LB1 高度为 17.4 m,厚度为 120 mm。电梯间的剪力墙高度也为 17.4 m。先将电梯间的剪力墙复制到机房层,并将剪力墙顶标高改为 17.4 m(将

图 3.5.25　平齐板顶

剪力墙全部选中,在属性编辑器中将顶标高改为"17.4",见图 3.5.26),再新建 LB1(或从其他层复制 LB1 构件),复制后将 LB1 标高改为 17.4 m,通过分层点绘,绘制该板,如图 3.5.27 所示。

图 3.5.26　电梯顶板的属性

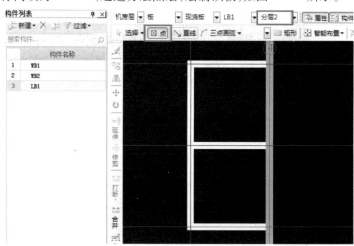

图 3.5.27　绘制完成的电梯顶板

3)女儿墙的绘制

根据建施-8 可知,女儿墙高度为 900 mm,压顶高度为 150 mm、宽度为 340 mm。女儿墙以及压顶可以从二层复制构件到机房层。方法为:先切换到二层墙的界面下,双击构件列表中的"女儿墙",再单击"复制构件到其他楼层"(图 3.5.28),弹出如图 3.5.29 所示的对话框,在弹出的对话框中只选择"女儿墙",目标楼层选择"机房层",单击"确定"即可。

女儿墙的绘制方法和墙的相同。女儿墙定位时可采用"Shift + 左键",将四层墙复制到机房层,然后通过修改构件属性名称等方式完成。女儿墙绘制好后,压顶可以使用智能布置,选择墙中心线即可。绘制完成后如图 3.5.30 所示。

图 3.5.28　复制女儿墙到其他楼层

图 3.5.29　选择构件和目标楼层

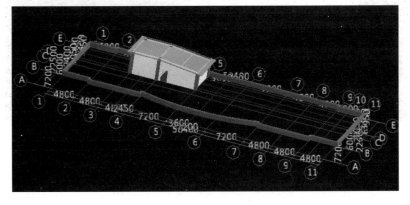

图 3.5.30　绘制完成的压顶

4）屋面的绘制

（1）上人屋面的建立

在模块导航栏中双击"其他"，选择"屋面"，在构件列表处单击"新建"，选择"新建屋面"，在属性编辑框中输入名称为"上人屋面"即可。

（2）上人屋面的绘制

屋面可直接使用点绘的方式进行绘制（需要墙体封闭，构成封闭区域）。绘制完成后可设置防水卷边高度，由于设计说明未明确，此处按最小值（250 mm）处理。单击绘图区上方的"定义屋面卷边"，再单击"设置所有边"（图3.5.31），选择已绘制的屋面图元，单击鼠标右键，在弹出的对话框中输入"250"即可。

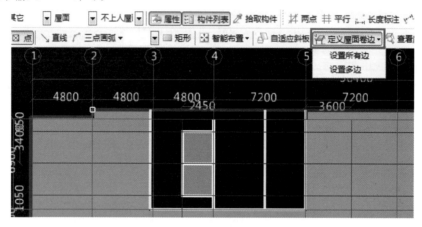

图3.5.31　定义屋面卷边

（3）坡屋面的绘制

坡屋面建立方式和上人屋面的相同。绘制方式采用"智能布置"中的"现浇板"。单击"智能布置"中的"现浇板厚"，选择斜板图元，单击鼠标右键确定即可布置。

不上人屋面的建立及布置方式和坡屋面的相同。绘制完成后的屋面如图3.5.32所示。

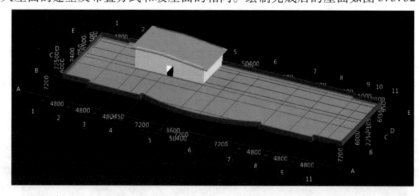

图3.5.32　绘制完成后的屋面

3.5.4　地下一层构件绘制

地下一层主要介绍柱、剪力墙、门、洞口及坡道和地沟的绘制，其他构件的绘制方法和首层的相同。

1）柱的绘制

根据结施-4和结施-6可知，地下一层的柱有框架柱、圆形柱及端柱。结施-6中的GJZ1、GJZ2、GYZ1、GYZ2、GYZ3、GAZ1在图形算量中包含在剪力墙内，故无须单独绘制，可从首层复制相同的柱。绘制方法与首层的相同。

2）剪力墙的绘制

根据结施-4可知，剪力墙共三种，分别为WQ1、Q1、Q2，新建及绘制方法和首层剪力墙的相同。注意自行车坡道处剪力墙上边有LL4，可以直接绘制剪力墙，然后在该处开洞口即可。根据结施-3和结施-4可知，该洞口宽度为2 900 mm，洞口底高度为−2.6 m，顶高度为−0.8 m，即洞口规格为2 900 mm×1 800 mm。坡道两边剪力墙在绘制时应注意标高，室外地坪高度为−0.45 m，因此室外部分墙体顶高度为−0.45 m。绘制完成后不需要去改动底标高，绘制完斜板后软件会自动计算自行车坡道两端挡墙的底标高。

3）门、洞口的绘制

根据建施-2可知，负一层建筑底标高为−3.6 m。在楼层设置中，负一层底标高为−4.4 m，建筑结构标高差0.1 m，所以负一层所有门的离地高度为700 mm，电梯门洞、走廊洞口以及墙洞离地高度均为700 mm，消火栓洞口离地高度为850 mm。其他绘制方式和首层的相同。

4）坡道的绘制

根据结施-3可知，自行车坡道厚200 mm，垫层厚度为100 mm，坡道宽为3250 mm，投影长度为15750 mm，绘制时可采用新建并绘制筏板基础的方式。

（1）坡道的建立

在模块导航栏中双击"基础"，选择"筏板基础"，在构件列表处单击"新建"，选择"新建筏板基础"，在属性编辑框中输入相应的属性即可，如图3.5.33所示。

（2）坡道的绘制

使用矩形绘制坡道，使用"Shift+左键"偏移定位点，绘制完成再使用"三点定义斜筏板"功能，设置标高为"−0.45，−0.26，−0.26"即可。绘制完成的坡道如图3.5.34所示。绘制完成后软件会自动计算挡墙的底标高。

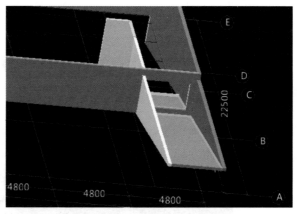

图3.5.33 坡道1的属性　　　　　　　图3.5.34 绘制完成的坡道

5）地沟的绘制

根据结施-3可知，在坡道底部和顶部均有一个地沟，尺寸为600 mm×700 mm，底板和侧板厚为 100 mm,材质为混凝土,顶板厚度为 50 mm,材质为铸铁盖板。

（1）地沟的建立

软件提供"新建地沟"和"新建参数化地沟"两种方式。采用"新建地沟"时,软件中地沟默认由底板、两个侧板和顶板 4 部分组成,即新建地沟后,还需在现有的地沟构件上新建 4 个矩形地沟单元。采用"新建参数化地沟"则只需在弹出的对话框中输入相应值,即可生成地沟构件及4 个地沟单元。此处以第二种方式为例,介绍地沟的新建及绘制。

在模块导航栏中双击"基础",选择"地沟",在构件列表处单击"新建",选择"新建参数化地沟",系统会弹出对话框,填入相关参数(图 3.5.35),单击"确定"后软件会自动新建地沟构件及相应单元。软件生成的地沟构件默认名称为"DG-1",将名称改为"地沟 1"即可。

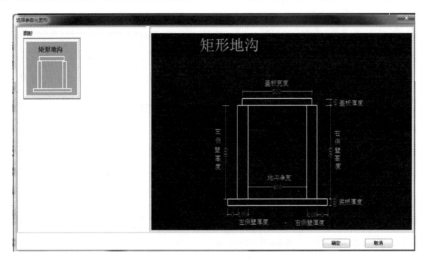

图 3.5.35　地沟 1 的参数

（2）地沟的绘制

使用直线命令将两个地沟绘制完成,然后再选中该标高,室内的底标高改为层底标高 − 0.05 m(参数化地沟未计算盖板高度,所以需要减 0.05 m 的盖板厚度)。参数化矩形地沟和实际图纸有一点区别,此处进行近似处理,室外地沟底标高改为 − 1.2 m(− 0.45 − 0.7 − 0.05 = − 1.2)。绘制完成的地沟如图 3.5.36 所示。

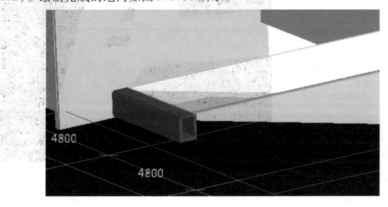

图 3.5.36　绘制完成的地沟

绘制完成后,整体模型如图 3.5.37 所示。

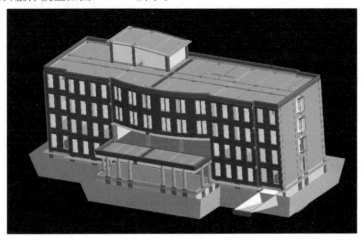

图 3.5.37　绘制完成的整体模型

第4章 安装建模总述

4.1 安装建模概述

建筑设备是现代建筑工程的三大组成部分(建筑与结构、建筑设备和建筑装饰)之一。建筑设备工程包含了电气、给排水、暖通三个专业的内容。

通过本部分的学习,可以全面、系统地掌握建筑设备安装工程施工图识读要领与方法,同时根据一个典型安装工程图纸的内容,使用三维建模软件建立一个全专业的三维安装模型。

4.1.1 知识和技能要求

安装专业建模人员应该具备如下知识和能力:

①具备建筑构造识图与制图、画法几何的相应基本知识。

②具备空间想象能力:

a.具备将平面图、原理图或者系统图中所表现出来的管道系统在脑海中形成立体架构的形象思维能力;

b.具备通过文字注释和说明将简单线条、图块所表达的安装专业的图例等同认识为本专业不同形态、不同参数的管道和设备的能力。

③具备基本专业知识:

a.理解图中所出现的专业术语、名词的含义;

b.了解选用设备的基本工作原理、工作流程;

c.了解选用材料的基本性能和物理化学性质。

④具备认真负责、仔细耐心的态度。

4.1.2 安装专业工程图纸及业务分析

施工文件是工程的语言,是施工人员在现场施工的依据,也是建模人员从事建模工作的依据。施工文件包括设计图纸、图纸会审记录、设计变更、施工洽商、标准图集、技术规程、技术交底记录、各种专业会议纪要及有关政策性文件等。施工文件主要是设计图纸,设计图纸又包括文字的施工设计说明及施工蓝图。而建模人员在建模过程中主要的参考依据就是设计图纸。

工程图纸的内容、日期、版本等的正确性对建模人员来说极为重要,因此收到图纸后首先要把图纸按接收时间、版本的顺序登记编号,以防和后续不同版本的图纸混淆,然后要核对目录与图纸的页数是否一致。

1）熟悉施工图纸

（1）识读施工设计说明的要点

①整体工程概况、建筑物类型、工程所在地、结构形式、地面标高、建筑檐高、层高、地上层数、地下层数、地层土质情况等。

②设计依据、范围及本专业各系统概况。

③各种设备、部件的规格型号、技术要求及参数等，如空调机组、风机、水泵、卫生洁具、消声器、消火栓箱、阀件等的型号、规格、长度及其参数。

④各系统所采用材料及其规格型号、技术要求及参数等。

⑤各系统打压、冲洗、防腐、保温等要求。

⑥施工设计说明中附设备、材料表，其数量和规格可作为建模的参考对照。

⑦设计图纸所涵盖的范围，各系统所包括的内容和未包括的内容及施工所涉及的专业。

（2）工程概况

通过识读设计施工说明，可对工程的概况有初步的了解，主要包括以下几点：

①了解设计的理念、思路及依据，这样在看图时有利于思路的扩展。

②明白施工中应执行的规范和技术要求。

③对确定各种设备、部件、材料的规格、数量有一定的参考依据。

④为建模提供了依据。如在设计说明中有这样的条款："管道坡度以图为准，但在热水管路系统最高点或上翻弯处应设置 DN15 手动或自动排气阀，在最低点处或下翻弯处应配置 DN25 泄水管及阀门。"根据这一条款在统计热水系统工程量时，图中凡是系统的最高点或上翻弯处就加一个 DN15 手动排气阀或一个 DN15 自动排气阀，系统的最低点处或下翻弯处就加一个 DN25 泄水管和一个 DN25 阀门，不管图中是否有标示。若在看施工设计说明时忽略这一条款，往往就会在建模过程中漏建了相关构件。

2）识读图纸的顺序和注意事项

识读图纸的顺序是：平面图→系统图→剖面图→节点大样图。在识读时要认真掌握图纸中的要点，要对平面图、系统图、剖面图、节点大样等图纸反复识读，仔细核对系统中各种设备、管线、阀件等的功能用途、规格型号、走向路径、安装位置、楼层标高等。

识图前，一般都需要先对图纸目录、设计施工说明、设备材料表、图例等文字叙述较多的图纸进行先期阅读，建立起本套设计图纸的基本情况、本工程各系统概况、主要设备材料情况以及各设备材料图例表达方式的综合概念，再进入具体的识图过程。

（1）平面图识读要注意的问题

平面图识读要注意的问题如下：

①图中的比例、每层建筑标高、纵横轴线的标注规则及轴间距离，各房间的编号或房间的使用功能，结构的楼板、梁、柱、地面等标注尺寸，建筑吊顶、地面标高等；

②专业系统设备、管线、阀件的规格、标高、坡度及平面布置，各种管线的走向路径以及管线与结构墙、柱、地面的距离，与建筑吊顶以及与其他专业相关的管线的距离；

③专业管线投影关系，管线规格变化的位置、标高；

④机房的位置、设备的布置排列和设备的接口部位；

⑤附属配件、部件、特殊支架(管道的固定支架)等的位置与数量。

(2)系统图识读要注意的问题

系统图识读要注意的问题如下：

①系统管线工艺流程及管线全况；

②系统和平面与剖面有无管道走向、管径、附属配件、部件、规格、数量等不符的问题。

(3)剖面图识读要注意的问题

剖面图识读要注意的问题如下：

①各种专业管线的立面排列布置走向、名称、规格,结构墙、柱及其他相关专业的距离、位置、标高,管线穿楼板或穿竖井情况；

②立管、分支管的位置标高、规格,附属配件、部件的位置、规格、数量,管线规格变化的位置、标高等情况；

③管线和设备及附属配件、部件的接口部位、规格。

4.2　安装建模标准

4.2.1　文件夹命名规则

文件夹命名规则为:项目名称 + 专业。

在"广联达办公大厦"文件目录下的"安装专业"目录里新建安装各个专业的目录,工程信息保存在各专业目录里,如图4.2.1所示。

4.2.2　项目命名规则

项目命名规则为:项目名称 + 专业。例如,暖通专业命名为"广联达办公大厦暖通",如图4.2.2所示。

图4.2.1　文件夹命名规则　　　　　　　图4.2.2　项目命名规则

4.2.3　构件命名规则

通常情况下,BIM 应用涉及的参与人员较多,大型项目模型进行拆分后模型数量也较多,因此清晰、规范的构件命名将有助于提高众多参与人员对模型理解的效率和准确性。本书建议的安装 BIM 建模标准如表4.2.1所示。

表 4.2.1　安装 BIM 建模标准

构件类别	构件	命名规则	构件属性定义规范	实例	
				图　纸	软　件
照明器具	灯具	严格按照图纸的名称定义	按照图例表进行名称定义	双管荧光灯（链吊,距地 2.6 m）	
	开关（插座等同理）	严格按照图纸的名称定义	按照图例表进行名称定义	单控双联跷板开关（暗装,距地 1.3 m）	
配电箱柜	配电箱	严格按照图纸的名称定义	按照图纸进行名称定义,配电箱尺寸 800 mm×1000 mm×200 mm	照明配电箱 800(W)X1000(H)X200(D)	

续表

构件类别	构件	命名规则	构件属性定义规范	实 例	
				图 纸	软 件
电附件	套管	严格按照图纸的名称定义	按照图例表进行名称定义	预留防护密闭镀锌套管	
	接线盒	严格按照图纸的名称定义	按照图例表进行名称定义	□ 接线盒 大小：100×100mm	
管线（水平）	照明管线	严格按照图纸的名称定义	按照系统图定义所需管线（注："三步走"——首先在"管线—照明"导线下配线；其次在"管线—导管"下进行配管；最后在"管线—导线·导管"下进行管线组合。如软件中没有所需的规格，可以到材质规格表中添加）	WLZ3 BV-3X2.5-PC20-CC 照明 1.0KW	
	动力管线	严格按照图纸的名称定义	按照系统图定义所需管线（注：必须先在"电缆桥架—电缆"下定义电缆，然后再在"管线—导线·导管"下进行组合）	-4X2.5-SC25-CC 潜水泵 4.0kW	

续表

构件类别	构件	命名规则	构件属性定义规范	实 例	
				图 纸	软 件
管线（垂直）	照明管线	严格按照图纸的名称定义	按照系统图定义所需管线（同水平照明管线）	NHBV-3X2.5-SC20-CC 应急照明 1.0KW	属性编辑器 　属性名称　属性值 1 名称 AL1-WLZ1 2 系统类型 照明系统 3 导管材质 SC 4 管径(mm) 20 5 敷设方式 CC 6 导线规格型 NHBV-3*2.5 7 起点标高(m) 层顶标高 8 终点标高(m) 层顶标高 9 支架间距(mm) 0 10 汇总信息 电线导管(电) 11 备注 WLZ1 12 + 计算 17 + 配电设置 21 + 显示样式
电缆桥架	桥架（水平）	严格按照图纸的名称定义	按照图例表进行名称定义	SR（200×100） 线槽顶梁下100	属性编辑器 　属性名称　属性值 1 名称 QJ-5 2 系统类型 照明系统 3 桥架材质 镀锌钢板 4 宽度(mm) 200 5 高度(mm) 100 6 敷设方式 7 起点标高(m) 层顶标高-0.6 8 终点标高(m) 层顶标高-0.6 9 支架间距(mm) 10 汇总信息 电缆导管(电) 11 备注 12 + 计算 17 + 配电设置 19 - 显示样式 20 填充颜色 21 不透明度 60
	桥架（垂直）	严格按照图纸的名称定义	按照图例表进行名称定义	CT(400X100)	属性 值 桥架宽度(mm) 400 桥架高度(mm) 100 桥架材质 镀锌钢板 盖板 有 单节长度(mm) 2000
卫生洁具	洗脸盆（大便器等同理）	严格按照图纸的名称定义	按照图例表进行名称定义	洗脸盆	属性名称 属性值 名称 台式洗脸盆 材质 陶瓷 类型 台式洗脸盆 规格型号 标高(m) 层底标高+0.8 系统类型 排水系统 汇总信息 卫生器具(水) 是否计量 是

续表

构件类别	构件	命名规则	构件属性定义规范	实 例	
				图 纸	软 件
水附件	地漏（检查口、雨水斗等同理）	严格按照图纸的名称定义（注：软件报表可自动区分地漏规格）	按照图例表进行名称定义	地漏	属性名称：名称=地漏；材质=铸铁；类型=地漏；规格型号=；标高(m)=层底标高；系统类型=排水系统；汇总信息=卫生器具(水)；是否计量=是
	闸阀	严格按照图纸的名称定义	按照图例表进行名称定义	闸阀	属性名称：名称=DN70闸阀；类型=闸阀；材质=碳钢；规格型号(mm)=DN70；连接方式=法兰连接；系统类型=给水系统；汇总信息=阀门法兰(水)；是否计量=是
管道	给水管道（排水管等同理）	严格按照图纸的名称定义	按照图纸说明要求确定管道材质,并对照系统图确定管道规格	给水管	属性名称：名称=给水系统-镀锌衬塑钢管；系统类型=给水系统；系统编号=G1；材质=镀锌衬塑钢管；管径大小=50；起点标高(m)=层底标高；终点标高(m)=层底标高；管件材质=钢制；连接方式=螺纹连接；安装部位=室内；汇总信息=管道(水)
喷头	水喷头	严格按照图纸的名称定义	按照图例表进行名称定义	水喷头	属性名称：名称=水喷头；类型=水喷头；规格型号=；标高(m)=层顶标高(0)；系统类型=喷淋灭火系统；汇总信息=喷头(消)；是否计量=是
风口	排烟口（回风口、送风口同理）	严格按照图纸的名称定义	按照图纸设置风口尺寸	板式排烟口800*（800+250） 排风量:12000m³/h	属性编辑器 1 名称=板式排烟口；2 类型=风口；3 规格型号=800*（800+250）；4 标高(m)=层底标高+2.5；5 系统类型=通风系统；6 汇总信息=风管部件(通)；7 是否计量=是；8 倍数=1；9 备注=；10 显示样式；11 填充颜色=；12 不透明度=100

续表

构件类别	构件	命名规则	构件属性定义规范	实例	
				图　纸	软　件
风管	排风管（送风管、回风管同理）	严格按照图纸的名称定义	按照图纸说明要求确定管道材质，并对照图纸标注确定管道尺寸	500X250（管材及保温见图7.2.10）	属性编辑器 　属性名称　属性值 1 名称　JXFG-1 2 系统类型　通风系统 3 系统编号　SF1 4 材质　薄钢板风管 5 宽度(mm)　500 6 高度(mm)　250 7 厚度(mm)　(0.6) 8 周长(mm)　(1500) 9 起点标高(m)　层底标高+2.5 10 终点标高(m)　层底标高+2.5 11 汇总信息　通风管道(通) 12 备注
通风设备	风机（排风扇，静压箱同理）	严格按照图纸的名称定义	按照图例表进行名称定义	PF-B1F-1（风机具体参数见图7.2.15）	属性名称　属性值 1 名称　PF-B1F-1 2 类型　送风风机 3 规格型号 4 设备高度(mm)　0 5 标高(m)　层底标高+2.5 6 系统类型　空调水系统 7 汇总信息　设备(通) 8 是否计量　是 9 倍数　1 10 备注 11 + 显示样式
供暖器具	散热片（暖风机等同理）	严格按照图纸的名称定义	按照图例表进行名称定义	11（采暖系统详细参数见图7.2.8）	属性名称　属性值 1 名称　HNQT-1 2 类型　铸铁散热器 3 规格型号　(TZ4-6-5(8)) 4 单片散热器　(0.235) 5 片数　11 6 进出口中心　(600) 7 散热器长度　(660) 8 回水方式　同侧供水 9 标高(m)　层底标高+0.5 10 系统类型　供水系统 11 汇总信息　供暖器具(暖) 12 是否计量　是 13 倍数　1 14 备注 15 + 显示样式
管道	供水管（回水管同理）	严格按照图纸的名称定义	按照图纸说明要求确定管道材质，并对照系统图确定管道规格	DN25 DN25（管材及保温见图7.2.10）	属性名称　属性值 1 名称　GD-1 2 系统类型　供水系统 3 系统编号　(GS1) 4 材质　热镀锌钢管 5 管径规格　25 6 起点标高(m)　层底标高+3.4 7 终点标高(m)　层底标高+3.4 8 管件材质　热镀锌钢管 9 连接方式　螺纹连接 10 安装部位　室内 11 汇总信息　管道(暖) 12 备注

4.2.4 安装建模色彩表

为了便于参与项目的各专业人员协同工作时易于理解模型的组成,特别是水暖电模型系统较多,通过对不同专业和系统模型赋予不同的模型颜色(见表4.2.2),将有利于更直观快速地识别模型。

表 4.2.2 BIM 模型色彩表

专业	构 件	BIM 颜色	RGB
电气	强电桥架	深蓝色	颜色|纯色(O) 色调(E): 160 红(R): 0 饱和度(S): 240 绿(G): 0 亮度(L): 60 蓝(U): 128
	弱电桥架	紫色	颜色|纯色(O) 色调(E): 200 红(R): 128 饱和度(S): 240 绿(G): 0 亮度(L): 60 蓝(U): 128
消防	喷淋管	白色	颜色|纯色(O) 色调(E): 160 红(R): 255 饱和度(S): 0 绿(G): 255 亮度(L): 240 蓝(U): 255
	消火栓管、消防配件、喷头	红色	颜色|纯色(O) 色调(E): 0 红(R): 255 饱和度(S): 240 绿(G): 0 亮度(L): 120 蓝(U): 0
给排水	给水管	蓝色	颜色|纯色(O) 色调(E): 160 红(R): 0 饱和度(S): 240 绿(G): 0 亮度(L): 120 蓝(U): 255
	热水管	橙色	颜色|纯色(O) 色调(E): 20 红(R): 255 饱和度(S): 240 绿(G): 128 亮度(L): 120 蓝(U): 0

续表

专业	构　件	BIM 颜色	RGB
给排水	排水管	棕色	色调(E): 20　红(R): 128 饱和度(S): 240　绿(G): 64 颜色|纯色(O)　亮度(L): 60　蓝(U): 0
通风	送风管	青色	色调(E): 120　红(R): 0 饱和度(S): 240　绿(G): 255 颜色|纯色(O)　亮度(L): 120　蓝(U): 255
	新风管	绿色	色调(E): 80　红(R): 0 饱和度(S): 240　绿(G): 255 颜色|纯色(O)　亮度(L): 120　蓝(U): 0
	排烟风管	黄色	色调(E): 40　红(R): 255 饱和度(S): 240　绿(G): 255 颜色|纯色(O)　亮度(L): 120　蓝(U): 0
	空调供水	粉色	色调(E): 200　红(R): 255 饱和度(S): 240　绿(G): 0 颜色|纯色(O)　亮度(L): 120　蓝(U): 255
	空调回水	深绿色	色调(E): 80　红(R): 0 饱和度(S): 240　绿(G): 128 颜色|纯色(O)　亮度(L): 60　蓝(U): 0
	空调冷凝水	天蓝色	色调(E): 160　红(R): 128 饱和度(S): 240　绿(G): 128 颜色|纯色(O)　亮度(L): 180　蓝(U): 255

续表

专 业	构 件	BIM 颜色	RGB
采暖	采暖供水	红色	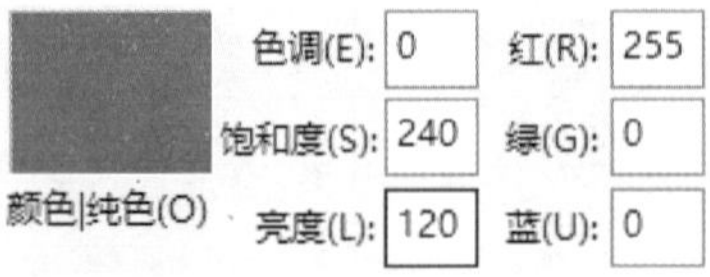 色调(E): 0　红(R): 255　饱和度(S): 240　绿(G): 0　颜色|纯色(O)　亮度(L): 120　蓝(U): 0
	采暖回水	深红色	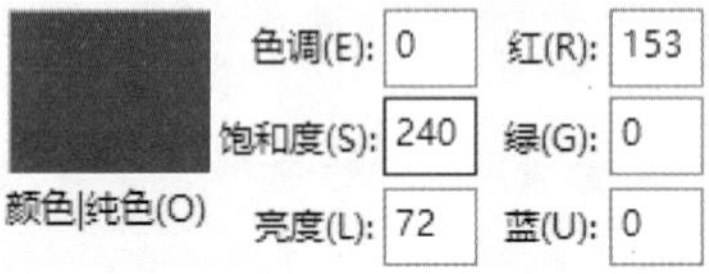 色调(E): 0　红(R): 153　饱和度(S): 240　绿(G): 0　颜色|纯色(O)　亮度(L): 72　蓝(U): 0

4.2.5　各专业管线协调原则

在设计建模工作基本完成后,通过专业协调软件对模型进行综合协调,以保证 BIM 模型数据的准确完整。其工作流程一般是:对各个专业模型的简化与整合、多专业综合检查和设计调整优化。

1)机电管线排布原则

机电管线排布一般应遵循如下原则:

①电气管线在上,水管线在下;

②给水管线在上,排(污)水管线在下;

③风管尽量贴梁底布置;

④管线排布需考虑安装空间、运行操作空间和检修空间;

⑤管线及排布需综合考虑支架、吊架位置。

2)机电管线调整避让原则

机电管线调整避让一般应遵循如下原则:

①水管避让风管;

②有压管道避让无压(自流)管道;

③可弯管道避让不可弯管道;

④小管径管道避让大管径管道;

⑤冷水管道避让热水管道。

4.3　安装专业建模设置

安装专业 BIM 建模标准见表4.3.1。

表 4.3.1　安装专业 BIM 建模标准——计算规则

注意事项	软件操作
文件命名	广联达办公大厦暖通
原点定位要求	坐标原点为 1—1 和 A—A 交点
计算规则	工程量清单项目设置规则(2013)
清单规则	工程量清单项目计量规范(2013-四川)
定额规则	四川省安装工程量清单计价定额(2015)
清单库	工程量清单项目计量规范(2013-四川)
定额库	四川省安装工程量清单计价定额(2015)
室外地坪标高	−0.45 m
楼层信息	地下 1 层,地上 4 层
软件版本	广联达 BIM 安装算量软件 GQI2015

注:此表以暖通专业为例,电气、给排水专业同理。

广联达安装算量软件整体操作流程如图 4.3.1 所示。

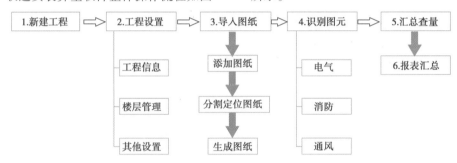

图 4.3.1　整体操作流程

4.3.1　新建工程

①启动软件 GQI2015(具体打开方式与启动 GCL2013 相同)。

②单击"新建向导"。

③在如图 4.3.2 所示的对话框中输入工程名称"广联达办公大厦暖通",选择计算规则"工程量清单项目设置规则(2013)"和清单规则"工程量清单项目计量规范(2013-四川)",选择定额规则"四川省安装工程量清单计价定额(2015)",软件会自动匹配清单库、定额库,最后根据需要建立模型的专业在工程类型中可选中相应专业即可。

【注意】

在工程类型选择中,例如暖通专业涉及"采暖燃气"和"通风空调"两种(图 4.3.3)。采暖和通风分别建模时,可以按照建模专业选择;如果工程较小,两个专业合并建模时,可以选择"全部"或者随便选择一个专业,在建模时再添加另外一个专业。

④检查无误后单击"创建工程",进入软件操作界面,进行下一步操作。

图 4.3.2　新建工程

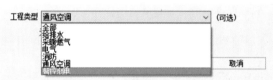

图 4.3.3　工程类型选择

4.3.2　工程设置

工程设置包括工程信息、楼层设置、计算设置、设计说明信息、其他设置 5 个方面的内容,如图 4.3.4 所示。

图 4.3.4　工程设置

1)工程信息

根据工程具体情况填写工程信息(图 4.3.5),并可以修改前面在"项目向导"中填写的信息。

2)楼层设置

单击"工程设置"中的"楼层设置"命令,将显示"楼层设置"界面,楼层信息在安装专业图纸中可以参考"水施-16"采暖立管图。设置信息如图 4.3.6 所示。

3)计算设置

单击"工程设置"中的"计算设置"命令,将显示"计算设置"界面,可以根据具体工程需要对设置值进行校核修改,如图 4.3.7 所示。

图4.3.5 工程信息

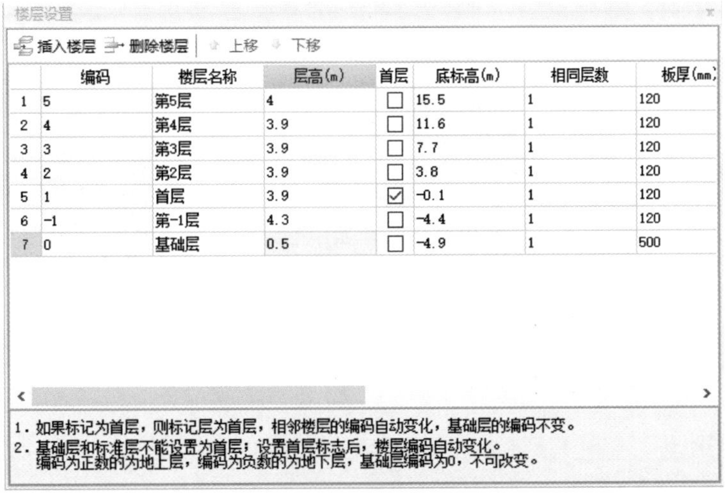

图4.3.6 楼层设置

【注意】

以通风专业为例,如果在"工程设置/计算设置/通风空调"页签中"是否计算风管末端封堵"中选择"是",识别或绘制完风管后,汇总计算,选中末端风管,单击"编辑工程量",弹出"编辑工程量"窗口,可以查看增加的相应风管堵头的工程量。

4.3.3 模型管理

在模型管理模块可以将 CAD 图纸、天正图纸、PDF、图片这些外部文件导入软件中。CAD图、PDF 文件以识别设备、管线的方式建立构件图元进行算量;图片可以通过绘制构件图元方式进行算量;给排水专业天正图纸软件支持直接转换成构件图元进行算量。

①由于本工程使用的是 CAD 图纸,因此先单击"图纸管理"(图4.3.8)。

②单击"添加图纸"(图4.3.9),将"02 采暖通风施工图"导入。

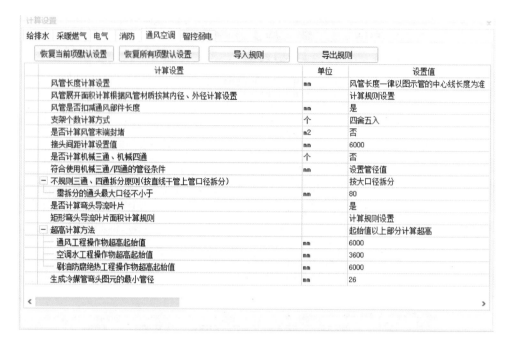

图 4.3.7 计算设置

图 4.3.8 图纸管理

图 4.3.9 添加图纸

【注意】

在图纸导入时偶尔会出现以下异常情况:

a. 在 CAD 中图纸显示完全正常,但是 CAD 图纸导入软件后看不见,说明在图纸周围有零碎的点和短线等。

处理方法:用 CAD 打开图纸,按视图菜单的全屏显示,找到零碎图元,然后删除,再次全屏显示并保存,然后再导入软件。

b. 在导入软件时预览框中不显示 CAD 图纸或导入后看不见 CAD 图元。

处理方法:这种情况是图中的图元组成了"块"或图纸被设计人员加密了,用 CAD 打开图纸,单击图纸中的任何一个图元和任何一根线,整个图纸被选中,全部变成虚线,这时把"块"分解(快捷键:X + 空格)或把图纸解密就可以了。

c. CAD 图纸导入软件不显示或显示不全,有可能是因为 CAD 图纸版本太高。

处理方法:采用高版本的 CAD 程序打开图纸,单击左上角"文件",选择"另存为",在弹出的对话框最下面的"文件类型"里选择"AutoCAD2004/LT2004 图形(∗.dwg)",再单击"保存",这样转换为低版本后再导入即可。

d. CAD 图纸导入软件不显示或显示不全,还有可能是因为图纸是设计人员采用"天正"

或其他软件绘制的。

处理办法:用天正软件打开图纸,使用左侧菜单栏的"文件布图"下的"批量转旧"功能,将图纸保存为"＊＊＊＊_t3. dwg"格式的文件后再导入软件,即可显示完整的 CAD 图元。

③单击"分割定位图纸",注意看界面最下方的状态栏的提示信息,先用鼠标左键点选定位点,然后单击右键确认。

在建模前为了保证各专业模型后期的碰撞检查以及进入平台软件中使用,必须统一坐标基点,本工程选用了 1—1 和 A—A 交点,如图 4.3.10 所示。

单击鼠标右键,弹出"请输入图纸名称"的对话框,若触发三点按钮则可以提取图纸中的文字作为图纸名称,在"楼层选择"中选择框选图纸的所属楼层,如图 4.3.11 所示。

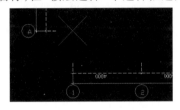

图 4.3.10　基点选择

图 4.3.11　图纸名称

分割定位完成后的图纸信息如图 4.3.12 所示。

添加图纸	分割定位图纸	删除图纸	生成分配图纸	
	图纸名称	图纸比例	对应楼层	楼层编号
1	— 02采暖通风施工图(当前图纸)	1:1		
2	地下一层通风及排烟平面图	1:1	第-1层	-1.1
3	首层采暖平面图	1:1	首层	1.1
4	二层采暖平面图	1:1	第2层	2.1
5	三层采暖平面图	1:1	第3层	3.1
6	四层采暖平面图	1:1	第4层	4.1

图 4.3.12　分割定位图纸

【注意】

a. 在选择基点的时候,一般不好捕捉点,这时需要把"对象捕捉"打开,然后单击"交点",如图 4.3.13 所示。先单击鼠标左键选择第一轴线,然后再选择第二轴线,最后单击右键确认即可。

图 4.3.13　对象捕捉和交点选择

b. 在选择交点时经常会发现无法捕捉到构件图元或轴线,这是由于图中的图元被设置为了"块",此时单击图纸中的任何一个图元和任何一根 CAD 线,整个图纸被选中,全部变成虚线,这就需要使用 CAD 中的"分解 CAD 块"命令将"块"分解。有时分解不完全,需要反复执行"分解 CAD 块"命令(图 4.3.14)。

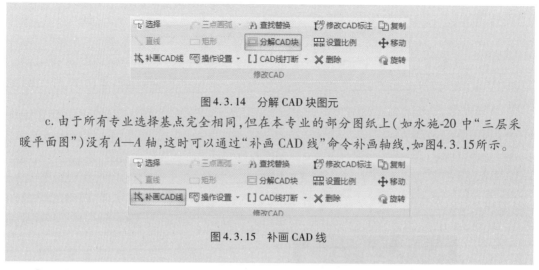

图 4.3.14　分解 CAD 块图元

c.由于所有专业选择基点完全相同,但在本专业的部分图纸上(如水施-20 中"三层采暖平面图")没有 A—A 轴,这时可以通过"补画 CAD 线"命令补画轴线,如图4.3.15所示。

图 4.3.15　补画 CAD 线

④查看图纸比例。单击"设置比例"按钮(图4.3.16),找到图中一段有标注的标注线,先单击第一点,再单击第二点,然后确认弹出的画面里的数值与标注线上标注的数值是否相等(图4.3.17),相等则证明比例正确,否则为比例不正确。此时,在弹出画面的数值处输入图中标注的数值,图中比例就设置好了(1:1)。

图 4.3.16　设置比例

⑤单击"生成分配图纸",软件自动将图纸生成并分配至各个楼层,且自动保存图纸为 CADI 文件。

4.3.4　绘图输入

添加采暖燃气专业:单击"编辑专业"选项卡,弹出如图4.3.18 所示的对话框,勾选"采暖燃气",单击"确定",在绘图输入中出现了采暖燃气专业。

图 4.3.17　查看图纸比例

图 4.3.18　选择专业

第5章 电气工程建模技术

5.1 电气工程基础知识

5.1.1 变电、配电、发电系统

供配电系统框架图如图 5.1.1 所示。

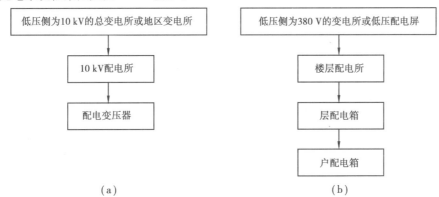

（a）　　　　　　　　　　　　　　　　（b）

图 5.1.1　供配电系统框架图

1）负荷等级

电力负荷应根据对供电可靠性的要求及中断供电在政治、经济上所造成损失或影响的程度进行分级,并应符合下列规定:

①符合下列情况之一时,应视为一级负荷:

a. 中断供电将造成人身伤亡时;

b. 中断供电将在经济上造成重大损失时;

c. 中断供电将影响重要用电单位的正常工作时。

在一级负荷中,当中断供电将造成人员伤亡或重大设备损坏或发生中毒、爆炸和火灾等情况的负荷,以及特别重要场所的不允许中断供电的负荷,应视为一级负荷中特别重要的负荷。

②符合下列情况之一时,应视为二级负荷:

a. 中断供电将在经济上造成较大损失时;

b. 中断供电将影响较重要用电单位的正常工作时。

③不属于一级和二级负荷者应为三级负荷。

2）一级负荷的供电电源应符合的规定

①一级负荷应由双重电源供电,当一个电源发生故障时,另一个电源不应同时受到损坏。

②一级负荷中特别重要的负荷,除应由双重电源供电外,还应增设应急电源,并严禁将其他负荷接入应急供电系统。设备的供电电源的切换时间,应满足设备允许中断供电的要求。

5.1.2 电力供电系统

电力供电系统是由电源系统和输配电系统组成的产生电能并供应和输送给用电设备的系统。电力供电系统可分为 TN、IT、TT 三种接地系统,其中 TN 系统又分为 TN-S、TN-C、TN-C-S 三种形式,见表 5.1.1。

表 5.1.1　TN、IT、TT 系统区别表

名　称		特　点
TN 接地系统	TN-S	整个系统的中性线和保护线是分开的
	TN-C	整个系统的中性线和保护线是合一的
	TN-C-S	整个系统有一部分的中性线和保护线是合一的
IT 接地系统		IT 接地系统的带电部分与大地间不直接连接,而电气装置的外露可导电部分是接地的
TT 接地系统		TT 接地系统有一个直接接地点,电气装置外露可导电部分则是接地

接线方式分类:

①按系统接线布置方式不同,接线系统可分为放射式、干线式、环式及两端电源供电式等。

②按运行方式不同,接线系统可分为开式和闭式。

③按对负荷供电可靠性的要求不同,接线系统可分为无备用和有备用。在有备用接线系统中,当其中某一回路发生故障时,其余线路能保证全部正常供电两种,即为完全备用系统。

5.1.3 照明系统

1)普通照明系统

①光源:有装修要求的场所视装修要求商定;一般场所为荧光灯、金属卤化物灯或其他节能型灯具。光源显色指数 $Ra \geq 80$,色温应在 3300 ~ 3500 K。

②照明节能:照明灯具和光源均采用节能型,所采用的节能自熄开关和灯光控制器控制的应急照明在发生火灾时能自动点亮。

2)应急照明系统

除住宅外民用建筑、厂房及丙类仓库下列部位应设置消防应急照明灯具:

①封闭楼梯间、防烟楼梯间及其前室、消防电梯间前室或合用前室;

②消防控制室、消防水泵房、自备发电机房、配电室、防烟与排烟机房以及在火灾时仍需要坚持工作的其他场所;

③建筑面积超过 400 m^2 的展览厅、营业厅、功能厅、餐厅以及建筑面积超过 200 m^2 的演播室;

④建筑面积超过 300 m^2 的地下建筑;

⑤公共建筑疏散走道。

公共建筑,高层厂房(仓库)及甲、乙、丙类厂房应沿疏散走道、安全出口、人员密集场所的疏散门设置灯光疏散指示标志。

5.1.4　接地、防雷系统

1)接地系统

接地是避雷技术最重要的环节,不管是直击雷、感应雷或其他形式的雷,最终都是把雷电流送入大地。因此,没有合理而良好的接地装置是不能可靠地避雷的。接地电阻越小,散流就越快,被雷击物体高电位保持时间就越短,危险性就越小。另外,可以采取共用接地的方法将避雷接地、电器安全接地、交流接地、直流接地统一为一个接地装置。若有设置独立接地的特殊要求,则应在两地网用地极保护器连接,这样两地网之间平时是独立的,以防止干扰,当雷电流来到时两地网间通过地极保护器瞬间连通,形成等电位联结。

保护接地就是将正常情况下不带电而在绝缘材料损坏后或其他情况下可能带电的电器金属部分(即与带电部分相绝缘的金属结构部分),用导线与接地体可靠连接起来的一种保护接线方式。保护接地一般用于配电变压器中性点不直接接地(三相三线制)的供电系统中,用以保证当电气设备因绝缘损坏而漏电时产生的对地电压不超过安全范围。如果家用电器未采用接地保护,当某一部分的绝缘损坏或某一相线碰及外壳时,家用电器的外壳将带电,人体一旦触及该绝缘损坏的电气设备外壳(构架)时,就会有触电的危险。相反,若将电气设备作了接地保护,单相接地短路电流就会沿接地装置和人体这两条并联支路分别流过。一般来说,人体的电阻大于 1 000 Ω,接地体的电阻按规定不能大于 4 Ω,所以流经人体的电流就很小,而流经接地装置的电流很大。这样就减小了电气设备漏电后人体触电的危险。

在无接地保护和有接地保护两种情况下,人触电的示意图分别如图 5.1.2 和 5.1.3 所示。

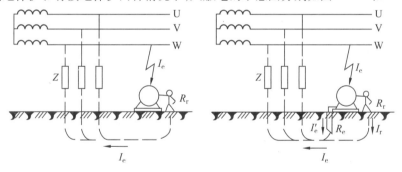

图 5.1.2　无接地保护触电　　　图 5.1.3　有接地保护触电

2)防雷系统

为使雷电浪涌电流泄入大地,使被保护物免遭直击雷或感应雷等浪涌过电压、过电流的危害(图 5.1.4),所有建筑物、电气设备、线路、网络等不带电金属部分,金属护套,避雷器,以及一切水、气管道等均应与防雷接地装置作金属性连接。

综合防雷系统包括外部防雷系统和内部防雷系统,如图 5.1.5 所示。防雷接地装置包括避雷针(带、线、网)、接地引下线、接地引入线、接地汇集线、接地体等。为防止反击,以往的防雷规范对防雷接地与其他接地之间提出一整套限制措施,即规定两类接地体和接地线之间的最短距离。在有些情况下,间距无法拉开到规定值时,则要采用严密的绝缘措施。

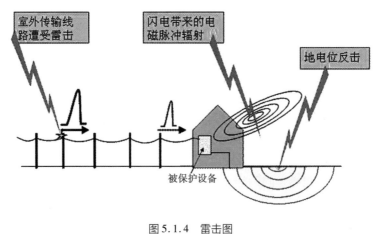

图 5.1.4　雷击图

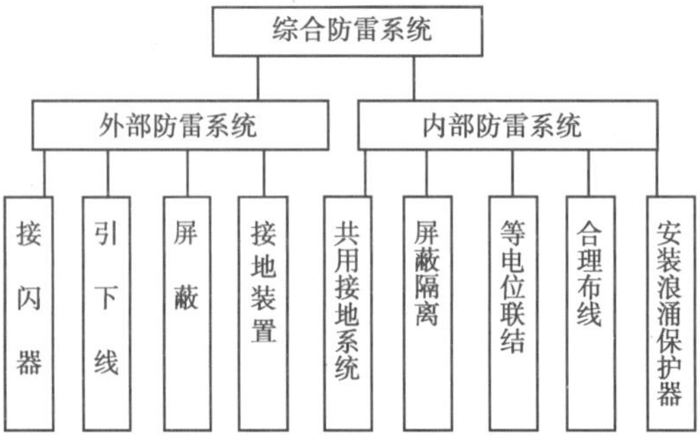

图 5.1.5　综合防雷系统

3）建筑物的防雷分类

建筑物应根据其重要性、使用性质、发生雷电事故的可能性和后果,按防雷要求分为三类。

①第一类防雷建筑物:

a.凡制造、使用或储存火炸药及其制品的危险建筑物,因电火花而引起爆炸、爆轰,会造成巨大破坏和人身伤亡者。

b.具有 0 区或 20 区爆炸危险场所的建筑物。

c.具有 1 区或 21 区爆炸危险场所的建筑物,因电火花而引起爆炸,会造成巨大破坏和人身伤亡者。

②第二、三类及非防雷建筑物根据《建筑物防雷设计规范》计算雷击次数,判断建筑物防雷等级,见表 5.1.2。

表 5.1.2　二、三类及非防雷建筑物雷击次数区别表

防雷分类	部、省级办公楼建筑和其他重要及人员密集的公共建筑物	住宅、办公楼等民用建筑物或一般性工业建筑物
第二类	$N > 0.05$	$N > 0.25$
第三类	$0.01 \leq N \leq 0.05$	$0.05 \leq N \leq 0.25$
非防雷建筑物	$N < 0.01$	$N < 0.05$

注:N 为雷击次数。

5.2　电气工程图纸分析

在施工图设计阶段,建筑电气专业设计文件应包括图纸目录、施工设计说明、设计图纸主要设备表、计算书(供内部使用及存档)。以下为广联达办公楼案例强电部分的图纸分析。

5.2.1　图纸目录

图纸目录一般排列在所有建筑电气施工图的最前面,不编入图纸的序号内。编排图纸目录时应先列新绘制的图纸,后列选用的标准或重复利用的图纸。基本图和详图属于新绘图,列在目录的前面。在目录的后面,有时还常会列出所利用的标准图集代号。

建筑电气施工图的目录应一个子项编一份,在同一个目录内不得编入其他单项的图纸,以便于归档、查阅和修改。图 5.2.1 所示为本办公楼电气施工图部分图纸目录。

电施-01	电气专业图例表(一)	电施-33	四层弱电平面图
电施-02	电气专业图例表(二)	电施-34	机房层弱电及消防平面图
电施-03	电气施工设计说明(一)	电施-35	地下一层消除平面图
电施-04	电气施工设计说明(二)	电施-36	首层消防平面图
电施-05	电气施工设计说明(三)	电施-37	二层消防平面图
电施-06	配电箱柜系统图(一)	电施-38	三层消防平面图
电施-07	配电箱柜系统图(二)	电施-39	四层消防平面图
电施-08	配电箱柜系统图(三)	电施-40	屋顶避雷平面图
电施-09	配电箱柜系统图(四)	电施-41	基础接地平面图

图 5.2.1　电气施工图图纸目录（节选）

编排图纸目录时应注意以下几点:

①序号应从"1"开始,不得空缺或重号。按一定顺序为图纸编上序号。

②图纸编号时要注明图纸设计阶段。例如:初步(扩大初步)设计阶段常表达为"电初-××",施工图阶段常表达为"电施-××"等。各张图纸按顺序编号,可以重号,但重号时要加注脚码。重号主要用于相同图名的图纸。如当材料表有多张时,可以变为"3a""3b"等。图号一般不能空缺,以免混乱。

③要进行工程编号。工程编号是设计单位内部对工程所做的编号,常由几位数字组成。前几位数字表示年份,后几位数字表示工程的业务顺序。例如:"2014-05"表示该工程是 2014 年签订的合同,业务顺序为"05"。

④图纸种类一般在备注中说明,如"国标""省标""重复使用的图纸"等,套用其他子项说明。

5.2.2　设计总说明

1)建筑概况

本建筑物为"广联达办公大厦",建设地点位于北京市郊,建筑物用地概貌属于平缓场地。本建筑物为二类多层办公建筑,总建筑面积为 4745.6 m²,建筑层数为地下 1 层、地上 4 层,高度为檐口距地高度为 15.6 m,本建筑物设计标高 ±0.000 m 相当于绝对标高为 41.50 m。

2)设计依据

本工程依据业主所提供的具体要求,各专业所提供的图纸资料按以下电气设计规范及验收规范等进行设计:

- 《汽车库、修车库、停车场设计防火规范》(GB 50067—2014);
- 《供配电系统设计规范》(GB 50052—2009);
- 《通用用电设备配电设计规范》(GB 50055—2011);
- 《建筑照明设计标准》(GB 50034—2013);
- 《车库建筑设计规范》(JGJ 100—2015);
- 《民用建筑电气设计规范》(JGJ 16—2008);
- 《低压配电设计规范》(GB 50054—2011);
- 《火灾自动报警系统设计规范》(GB 50116—2013);
- 《建筑设计防火规范》(GB 50016—2014);
- 《办公建筑设计规范》(JGJ 67—2006);
- 《电子信息系统机房设计规范》(GB 50174—2008);
- 其他有关国家及地方的现行规程、规范及标准。

3)设计范围

本工程设计包括供配电系统,电力、照明、建筑物接地安全、综合布线系统。

供配电系统由城市电网引入 10 kV 线缆,室外箱式变压器和楼座配电室属于城市供电部门负责,不在本设计范围内。

本项目负荷等级分类:

①二级负荷:喷淋泵、消防泵、消防风机、消防电梯潜污泵等消防负荷,车库应急照明,消防控制室、弱电房、发电机房、配电房、水泵房、排烟机房等灯光备用照明,中区及高区给水泵。

②三级负荷:其他电力负荷及一般照明。

4)图例

图例包括工程中所使用的各种设备和材料的名称、型号、规格、数量等,它是编制购置设备、材料计划的重要依据之一。

本工程强、弱电图例如图 5.2.2 和图 5.2.3 所示。

5.2.3 强电系统图纸分析

1)供电电源及电压

①由市电网引来两路 10 kV 高压电源至 10 kV 配电房,以提供本项目规划用地的全部用电。10 kV 电源为一进三出,采用单母线不分段方式运行,进、出线均采用成套真空断路器保护。

②本工程在地下室共设 1 个变配电房,高低压同室,提供本工程全部低压用电。

③为保证二级负荷供电的可靠性,室外设置发电机房,内设发电机 1 台(本工程仅涉及办公楼图纸,故发电机房另行设计),自带发电机配电屏,引出备用电源线路至配电房与双电源开关互投。当 10 kV 市电或非居民照明用电变压器故障时,从变电所低压开关柜双电源开关处,拾取柴油发电机的启动信号,送至柴油发电机房的启动回路,保证在市电断电后30s内启动并供电;

当市电恢复后,柴油发电机延时自动停机;当连续 3 次自启动失败,应发出报警信号;任何情况下市电与柴油发电机不得并网运行。

④继电保护。本工程所有 10 kV 真空断路器均采用微机综合保护装置,进线设置定时限电流速断保护、过流保护、零序保护,出线设置速断保护、过流保护、过负荷保护、零序保护。变配电室内各变压器高温、超高温报警通过高压负荷开关的分励脱扣器跳闸动作。本工程高压二次接线图参考国家标准图集,微机智能综合保护器厂家应根据图纸要求完善二次接线图,以满足本工程的技术要求。

图例	名　称	型号、规格	安装方式及高度	备　注
	单管荧光灯	1×36 W $\cos \varphi \geqslant 0.9$	链吊,底距地 2.6 m	
	双管荧光灯	2×36 W $\cos \varphi \geqslant 0.9$	链吊,底距地 2.6 m	
	壁灯	1×38 W $\cos \varphi \geqslant 0.9$	明装,底距地 2.6 m	自带蓄电池 $t \geqslant 90$ min
	防水防尘灯	1×13 W $\cos \varphi \geqslant 0.9$	吸顶安装	
	疏散指示灯(集中蓄电池)	1×8 W LED	一般 暗装 底距地 0.5 m / 部分 背吊 底距地 2.5 m	自带蓄电池 $t \geqslant 90$ min
E	安全出口指示灯(集中蓄电池)	1×8 W LED	明装,底距地 2.2 m	自带蓄电池 $t \geqslant 90$ min
	墙上座灯	1×13 W $\cos \varphi \geqslant 0.9$	明装,底距地 2.2 m	
	吸顶灯(灯头)	1×13 W $\cos \varphi \geqslant 0.9$	吸顶安装	
	换气阀接线盒	86 盒	吸顶安装	
	单控单联跷板开关	250 V 10 A	暗装,底距地 1.3 m	
	单控双联跷板开关	250 V 10 A	暗装,底距地 1.3 m	
	单控三联跷板开关	250 V 10 A	暗装,底距地 1.3 m	
	单相二、三极插座	250 V 10 A	暗装,底距地 0.3 m	
K	单相三极插座	250 V 16 A	暗装,底距地 2.5 m	挂机空调
K1	单相三极插座	250 V 20 A	暗装,底距地 0.3 m	挂机空调
	单相二、三极防水插座(加防水面板)	250 V 10 A	暗装,底距地 0.3 m	
	电话组线箱	参考尺寸见系统图	明装,底距地 0.5 m	暗明装见系统图
	照明配电箱	参考尺寸见系统图	户内 暗装 底距地 1.8 m / 其他 底距地 1.3 m	暗明装见系统图
	动力配电箱	参考尺寸见系统图	底距地 1.3 m	暗明装见系统图
	应急照明配电箱	参考尺寸见系统图	明装,底距地 1.3 m	暗明装见系统图
	控制器	参考尺寸见系统图	明装,底距地 1.3 m	暗明装见系统图
	双电源箱	参考尺寸见系统图	明装,底距地 1.3 m	暗明装见系统图
RDX-	户弱电箱	参考尺寸见系统图	暗装,底距地 0.5 m	
MEB	总等电位联结箱	$600(W) \times 400(H) \times 140(D)$	暗装,底距地 0.5 m	
MEB	局部等电位联结箱	146 盒	暗装,底距地 0.3 m	

图 5.2.2　强电图例

图　例	名　称	型号、规格	安装方式及高度	备　注
▭	消防报警控制柜		落地安装	
B	消防报警控制盘		明装,底距地 1.3 m	
S	感烟探测器		吸顶安装	
▯	手动报警按钮(带电话插口)		明装,底距地 1.5 m	
▨	组合声光报警装置		明装,底距地 2.2 m	
▱	报警电话		时装,底距地 1.2 m	
⊻	消火栓启泵按钮		明装,底距地 1.1 m	
C	控制模块		明装,底距地 2.2 m	
S	检测模块		明装,底距地 2.2 m	
⟋	水流指示器		位置见给排水专业图在设备上方顶板上设接线盒。再用金属软管引到设备出线口	
⋈	信号蝶阀			
⊘70°	70 ℃防火阀			
P	压力开关			
▶◁	70 ℃防火阀		位置见暖通专业图在设备上方顶板上设接线盒。再用金属软管引到设备出线口	
▰	280 ℃防火阀			
▨SE	排烟口			
⊞	报警控制器		落地安装	
C	消除模块箱		明装,底距地 2.2 m	
XFZ	消防转接箱		明装,底距地 1.5 m	
TV	电视终端插座		明装,底距地 0.3 m	
TP	电话终端插座		主卫,明装,底距地 1.0 m 其他,明装,底距地 0.3 m	
TO	双口信息终端插座		明装,底距地 0.3 m	
TB	对讲室内机盒	146 盒	暗装,底距地 1.2 m	
HJ	紧急呼叫按钮		明装,底距地 0.5 m	
▭	读卡器接线盒	86 盒	暗装,底距地 1.2 m	
EL	电控门锁接线盒	86 盒	暗装,门上 200 mm	

图 5.2.3　弱电图例

⑤功率因数补偿。在变配电室低压侧设功率因数集中自动补偿装置,电容器组采用自动循环投切方式,要求补偿后的功率因数不小于 0.95。荧光灯等气体放电灯采用电子整流器,使其功率因数不小于 0.90。

⑥工程供电。TM1 变压器低压侧采用单母线分段方式运行;配电室低压柜主进线断路器设过载长延时、短路短延时脱扣器;消防时应停电的回路设分励脱扣器。

2)低压配电系统

①低压配电系统采用 220/380 V 放射式与树干式相结合的方式。单台容量较大的负荷或重要负荷采用放射式供电;照明及一般负荷采用树干式与放射式相结合的供电方式。二级负荷采用双电源供电并在末端互投。三级负荷采用单电源供电。

②各电源由配电室引出在电缆竖井内采用树干式供电,较为分散的小负荷采用链式供电或放射式供电。

③本工程所有电动机均采用星三角降压启动方式。

④消防专用设备:消防电梯、排烟风机等消防专用设备的过载保护只报警不跳闸。

⑤电梯在正常情况下就地控制;发生火灾时,受消防控制室强制控制,由消防控制室发出指令,强制电梯降至首层后,普通客梯切断电源,消防电梯进入消防状态。

3)电缆、导线的选型及敷设

①低压出线电缆选用 WDZ-YJ(F)E-0.6/1 kV 型阻燃低烟无卤电力电缆。电缆在地下室部分敷设在桥架内,并引至单元体电气竖井内。普通电缆与应急电源电缆应分设桥架或采取隔离措施,在竖井内距离应大于 300 mm 或采用隔离措施;若不敷设在桥架上,应穿热镀锌钢管(SC)敷设;SC32 及以下管线暗敷,SC40 及以上管明敷。

②本工程 SC 管均为热镀锌钢管。

③应急照明支线应穿热镀锌钢管暗敷在楼板或墙内,由顶板接线盒至吊顶灯具一段线路穿钢质(耐火)波纹管,普通照明支线穿阻燃 PVC 管暗敷在楼板内,在吊顶内安装必须穿热镀锌钢管;设备房内管线在不影响使用及安全的前提下,可采用热镀锌钢管、金属线槽或电缆桥架明敷。

④消防用电设备供电缆线的选型及敷设应满足防火要求。

⑤PE 线必须用绿/黄导线或标志。

⑥所有穿过建筑物伸缩缝、沉降缝、后浇带的管线应按国家、地方标准图集中有关做法施工。

⑦平面图中所有回路均按回路单独穿管,不同支路不应共管敷设。各回路 N 线、PE 线均从箱内引出。

⑧消防设备配电线路暗敷时,保护层厚度须大于 30 mm;明敷时做防火处理;电气竖井内孔洞在设备安装完毕后用防火材料封堵。

⑨所有穿越防火分区的管线须做防火封堵及防火处理。

本工程高压开关柜采用 KYN28-12 开关柜,低压开关柜采用 GCS 抽屉柜。低压配电电源总箱、配电箱,照明电源箱,动力箱等除注明外均采用非标准箱。

本工程所有控制箱均为非标准产品,控制要求详见配电系统图中所标注的国标图集。

4)照明系统

本工程主要场所的照度值、功率密度值及器件选型见表 5.2.1。

表 5.2.1　本工程主要场所的照度值、功率密度值及器件选型

场　　所	设计照度值	LPD
车库	50 lx	1.8 W/m² (≤2.5 W/m²)节能灯具
机房	100 lx	1.8 W/m² (≤4 W/m²)节能灯具
电梯前室	75 lx	1.6 W/m² (≤3.5 W/m²)应急节能灯具
走道,楼梯间	50 lx	1.2 W/m² (≤2.5 W/m²)应急节能灯具
办公室	200 lx	6 W/m² (≤8 W/m²)节能灯具

本工程荧光灯光源均采用 T5、T8 系列或其他高光效荧光灯管,二次装修时应选用高效、节能、环保的光源、电子镇流器及灯具,并应注意保持系统中的三相电器负荷平衡。楼梯、走道照明灯采用声光控节能自熄开关进行控制。一楼前室及走道设值班照明,采用普通开关控制。

本工程应急照明要求:

①楼梯间、电梯前室、电气竖井的照明全部为应急照明。

②在车库疏散走道、封闭楼梯间、电梯前室、主要出入口等场所设置疏散照明。疏散走道照度不低于 0.5 lx,楼梯间及前室照度不低于 5 lx。

③出口标志灯、疏散指示灯、疏散楼梯、走道应急照明灯等采用集中蓄电池作备用电源时,其应急照明持续供电时间应大于 30 min;配电房、发电机房、水泵房、风机房应急照明持续时间应大于 180 min;作应急照明使用的灯具应按消防要求设置防护外罩。

④楼梯间应急照明和疏散指示以及各层电梯前室应急照明平时采用就地开关控制;车库应急照明平时采用灯光控制器控制;车库、走道、封闭楼梯间疏散指示采用常亮式。当火灾发生时,由发生火灾的警报区域开始,顺序启动全楼疏散通道的应急照明和指示系统。

⑤装饰用灯具的选用须与装修设计方及甲方商定。功能性灯具(如荧光灯、出口标志灯、疏散指示灯)须有国家主管部门的检测报告,达到设计要求后方可投入使用。

⑥在距电梯井道最高点和最低点 0.5 m 以内各装一盏灯,中间每隔不超过 7 m 的距离应装设一盏灯,并应分别在机房和底坑设置控制开关,在底坑设置检修插座。

5)防雷接地系统

本工程通过雷击次数计算为 0.052 次/α,见表 5.2.2。本工程防雷等级为三类。建筑物的防雷装置应满足防直击雷、防雷电感应及雷电波的侵入,并设置总等电位联结。

表 5.2.2 本工程雷击次数计算表格

建筑物数据	长(L)/m	50.4
	宽(W)/m	22.5
	高(H)/m	15.5
	等效面积(A_e)/km^2	0.016 16
	建筑物属性	住宅民用建筑物
气象参数	年平均雷暴日(T_d)/(d·α^{-1})	32.5
	年平均密度(N_g)/[次·(km^2·α)$^{-1}$]	3.250 0
计算结果	预计雷击次数(N)/(次·α^{-1})	0.052 52
	防雷类别	参照第三类防雷建筑

本工程具体防雷接地措施如下所述:

①接闪器:在屋顶采用 ϕ10 热镀锌圆钢作避雷带,明敷,屋顶避雷带连接线网格不大于 20 m×20 m 或 24 m×16 m,并在建筑物外廊易受雷击的四个角上装设避雷短针。避雷短针按国家标准图集 08D800-6～8 第 45 页选用,ϕ12 热镀锌圆钢,高度为 500 mm。

②引下线:不论钢筋大小,均应利用建筑物钢筋混凝土柱内四角的四根钢筋作引下线,引下线间距不大于 25 m。所有外墙引下线在室外地面下 1 m 处引出一根 40 mm×4 mm 热镀锌扁钢,

扁钢伸出室外,距外墙皮的距离不小于1 m。

③接地极:利用独立桩基础、承台内的钢筋及建筑物基础底梁上的上下两层钢筋中的两根主筋通长焊接形成的基础接地网作接地极。

④防雷接地、重复接地共用同一接地体,基础施工完毕后作接地电阻测试,要求 $R \leqslant 1 \ \Omega$,如达不到要求,按国家标准图集03D501-4增加人工接地体。

⑤引下线上端与避雷带焊接,下端与接地极焊接。建筑物四角的外墙引下线在室外地面0.5 m处设接地电阻测试盒,共4个。做法详见国家标准图集03D501-4(第38页)。

⑥凡突出屋面的所有金属构件、金属通风管、金属屋面、金属屋架等均与避雷带可靠焊接。

⑦本工程采用总等电位联结,如图5.2.4所示。总等电位板由紫铜制成,将建筑物内保护干线、设备进线总管、建筑物金属构件进行联结,总等电位联结线采用BV-1X 25 mm² PC32,总等电位联结均采用各种型号的等电位卡子,不允许在金属管道上焊接。

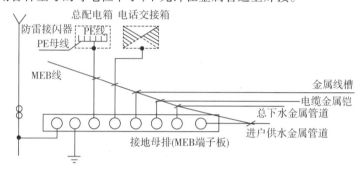

图5.2.4 总等电位联结图

⑧局部等电位联结:从接地体引出一根40 mm×4 mm镀锌扁钢沿电缆竖井通长敷设,在每层电缆竖井0.3 m处水平敷设一圈40 mm×4 mm镀锌扁钢并与竖向扁钢连接。电缆竖井内的接地干线及垂直敷设的金属管道、金属桥架及金属物与每层楼板钢筋作等电位联结。另外,垂直敷设的金属管道及金属物的底端及顶端应与防雷装置联结,如图5.2.5所示。

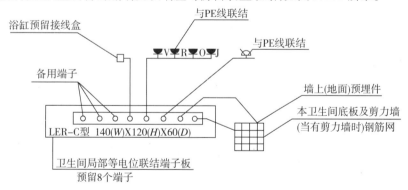

图5.2.5 局部等电位联结图

⑨过电压保护:在变配电室低压母线上装一级电涌保护器(SPD),二级配电箱内装二级电涌保护器,末端配电箱及弱电机房配电箱内装三级电涌保护器。

⑩沿电缆桥架及金属线槽通长敷设一根25 mm×4 mm镀锌扁钢接地干线,此接地干线与接地体焊接,且桥架及金属线槽不少于两处与接地干线可靠连接。电缆桥架或金属线槽直线段超过

30 m时,设置伸缩节;跨越建筑物变形缝处应设补偿装置;穿越防火墙时,应用防火材料封堵。

⑪本工程接地形式采用 TN-S 系统,其专用接地线(即 PE 线)的截面规定见表5.2.3。

表 5.2.3　PE 线截面选取

相线截面 S_1/mm^2	PE 线截面
$S_1 \leqslant 16$	PE 线截面应不小于 S_1,最小不小于 2.5 mm^2
$S_1 = 25$	PE 线截面应不小于 16 mm^2
$S_1 > 25$	PE 线截面应不小于 $S_1/2$ mm^2

6)强电配电系统图

变配电工程的供配电系统图、照明工程的照明系统图等都属于强电配电系统图。系统图反映了系统的基本组成,主要电气设备、元件之间的连接情况以及它们的规格、型号、参数等。

(1)竖向配电系统图

竖向配电系统图要求要以建筑物为单位,自电源点开始至终端配电箱(或控制箱)止,按设备所处相应楼层绘制。

竖向配电系统图应标注线路回路编号,配电箱(或控制箱)的编号、容量。

本工程竖向配电系统图如图5.2.6所示。

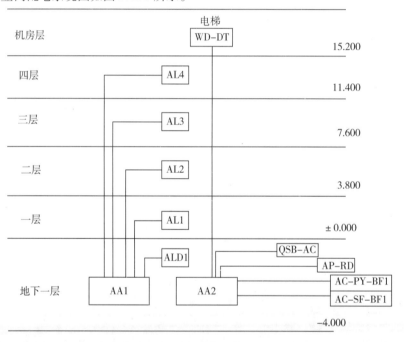

图 5.2.6　电气竖向配电系统图

(2)配电箱(或控制箱)系统图

配电箱(或控制箱)系统图要求:应标注配电箱编号、型号,进线回路编号;标注各开关(或熔断器)型号、规格、整定值;标出回路编号、导线型号规格(对于单相负荷应标明相别),对有控制要求的回路应提供控制原理图或文字说明;对重要负荷供电回路宜标明用户名称。本工程配电箱(或控制箱)系统图如图 5.2.7 所示。

ALD1	L1	BMN–32 16 A	WLZ1 NHBV–3X2.5–SC20–CC 应急照明1.0 kW
P_e=15 kW	L2	BMN–32 16 A	WLZ2 NHBV–3X2.5–SC20–CC 疏散指示1.0 kW
K_x=0.7	L3	BMN–32 16 A	WLZ3 BV–3X2.5–PC20–CC 照明1.0 kW
$\cos\varphi$=0.85	L1	BMN–32 16 A	WLZ4 BV–3X2.5–PC20–CC 照明1.0 kW
P_{js}=10.5 kW	L2	BMN–32 16 A	WLZ5 BV–3X2.5–PC20–CC 照明1.0 kW
I_{js}=19 A	L3	BMN–32 16 A	WLZ6 BV–3X2.5–PC20–CC 照明1.0 kW
BGL–32/4P	L1	BMN–32 16 A	WLZ7 BV–3X2.5–PC20–CC 照明1.0 kW
		SB–63/3P 25 A	WLZ8 BV–3X2.5–PC20–CC 照明1.0 kW
		SB–63/3P 25 A	WLZ9 BV–3X2.5–PC20–CC 照明1.0 kW
		BMN–32L 20 A/30 mA	备用
		BMN–32L 20 A/30 mA	备用
		BMN–32L 20 A/30 mA	备用
		SB–100Y/4P 50 A/	

BATU1–420/65KA 3P+N
EF–ACS–BUS–SC20–FC.WC/SR 电气火灾监控报警系统总线
漏电报警电流及时间：300 mA/0.4 s

图 5.2.7　配电箱 ALD1 系统图

7）电气平面图

电气平面图是电气施工图中的重要图纸之一，如变配电平面图、照明平面图、防雷接地平面图等。电气平面图用来表示电气设备的编号、名称、型号，安装位置、线路的起始点、敷设部位、敷设方式，所用导线型号、规格、根数、管径大小等。通过阅读系统图，了解系统基本组成之后，就可以依据平面图编制工程预算和施工方案，然后组织施工。

（1）配电平面图

配电平面图应包括：建筑门窗、墙体、轴线、主要尺寸、工艺设备编号及容量；布置配电箱、控制箱，并注明编号；绘制线路始、终位置（包括控制线路），标注回路规格、编号。图纸应有比例。

（2）照明平面图

照明平面图应包括：建筑门窗、墙体、轴线、主要尺寸、房间名称；配电箱、灯具、开关、插座、线路等平面布置；标明配电箱编号，干线、分支线回路编号、敷设方式等。凡需要二次装修部位，其照明平面图随二次装修设计进行更改，但配电或照明平面图上应相应标注预留配电箱，并标注预留容量。图纸应有比例。如图 5.2.8 所示为本工程三层照明平面图。

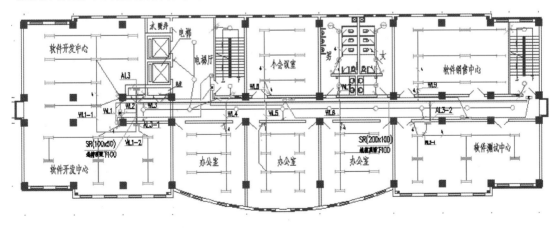

图 5.2.8　三层照明平面图

（3）防雷接地平面图

绘制建筑物顶层平面图要求：应有主要轴线号、尺寸、标高；标示避雷针、避雷带、引下线位置；注明材料型号规格，所涉及的标准图编号、页次，并应标注比例。

绘制防雷接地平面图（可以防雷顶层平面重合）的要求：绘制接地线、接地极、测试点、断接卡等的平面位置；标明材料型号、规格、相对尺寸等涉及的标准图编号、页次；图纸应标注比例。当利用自然接地装置时，可不出此图。

当利用建筑物钢筋混凝土内的钢筋作为防雷接闪器、引下线、接地装置时，应标示连接点、接地电阻测试点、预埋件位置及敷设方式，标出所涉及的标准图编号、页次。

5.2.4　综合布线系统图纸分析

本工程综合布线系统是将语音、数字、图像等信号的布线，经过统一的规范设计，综合在一套标准的布线系统中。具体内容详见相关弱电系统图。

语音干线子系统采用三类缆（大对数缆）；数据干线子系统和语音数据配线子系统均采用六类四对八芯非屏蔽对绞线缆；本工程电话、宽带由电信交接间引来；弱电总进线穿热镀锌水煤气钢导管敷设，弱电支线穿 FPC 管沿墙体内、地板内暗敷设。

弱电系统的弱电设备均由专业公司根据业主要求二次设计确定，弱电总进线处装设弱电专用电涌保护器。

1）有线电视系统

①由弱电机房引来有线电视电缆，沿弱电桥架引至电井内电视器件箱，分配分支后至住户室内家居配线箱。有线电视采用邻频传输系统，用户电平宜为（68±4）dB。

②主干线为光纤或 SYWV-75-9 同轴电缆，沿弱电桥架或穿管敷设；分支电缆为SYWV-75-5同轴电缆，穿 PVC 塑料管在现浇楼板和墙内暗敷。

③设备安装方式及高度：底层电视器件箱及楼层分线盒挂墙明装，底边距地为 1.5 m；室内弱电箱嵌墙暗装，底边距地为 0.5 m；电视插座暗装，底边距地 0.3 m。

本工程有线电视系统图如图 5.2.9 所示。

2）光纤入户（FTTH）系统

FTTH 系统综合布线系统图如图 5.2.10 所示。

①由弱电机房或室外光缆交接箱引来语音、信息光缆，沿弱电桥架引至电井内光分纤箱，分线后至住户室内家居配线箱。

②单元电话进线为 $n \times 48$ 芯光缆，沿弱电桥架敷设；由光分纤箱至住户室内家居配线箱线缆为皮线光缆 G.657，穿硬质 PVC 管暗敷设；住宅户内语音、信息线路采用cat5e. UTP，穿 PVC 塑料管在现浇楼板和墙内暗敷。

③光分纤箱在电井内挂墙明装，底边距地面 1.5 m；电话插座暗装，底边距地面 0.3 m；信息插座暗装，底边距地面 0.3 m。

④为了满足多家电信业务运营者平等接入、用户可自由选择电信业务经营者的需求，本工程预留能够满足多家运营商进线光缆路由通道及通信设施机柜安装位置。

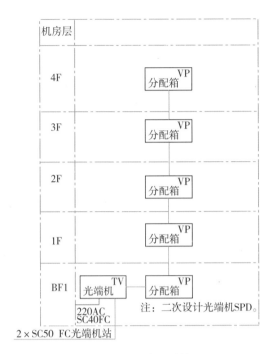

图5.2.9 有线电视系统图

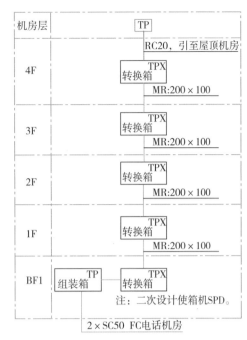

图5.2.10 综合布线系统图

5.2.5 火灾自动报警系统图纸分析

本工程整个小区设置集中报警系统一套,采用总线报警方式。消防控制室设于地下室负一层(出口直接通向室外),消防控制室门上方设标志灯,消防控制室内严禁穿过与消防设施无关的电气线路及管路。消防控制室的设备包括火灾报警控制器、消防联动控制器、消防控制室图形显示装置、消防专用电话总机、消防应急广播控制装置、消防应急照明和疏散指示系统控制装置、消防电源监控器等设备或具有相应功能的组合设备、打印机、不间断备用电源(UPS)等。消防联动控制器控制方式有自动控制及手动控制两种。消防联动控制器能够按设定的控制逻辑向各相关的受控设备发出联动控制信号,并接收相关设备的联动反馈信号;各受控设备接口的特性参数应与消防联动控制器发出的联动控制信号相匹配;消防水泵、防烟和排烟风机的控制设备,除应采用联动控制方式外,还应在消防控制室设置手动直接控制装置;需要火灾自动报警系统联动控制的消防设备,其联动触发信号应采用两个独立的报警触发装置报警信号的"与"逻辑组合。

本工程火灾自动报警系统如图5.2.11所示。本工程各防火分区设消防用端子箱,由消防控制室引来报警总线、电源、消防电话、消火栓泵、喷淋泵、防排烟风机等多线控制线缆。系统总线上设置总线短路隔离器,每个总线短路隔离器保护的火灾探测器、手动火灾报警按钮和模块等消防设备的总数不应超过32点;总线穿越防火分区时,在穿越处设置总线短路隔离器。每一总线回路连接设备的总数应留有容量10%~20%的余量(不宜超过200点),每一联动总线回路连接设备的总数应留10%~20%的余量(不宜超过100点)。

1)消火栓系统联动控制逻辑

本项目消火栓系统图纸说明如下:

①消防控制室通过总线控制将消火栓泵置于自动控制状态。

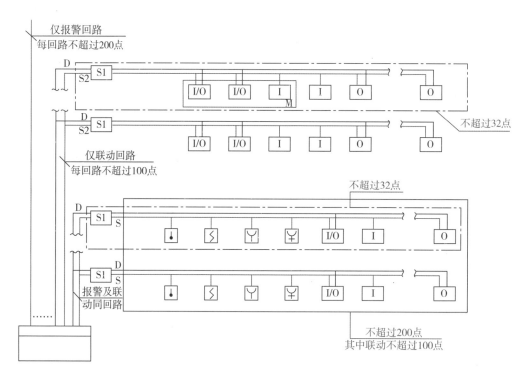

图 5.2.11　本工程火灾自动报警系统图

②消火栓按钮动作信号作为消防联动控制器启动消火栓泵的联动触发信号。

③在应急控制状态下,消防控制室通过多线手动控制消火栓泵启动。

④在手动控制状态下,消防泵房就地手动启、停消火栓泵。

消火栓系统启泵流程图如图 5.2.12 所示。

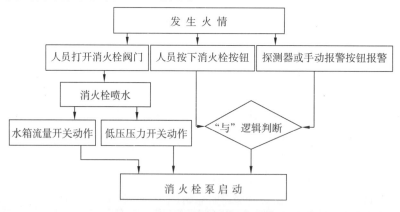

图 5.2.12　消火栓系统启泵流程图

2)喷淋系统联动控制逻辑

本项目喷淋系统图纸说明如下:

①消防控制室通过总线控制将喷淋泵置于自动控制状态。

②无论手动、自动控制状态,湿式报警阀压力开关直接启动喷淋泵。

③在应急控制状态下,消防控制室通过多线手动控制喷淋泵启动。

④在手动控制状态下,消防泵房就地手动启、停喷淋泵。

　　水流指示器、信号阀、压力开关、喷淋消防泵的启动和停止的动作信号应反馈至消防联动控制器。

　　湿式自喷系统启泵流程图如图 5.2.13 所示。自动喷淋湿式系统信号见表 5.2.4。

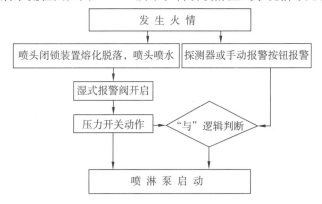

图 5.2.13　湿式自喷系统启泵流程图

表 5.2.4　自动喷淋湿式系统信号表

系统名称		连锁触发信号	连锁控制信号
自动喷水灭火系统	湿式和干式系统	压力开关动作信号	启动喷淋泵
	预作用系统		
	雨淋系统		
	水幕系统		
消火栓系统		系统出水干管上的低压压力开关、高位消防水箱出水管上的流量开关、报警阀压力开关的动作信号	启动消火栓泵
排烟系统		排烟风机入口处总管上设置的 280 ℃排烟防火阀动作信号	关闭排烟风机

3）排烟风机及排烟补风机联动控制逻辑

　　联动控制方式,应由湿式报警阀压力开关的动作信号作为触发信号,直接控制启动喷淋消防泵,联动控制不应受消防联动控制器处于自动或手动状态影响。

　　手动控制方式,应将喷淋消防泵控制箱（柜）的启动、停止按钮用专用线路直接连接至设置在消防控制室内的消防联动控制器的手动控制盘内,直接手动控制喷淋消防泵的启动、停止。

　　本项目风机系统图纸说明如下:

　　①对于常闭排烟口、排烟窗、排烟阀,由同一防烟分区内两只独立的火灾探测器的报警信号作为其触发信号,由消防联动控制器联动开启,同时停止该防烟分区的空气调节系统,关闭70 ℃常开防火调节阀、电动防烟防火阀;由常闭排烟口、排烟窗、排烟阀开启的动作信号,作为排烟风机的触发信号,由消防联动控制器联动开启排烟风机。对于常开排烟口、排烟窗、排烟阀,由同一防烟分区内两只独立的火灾探测器的报警信号,作为排烟风机的触发信号,由消防联动控制器联动开启排烟风机,同时停止该防烟分区的空气调节系统,关闭 70 ℃常开防火调节阀、电动

防烟防火阀。

②在正常情况下,在风机房就地手动控制启、停排烟风机和补风机,排烟风机处于低速控制状态。

③在消防手动控制状态下,就地手动控制启、停排烟风机和补风机,排烟风机处于高速控制状态;消防控制室手动开启或关闭相应区域的电动挡烟垂壁、排烟口、排烟窗、排烟阀等。

④在消防自动控制状态下,消防控制室通过总线控制,开启相应防烟分区补风机,将排烟风机强制转入消防高速控制状态。

⑤在消防应急控制状态下,消防控制室通过多线控制启动补风机、排烟风机高速运行。

⑥排烟防火阀在280℃熔断时直接联动关闭风机,也可通过消防控制室多线控制停止排烟风机、补风机。

排烟风机及补风机系统图如图5.2.14所示。

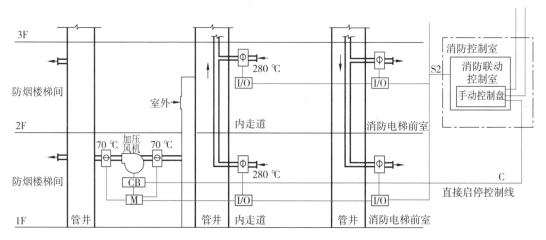

图 5.2.14　排烟风机及补风机系统图

4)火灾警报和消防应急广播系统分析

本工程设广播系统一套(图5.2.15),广播机房与消防控制室合用,火灾应急广播与背景音乐共用一套音响装置,末端广播为背景音乐兼消防广播;火灾应急广播优先于背景音乐广播;系统采用定压100 V输出方式,扬声器(使用阻燃材料)安装功率为3 W,扬声器安装方式有壁装式、嵌入式、管吊式等,地下车库扬声器采用管吊式,底距地2.6 m,广播盘设于消防控制室内。

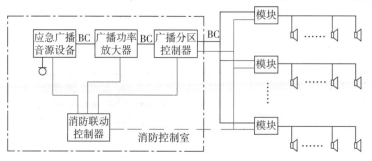

图 5.2.15　消防应急广播系统图

火灾自动报警系统设置火灾声光警报器,并在确认火灾后启动建筑内的所有火灾声光警报器;系统能同时启动和停止所有火灾声警报器工作。每个报警区域内应均匀设置火灾警报器,其声压级不应小于 60 dB;在环境噪声大于 60 dB 的场所,其声压级应高于背景噪声 15 dB。

消防控制室应能手动或按预设控制逻辑联动控制选择广播分区、启动或停止应急广播系统,并应能监听消防应急广播。在通过传声器进行应急广播时,应自动对广播内容进行录音。消防控制室内应能显示消防应急广播的分区工作状态。

5)气体灭火系统的控制逻辑

本工程发电机房、配电房、弱电机房设置气体灭火系统,设置专用气体灭火控制器,要求同时具有自动控制、手动控制方式。

气体灭火系统控制器不直接连接火灾探测器,其联动触发信号、联动控制、手动控制、反馈信号必须应符合《火灾自动报警系统设计规范》(GB 50116—2013)的相关规定。

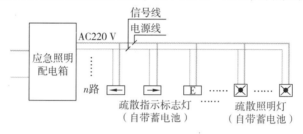

图 5.2.16　应急照明和疏散指示系统图

6)消防应急照明和疏散指示系统分析

本工程采用集中控制型消防应急照明和疏散指示系统,由火灾报警控制器或消防联动控制器启动应急照明控制器实现。当确认火灾后,从发生火灾的报警区域开始,顺序启动全楼疏散通道的消防应急照明和疏散指示系统(图 5.2.16),系统全部投入应急状态的启动时间不应大于 5 s。

7)消防线缆的选择及敷设方式

①火灾自动报警系统的供电线路、消防联动控制线路应采用电压等级不低于交流 450/750 V 的耐火铜芯电线电缆,报警总线、消防应急广播和消防专用电话等传输线路应采用阻燃或阻燃耐火电线电缆。暗敷线路采用金属管、可挠(金属)电气导管保护,并敷设在不燃烧体的结构层内,且保护层厚度不小于 30 mm;明敷线路(包括敷设在吊顶内)采用金属管、可挠(金属)电气导管或金属封闭线槽保护,并应采取防火保护措施(金属线槽、保护管表面应刷防火涂料)。

②不同电压等级的线缆不应穿入同一根保护管内,当合用同一线槽时,线槽内应用隔板分隔。广播系统线路单独穿钢管敷设。

③电气竖井内各层楼板处用相当于楼板耐火极限的不燃烧体作防火分隔。电缆托盘应刷防火涂料,所有引上引下立管均为暗设。

④火灾报警及联动控制线路沿专用托盘敷设,若与其他弱电线路合用,则应用防火隔板分隔。托盘采用封闭式托盘,并涂防火涂料。

⑤电缆托盘安装图详见标准图集 04D701-3,线槽安装图详见标准图集 96D301-1。线槽及托盘水平安装时,支架间距不大于 1.5 m;垂直安装时,支架间距不大于 2 m。电缆托盘和线槽不得在穿过楼板或墙壁处进行连接。

⑥所有穿过建筑物伸缩缝、沉降缝的管线、电缆托盘、金属线槽应设置补偿装置,做法详见标准图集 04D301-3、96D301-1。

8）接地系统分析

①本工程采用共用接地方式,利用大楼共用接地装置作为接地极,接地电阻不大于 1 Ω,施工完成后应实测,如达不到要求,应补打接地极或采取其他降阻措施。做法为:弱电机房及消防控制室内的电气和电子设备的金属外壳,机柜,机架和金属管、槽等采用等电位联结,并设置接地板,接地板与建筑接地体之间用 BV-1 × 25 mm² 铜芯塑料线作独立引下线与之相连;接地板引至各电子设备的专用接地线采用线芯截面面积不应小于 4 mm² 的铜芯绝缘导线,具体做法详见《等电位联结安装》(02D501-2)图集。消防电子设备金属外壳和支架等应做保护接地。

②过电压保护:信号线路设置浪涌保护器 SPD,连接在被保护设备信号端口上。此部分由厂家配套。

9）消防的供电系统分析

消防的供电系统情况见表 5.2.5。

表 5.2.5　消防系统供电

项　　目	火灾自动报警	消防用电设备
消防电源	消防电源按照建筑的不同规模和功能确定供电等级,消防电源供电等级由《建筑设计防火规范》(GB 50016—2014)确定	
	供火灾自动报警系统正常工作的交流电源(主电源)	供室外消防用电设备(风机、水泵等)正常工作的主电源和备用电源
主电源	主要引自电力系统的交流电源,一般电压为 220 V,频率为 50 Hz	主要引自电力系统的交流电源,一般电压为 220/380 V,频率为 50 Hz
备用电源	可采用火灾报警控制器和消防联动控制器自带的蓄电池电源或消防设备应急电源	包括电力系统电源、发电机、EPS 等
蓄电池备用电源	用蓄电池作为备用电源	
消防设备应急电源	消防设备应急电源是一种供电设备装置,其技术指标应符合《消防联动控制系统》(GB 16806—2006)的规定	
UPS 电源装置	UPS 电源装置一般由整流器、蓄电池、逆变器、静态开关和控制系统组成	

火灾自动报警系统设置交流电源和蓄电池备用电源。消防用电设备应采用消防专用的供电回路。火灾自动报警控制器和消防联动控制器的备用电源集中设置蓄电池。

5.3　电气工程建模

5.3.1　电气专业建模标准

电气专业的建模标准见表 5.3.1 ~ 表 5.3.6。

表 5.3.1 电气 BIM 建模标准——照明器具

构件类别	构件	命名规则	构件属性定义规范	实 例	
				图纸	软件
照明器具	灯具	严格按照图纸的名称定义	按照图例表进行名称定义	**双管荧光灯** （链吊,距地 2.6 m）	属性编辑器 属性名称 / 属性值 1 名称 双管荧光灯 2 类型 荧光灯 3 规格型号 2×36W COSφ≥0.9 4 可连立管根 单根 5 标高(m) 层底标高+2.6 6 系统类型 照明系统 7 配电箱信息 8 汇总信息 照明灯具(电) 9 回路编号 N1 10 是否计量 是 11 倍数 1 12 备注 13 显示样式 14 填充颜色 15 不透明度 100
	开关	严格按照图纸的名称定义	按照图例表进行名称定义	**单控双联跷板开关** （暗装,距地 1.3 m）	属性编辑器 属性名称 / 属性值 1 名称 单控双联跷板开关 2 规格型号 250V 10A 3 可连立管根 (多根) 4 标高(m) 层底标高+1.3 5 系统类型 照明系统 6 配电箱信息 7 汇总信息 开关插座(电) 8 回路编号 N1 9 是否计量 是 10 倍数 1 11 备注 12 显示样式 13 填充颜色 14 不透明度 100
	插座	严格按照图纸的名称定义	按照图例表进行名称定义	**单相二、三极插座** （暗装,距地 0.3 m）	属性编辑器 属性名称 / 属性值 1 名称 单相二、三极插座 2 规格型号 250V 10A 3 可连立管根 (多根) 4 标高(m) 层底标高+0.3 5 系统类型 动力系统 6 配电箱信息 7 汇总信息 开关插座(电) 8 回路编号 N1 9 是否计量 是 10 倍数 1 11 备注 12 显示样式 13 填充颜色 14 不透明度 100

表 5.3.2　电气 BIM 建模标准——配电箱柜

构件类别	构件	命名规则	构件属性定义规范	实　例	
				图纸	软件
配电箱柜	配电箱	严格按照图纸的名称定义	按照图纸进行名称定义,配电箱尺寸 800 mm × 1 000 mm ×200 mm	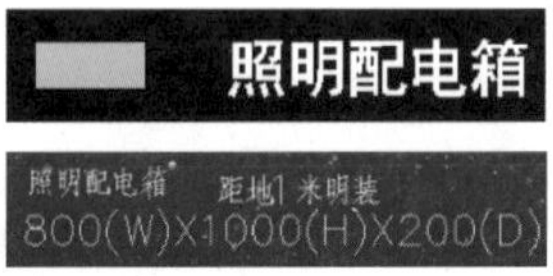 照明配电箱　距地1米明装 800(W)X1000(H)X200(D)	

表 5.3.3　电气 BIM 建模标准——附件

构件类别	构件	命名规则	构件属性定义规范	实　例	
				图纸	软件
电附件	套管	严格按照图纸的名称定义	按照图例表进行名称定义	 预留防护密闭镀锌套管	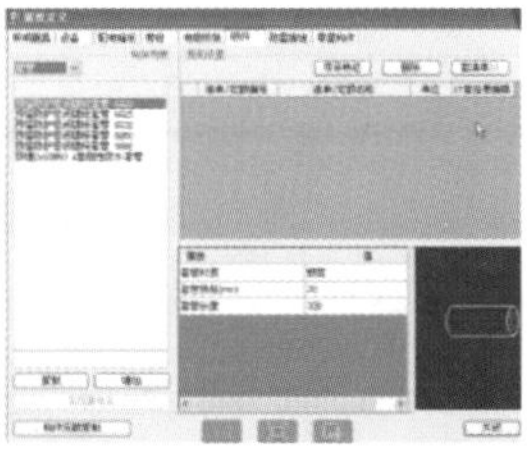
	接线盒	严格按照图纸的名称定义	按照图例表进行名称定义	 接线盒 大小：100x100mm	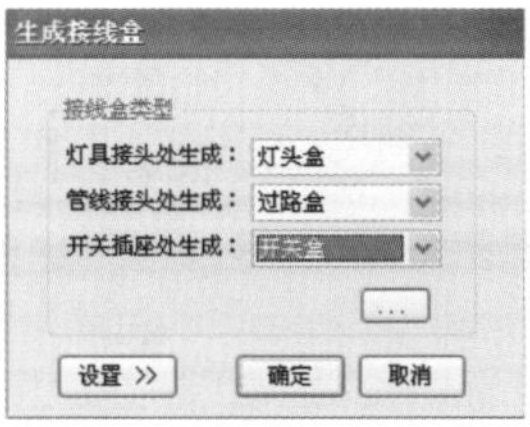

表 5.3.4　电气 BIM 建模标准——管线

构件类别	构件	命名规则	构件属性定义规范	实　例	
				图纸	软件
管线（水平）	照明管线	严格按照图纸的名称定义	按照系统图定义所需管线（注：先在照明导线下配电，然后在导管下配管，最后进行导管组合。如软件中没有所需规格，可以到材质规格表中添加）	WLZ3 BV-3X2.5-PC20-CC 照明 1.0KW	属性编辑器 属性名称　属性值 1 名称　AL1-WLZ3 2 系统类型　照明系统 3 导管材质　PC 4 管径(mm)　20 5 敷设方式　CC 6 导线规格型　BV-3*2.5 7 起点标高(m)　层顶标高 8 终点标高(m)　层顶标高 9 支架间距(mm)　0 10 汇总信息　电线导管(电) 11 备注　WLZ3 12 + 计算 17 + 配电设置 21 + 显示样式
	动力管线	严格按照图纸的名称定义	按照系统图定义所需管线。（注：必须先在电缆桥架—电缆下定义电缆，然后在管线—导线·导管下进行组合）	-4X2.5-SC25-CC 潜水泵 4.0kW	属性　值 电缆型号　YJV 阻燃等级　阻燃 电缆规格　5*25 最大单芯规格(mm2)　25
管线（垂直）	照明管线	严格按照图纸的名称定义	按照系统图定义所需管线（注：参照管线水平定义）	NHBV-3X2.5-SC20-CC 应急照明 1.0KW	属性编辑器 属性名称　属性值 1 名称　AL1-WLZ1 2 系统类型　照明系统 3 导管材质　SC 4 管径(mm)　20 5 敷设方式　CC 6 导线规格型　NHBV-3*2.5 7 起点标高(m)　层顶标高 8 终点标高(m)　层顶标高 9 支架间距(mm)　0 10 汇总信息　电线导管(电) 11 备注　WLZ1 12 + 计算 17 + 配电设置 21 + 显示样式

表 5.3.5　电气 BIM 建模标准——桥架

构件类别	构件	命名规则	构件属性定义规范	实　例	
				图纸	软件
电缆桥架	桥架（水平）	严格按照图纸的名称定义	按照图例表进行名称定义	SR(200×100) 线槽顶梁下100	属性编辑器 1 名称 QJ-5 2 系统类型 照明系统 3 桥架材质 4 宽度(mm) 200 5 高度(mm) 100 6 敷设方式 7 起点标高(m) 层顶标高-0.6 8 终点标高(m) 层顶标高-0.6 9 支架间距(mm) 10 汇总信息 电缆导管(电) 11 备注 12 计算 17 配电设置 19 显示样式 20 填充颜色 21 不透明度 60
	桥架（垂直）	严格按照图纸的名称定义	按照图例表进行名称定义	CT(400X100)	属性 值 桥架宽度(mm) 400 桥架高度(mm) 100 桥架材质 镀锌钢板 盖板 有 单节长度(mm) 2000

表 5.3.6　电气专业 BIM 模型色彩表

构件	BIM 颜色	RGB
强电桥架	蓝色	色调(E): 160　红(R): 0 饱和度(S): 240　绿(G): 0 颜色|纯色(O)　亮度(L): 60　蓝(U): 128
弱电桥架	紫色	色调(E): 200　红(R): 128 饱和度(S): 240　绿(G): 0 颜色|纯色(O)　亮度(L): 60　蓝(U): 128

5.3.2　计算设置

操作步骤：依次单击"工程设置—常用"，在功能包中单击"计算设置"命令，将显示"计算设置"界面（图 5.3.1），对设置值进行校核修改。

1）说明

①电缆的预留长度设置可按电缆敷设弛度、波形弯度、交叉的预留长度，电缆进入建筑物的预留长度，电力电缆终端头的预留长度，电缆进控制、保护屏及模拟盘等预留长度，高压开关开展及低压配电盘、箱的预留长度，电缆至电动机的预留长度，电缆至厂用变压器的预留长度这 7 种进行手动调整。

②导线预留长度包括导线进出各种开关箱、屏、柜、板及管内穿线与软硬母线连接时的预留长度。

图 5.3.1　计算设置属性图

③硬母线配置安装预留长度包括带形、槽形母线终端,带形母线与设备连接,多片重型母线与设备连接,槽形母线与设备连接的预留长度。

④管道支架计算个数可以按 3 种算法(四舍五入、向上去整、向下去整)计算。

⑤电线保护管生成接线盒可分为有无弯曲及弯曲个数按长度设置间隔个数。

⑥超高的计算方法按起始值以上部分计算超高或全部计算超高进行选择设置。

⑦电缆生成穿刺线夹功能的规则是根据设置的直线与干线的距离值来判断的。

2)设计说明信息设置

操作步骤如下:依次单击"工程设置—常用",在功能中单击"设计说明信息"命令,可以对设计说明信息中的内容进行编辑(图 5.3.2)。

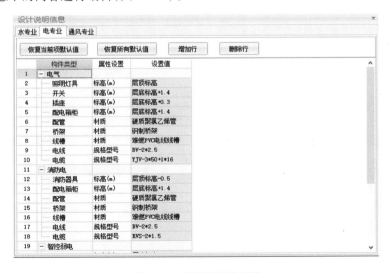

图 5.3.2　设计说明信息图

①对应构件类型的属性设置"条件属性",有对应的属性值"结果属性"。

②新建对应构件类型的构件时会自动匹配"结果属性"中的属性值,且属性值为非空值表达式的属性,不会随条件属性的修改而联动。

③通过"增加行"可以新增属性行,通过"删除行"可以删除新增的属性行,但不能删除默认属性行。

5.3.3 识别设备

1)识别墙体

电气管线计算时,若遇到靠墙的设备或开关等,是需要计算到墙中心线的,因此在识别设备前首先需要识别建筑墙体。在"绘图输入"中选中"建筑结构"下的"墙",然后单击"自动识别"按钮,对"墙"的 CAD 线进行自动识别,随后生成系统能够识别的墙,同样在属性窗口修改墙体属性,如墙体厚度等。

2)强电设备识别

识别方式如下:先识别材料表,再执行此功能操作,信息则可以和材料表里的信息智能关联,比如名称、规格型号、距地高度等。

识别步骤如下:

①识别材料表,如图 5.3.3 所示。

图 5.3.3 识别强电材料表

②在点式构件常用选项卡—"识别/绘制"功能组中可以找到"材料表"按钮,单击该按钮。

③触发识别以后,弹出构件属性定义窗口。设备图例只显示当前楼层的设备块图元。对应

构件、构件名称、规格型号、类型、标高等,会自动匹配刚才已经识别的材料表里的信息。

【注意】

一般灯具都是只连接单立管,插座可连接多立管。识别时,可将下方配电箱删除,不建议在这里识别,需要对照CAD图纸修改里面的构件名称、规格型号、类型、标高等。

3)强电图例识别

操作步骤如下:

①如需识别双管荧光灯(图5.3.4),则在左边"绘图"输入下找到"电气"下的"照明灯具"。

图5.3.4 识别强电构件表——定义单管荧光灯构件

②单击"图例识别",点选灯具,单击鼠标右键弹出构件列表,在构件列表中找到单管荧光灯(构件列表里面的灯具就是前面通过材料表识别出来的);此外,构件也可以直接新建,如图5.3.5所示。对照构件下方图例(左边是材料表图例,右边是所选材料的图例),查看修改属性值(比如系统类型、回路编号等)。

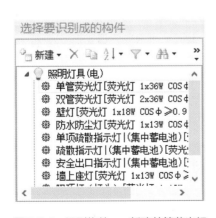

图5.3.5 识别构件——新建单管荧光灯

图5.3.6 识别构件——定义单管荧光灯属性图

③在属性的图例里可以设置连接点,表示在识别管线时在该设备处即刻生成立管连接,如图5.3.6所示。

④单击"确定",设备个数就算出来了,如图5.3.7所示。

其余强电设备(插座、开关)用上述的方法一一识别,严格按照图纸对构件位置进行精确定位,可运用转化设备命令批量点数构件数量,标高按照图例表中进行设置。注意插入点的选取要靠墙边或墙内中心线,标高参照图纸要求。

4)综合布线设备识别

识别方式:先识别弱电材料表(见表5.3.7),再执行此功能操作,信息则可以和材料表里的信息智能关联,如名称、规格型号、距地高度等。

图5.3.7 识别单管荧光灯数量图

表5.3.7 弱电材料表

图 例	名 称	型号、规格	安装方式及高度	备 注
▭	消防报警控制柜		落地安装	
B	消防报警控制盘		明装 底距地1.3 m	
S	感烟探测器		吸顶安装	
⊡	手动报警按钮(带电话插口)		明装 底距地1.5 m	
⚠	组合声光报警装置		明装 底距地2.2 m	
⌂	报警电话		时装 底距地1.2 m	
⊻	消火栓启泵按钮		明装 底距地1.1 m	
C	控制模块		明装 底距地2.2 m	
S	检测模块		明装 底距地2.2 m	
/	水流指示器			
⋈	信号蝶阀		位置见给排水专业图在设备上方顶板上设接线盒,再用金属软管引到设备出线口	
⌀70°	70°防火阀			
P	压力开关			
▶◀	70 ℃防火阀			
✕	280 ℃防火阀		位置见暖通专业图在设备上方顶板上设接线盒,再用金属软管引到设备出线口	
⊠SE	排烟口			
⊞	报警控制器		落地安装	
C	消除模块箱		明装 底距地2.2 m	
XFZ	消防装接箱		明装 底距地1.5 m	
TV	电视终端插座		明装 底距地0.3 m	
TP	电话终端插座		主卫 明装 底距地1.0 m 其他 明装 底距地0.3 m	

续表

图　例	名　　称	型号、规格	安装方式及高度	备　注
TO	双口信息终端插座		明装,底距地 0.3 m	
TB	对讲室内机盒	146 盒	暗装　底距地 1.2 m	
HJ	紧急呼叫按钮		明装　底距地 0.5 m	
	读卡器接线盒	86 盒	暗装　底距地 1.2 m	
EL	电控门锁接线盒	86 盒	暗装　门上 200 mm	

操作步骤如下:

①识别材料表。

②在点式构件"常用"选项卡—"识别/绘制"功能组中可以找到"材料表"按钮,左键单击该按钮。

图 5.3.8　识别弱电材料表

【注意】
　　对照表 5.3.7 中 CAD 图纸材料表修改里面的参数,并去掉多余项。注意修改对应构件里的参数,如图 5.3.8 所示。

弱电图例(电话、电视、网络图例)识别步骤(以识别网络插座为例):

①在左边绘图输入下找到"电气"下的"智控弱电"中的"弱电器具",如图 5.3.9 所示。

②单击"图例识别",然后单击图纸中的"网络插座",单击右键弹出构件列表。在构件列表中找到"网络插座"(构件列表里面的灯具就是前面通过材料表识别出来的);此外,构件也可以直接新建,如图 5.3.10 所示。对照构件下方图例(左边是材料表图例,右边是刚才选择的图

图 5.3.9　识别弱电构件表——定义电视插座构件

例），查看修改属性值（如系统类型、回路编号等）。

③在属性的图例里可以设置连接点，即在识别管线的时候在该设备处生成立管连接，如图 5.3.11 所示。

④单击"确定"，设备个数就算出来了，如图5.3.12所示。

图 5.3.10　识别构件——新建网络插座

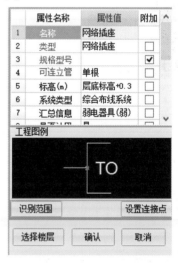

图 5.3.11　识别构件——定义网络插座属性图

其余电话和电视与上面的识别方式相同。

5) 火灾自动报警设备识别

①如需识别探测器,则在左边"绘图"输入下找到"电气"下的"消防"中的"消防器具"或"消防设备",如图5.3.13所示。

②单击"图例识别",单击图纸中的感烟探测器,弹出构件列表,在构件列表中找到"感烟探测器"(构件列表里面的灯具就是前面通过材料表识别出来的);此外,构件也可以直接新建,如图 5.3.14 所示。对照构件下方图例(左边是材料表图例,右边是刚才选择的图例),查看修改属性值(如系统类型、回路编号等)。

图 5.3.12　识别网络插座数量图

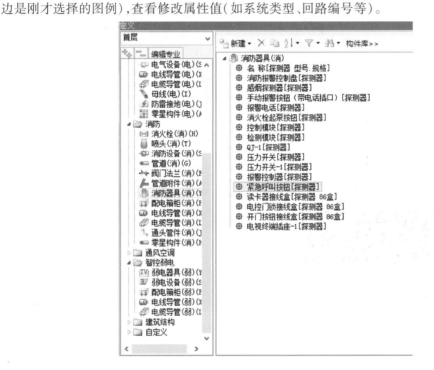

图 5.3.13　识别弱电构件表——定义紧急呼叫按钮构件

③在属性的图例里可以设置连接点,即在识别管线的时候在该设备处生成立管连接,如图5.3.15 所示。

图 5.3.14　识别构件——新建感烟探测器

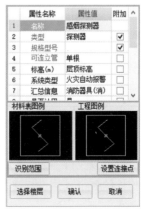

图 5.3.15　识别构件——定义感烟探测器属性图

④单击"确定",设备个数就算出来了,如图 5.3.16 所示。

其余火灾自动报警器具的识别使用上述方法也可设置。如果"消防器具"里没有,可在左边"绘图"输入下的"电气"下的"消防"中的"消防设备"中寻找。

组合声光报警装置的识别如图 5.3.17 ~ 图 5.3.19 所示。

图 5.3.16 识别感烟探测器数量图

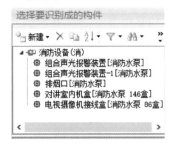

图 5.3.17 识别构件——组合声光报警装置

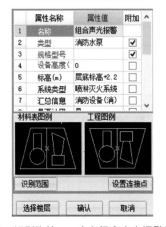

图 5.3.18 识别构件——定义组合声光报警器属性图

图 5.3.19 识别组合声光报警器数量图

5.3.4 配电系统设置

1)配电箱设备设置

操作步骤如下:

①在"绘图输入"模块—"常用"页签—"识别/绘制"功能中单击"系统图"命令(图 5.3.20)。

②通过提取图纸中的配电箱名称和尺寸可以快速建立配电箱构件(图 5.3.21)。

【注意】

在图 5.3.21 属性值中修改"宽度"为"800"、"高度"为"1 200"、"厚度"为"200",敷设方式为"明装"。修改好后读取系统图,再单击鼠标左键框选回路信息。

③触发"读系统图"功能,框选配电箱的系统图可以快速读取回路构件的信息并添加至回路构件区域。如图 5.3.22 所示的框选区域,图中仅框选了部分回路,应该框选所有出线回路。当电气系统图不规范时,可以执行"追加读取系统图"来分步进行系统图的识别;当识别动力系统图时,支持对回路构件的各个属性进行逐列识别,以达到快速建立回路构件的需求。

照明配电箱　距地 1 m 明装
800(W)×1000(H)×200(D)

AL1	L1	BMN-32 16A	WLZ1	NHBV-3×2.5-SC20-CC	应急照明 1.0 kW
	L2	BMN-32 16A	WLZ2	NHBV-3×2.5-SC20-CC	疏散指示 1.0 kW
	L3	BMN-32 16A	WLZ3	BV-3×2.5-PC20-CC	照明 1.0 kW
	L1	BMN-32 16A	WLZ4	BV-3×2.5-PC20-CC	照明 1.0 kW
	L2	BMN-32 16A	WLZ5	BV-3×2.5-PC20-CC	照明 1.0 kW
	L3	BMN-32 16A	WLZ6	BV-3×2.5-PC20-CC	照明 1.0 kW
	L1	BMN-32 16A	WLZ7	BV-3×2.5-PC20-CC	照明 1.0 kW
	L2	BMN-32 16A	WLZ8	BV-3×2.5-PC20-CC	照明 1.0 kW

图 5.3.20　AL1 系统图（仅截图部分回路图）

图 5.3.21　提取配电箱图

④通过"添加""插入""删除""复制""粘贴"等功能可以快速对回路构件进行编辑,如图 5.3.23 所示。

⑤根据属性末端负荷的对应关系,在界面右侧生成构件的配电系统树,单击配电系统树中的各节点名称可以定位至左侧的配电箱构件,并可查看配电箱对应的回路构件信息,如图 5.3.24 所示。

同时可以通过修改配电树表中的颜色进行区分。

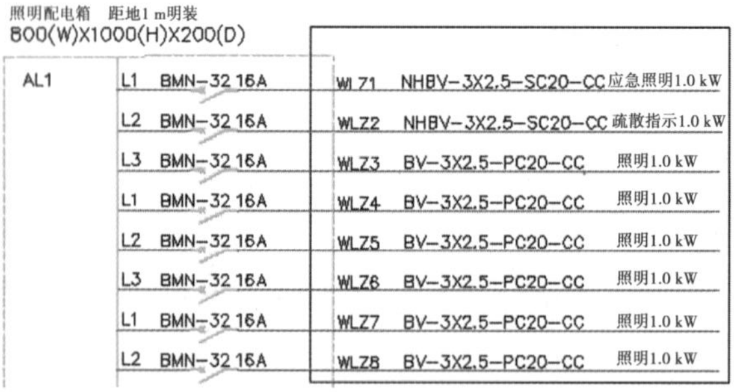

照明配电箱 距地1m明装
800(W)X1000(H)X200(D)

图 5.3.22 框选配电箱图（应框选所有出线回路）

图 5.3.23 配电系统——属性设置图

图 5.3.24 配电系统——配电系统树设置图

⑥触发"高级设置"功能可以设置回路构件的命名方式,默认是"配电箱信息＋回路编号",如图 5.3.25 所示。

图 5.3.25　配电系统——高级设置图

2）配电箱设备识别

识别前先找到 CAD 图纸中的配电箱,识别过程同上述识别强、弱电材料一致,如图 5.3.26 ~ 图 5.3.28 所示,这里不再赘述。

图 5.3.26　识别构件——照明
配电箱装置

图 5.3.27　识别构件——定义
照明配电箱属性图

图 5.3.28　识别照明
配电箱数量图

【注意】

这里出现了问题:同一层只有一个 AL1 配电箱,不可能出现两个。这是因为在首层插座平面图和首层照明平面图中同时出现了 AL1,这就需要去修改。在常用工具栏中找到选择项,单击图纸中首层插座平面图的 AL1 配电箱,在属性中"是否计量"处修改为"否",如图 5.3.29 所示。

图 5.3.29　属性编辑器图

5.3.5 桥架的建立

1)自动识别桥架

第一步:在"绘图输入"模块—"常用"页签—"识别/绘制"功能中单击"识别桥架"命令。

第二步:用鼠标左键点选"桥架/线槽"的两边边线,单击右键确认。

桥架图纸的识别和新建如图 5.3.30、图 5.3.31 所示。

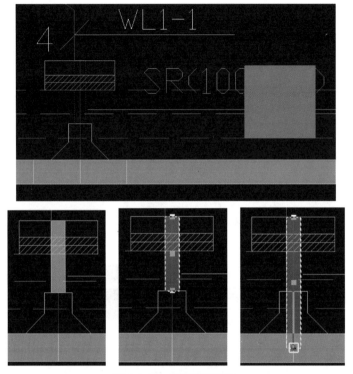

图 5.3.30 识别图纸桥架

图 5.3.31 识别图纸——新建桥架

第三步:按照标识规格尺寸、图纸上桥架走向自动生成桥架图元。

【注意】

　　当存在部分桥架没有找到标注的情况,软件按照桥架线宽、高度为 200 mm 生成桥架图元,请注意按实际修改属性。高度改为"100",起点标高和终点标高改为"层顶标高 -0.6"(查看图纸),如图 5.3.32 所示。

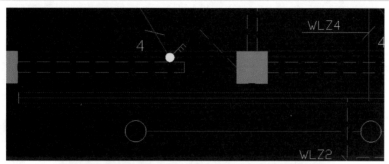

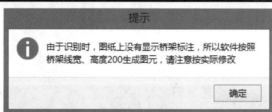

图 5.3.32　识别桥架——定义

2)手动识别桥架

①在"新建"中选择"新建桥架",修改桥架属性,如图 5.3.33 所示。

②选择"直线"命令,采用"手工绘制桥架"命令,单击起点和端点两个端点,绘制出一段水平桥架,如图 5.3.34 所示为起点—终点水平桥架部分。

图 5.3.33　识别图纸——修改桥架属性

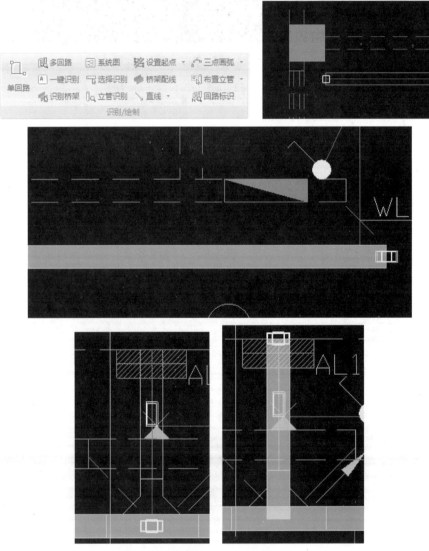

图 5.3.34　手工绘制桥架图(一)

③在"绘图输入"模块—"常用"页签—"识别/绘制"功能中单击"桥架配线"命令,选择需要配线的起点处桥架,如图5.3.35所示的竖直桥架部分。

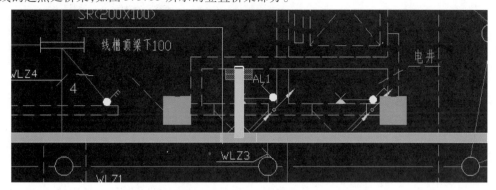

图5.3.35　手工绘制桥架图（二）

④选择需要配线的终点处桥架,此时需要配线的连通桥架体系呈现亮绿色显示（图5.3.36）。

图5.4.36　手工绘制桥架图(三)

⑤检查路径是否正确,可以通过反向选择桥架来编辑桥架配线路径。

⑥单击鼠标右键,弹出选择构件的窗口,在窗口上方选择需要配线的构件,下方可以输入配线的根数,单击"确定"即可。

5.3.6　识别管线

1)一键识别

①在电气专业电缆导管构件类型下,在"绘图输入"模块—"常用"页签—"识别/绘制"功能中单击"一键识别"命令,触发"一键识别"功能,切换到"动力系统",可以查看根据配电箱信息和末端负荷组成的系统树,如图5.3.37所示。

②双击"节点"进行路径的反查,反查到的路径亮绿色显示,也可以实现跨楼层反查路径;针对反查到的路径,可以使用鼠标左键进行点选,编辑路径,用右键确认,对应节点变成绿色,代表已经过反查确定,如图5.3.38所示。

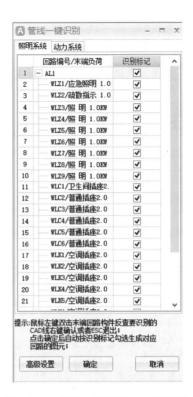

图 5.3.37 识别电线导管——定义电线导管　　图 5.3.38 管线一键识别——照明系统

2) 手动识别

没有连接的管线可以通过下列操作,用"选择识别"的方式或者直线的方式手动绘制,如图 5.3.39 所示。

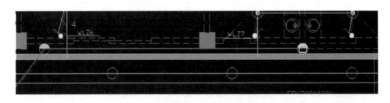

图 5.3.39 管线手动绘制

①选择识别管线。

②检查是否存在连线上的错误,手工删除后再利用直线连接修改,如图 5.3.40、图 5.3.41 所示的管线修改前后对照图,通过检查和多次修改,最终得到完整的管线绘制图(图 5.3.42)。

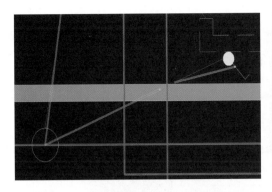
图 5.3.40 管线手动绘制图（修改前）

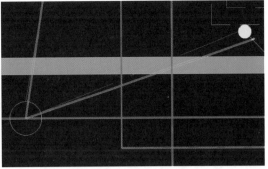
图 5.3.41 管线手动绘制图（修改后）

图 5.3.42 管线绘制图（局部）

生成之后桥架里还没有线，那么如何生成桥架里的线呢？设置步骤如下：

①设置起点。图 5.3.42 中分出来的配电箱 AL1 等的管线都是从 AL1 或 AL1-1 中分出来的，所以要在 AL1 等位置设置起点，如图 5.3.43 所示。找到设置起点，单击 AL1 等所有的配电箱。绘制立管部分：选择起点，然后选择和桥架相连的管道，如图 5.3.44 箭头所示，单击鼠标右键，在弹出的"选择起点"对话框中选择起始点的位置，用绿色标示线缆路径。

图 5.3.43 配电箱立管设置图

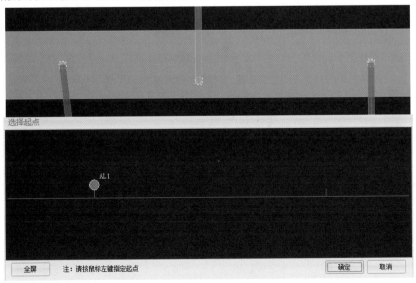
图 5.3.44 管线检查图（局部）

②单击"确定"按钮后,系统自动按识别标记勾选,进行图元的生成。生成结果为:桥架内配裸线,CAD 按照系统设置中对应构件生成图元。

③生成图元后的系统节点会变为蓝色,通过颜色的变化可以核查是否需要生成图元的回路节点都生成了图元,双击蓝色的节点可以反查该回路生成的图元。

> 【注意】
>
> a.图元生成操作参考 CAD 识别选项中的设置。
>
> b.由于电气动力系统管线的设计方式很多,目前软件解决了配电箱之间通过桥架(可以跨层)、CAD 线与桥架组合(可以跨层)、纯 CAD 线三种场景进行连接的问题,其他场景可通过软件的"选择起点""桥架配线"等功能实现。

5.3.7　识别防雷接地构件

1)识别避雷针

识别避雷针操作的步骤如下:

①在电气专业防雷接地类型下的"绘图输入"模块—"常用"页签—"识别/绘制"功能中单击"防雷接地"命令,弹出如图 5.3.45 所示的窗体,在窗体中有避雷针、避雷网、避雷网支架、避雷引下线、均压环、接地母线、接地极、筏基接地、等电位端子箱、辅助设施等构件,选择"避雷针"。

构件类型	构件名称	材质	规格型号	起点标高(m)	终点标高(m)
避雷针	避雷针	热镀锌钢管		层底标高	
避雷网	避雷网	圆钢	10	层底标高	层底标高
避雷网支架	支架			层底标高	
避雷引下线	避雷引下线	扁钢	40*4	层底标高	层底标高
均压环	均压环	扁钢	40*4	层底标高	层底标高
接地母线	接地母线	扁钢	40*4	层底标高	层底标高
接地极	接地模块	镀锌角钢			
筏基接地	筏板基础接地				
等电位端子箱	总等电位端子箱	铜排	160*75*45	层底标高+0.3	
等电位端子箱	局部等电位端子箱	铜排	160*75*45	层底标高+0.3	
辅助设施	接地跨接线	圆钢		层底标高	

图 5.3.45　防雷接地图例识别

②通过单击图 5.4.46 所示的右上角"复制构件"按钮可以进行构件的复制;通过"删除构件"功能可以进行构件的删除(默认构件不允许删除)。

构件类型	构件名称	材质	规格型号	起点标高(m)	终点标高(m)
避雷针	避雷针	热镀锌钢管		层底标高	
避雷针	避雷针-1	热镀锌钢管		层底标高	

图 5.3.46　防雷接地避雷针识别

③识别或绘制防雷接地构件图元。单击"回路识别",用鼠标左键选择要识别的避雷网线段,单击右键确认,完成识别。

避雷网支架的识别绘制通过单击"绘制"或者"图例识别"来确定。

2)识别接地母线

①在电气专业防雷接地类型下的"绘图输入"模块—"常用"页签—"识别/绘制"功能中单击"防雷接地"命令,弹出如图 5.3.45 所示的窗体,然后选择"接地母线"。

②通过"复制构件"功能按钮可以进行构件的复制;通过"删除构件"功能可以进行构件的删除(默认构件不允许删除)。

③识别或绘制防雷接地构件图元。单击"直线绘制"或"回路识别",选择需要识别的接地母线,单击右键确认,完成识别。

3)识别避雷引下线

①单击"识别引下线"功能按钮,防雷接地窗体消失,在绘图区选中"避雷引下线"图例(图 5.3.47);

②单击鼠标右键,在"立管标高设置"窗体中输入避雷引下线的标高(图 5.3.48),确定后弹出识别到的避雷引下线数量的提示窗口(图 5.3.49);

③再次确定后在绘图区与该避雷引下线图例一致的圆圈位置处生成避雷引下线,如图 5.3.50 所示。

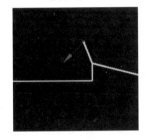

图 5.3.47　防雷接地
避雷引下线图例

图 5.3.48　立管标高设置

图 5.3.49　识别避雷引下线数量

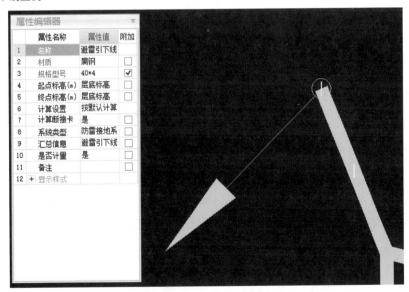

图 5.3.50　避雷引下线属性编辑

5.3.8 汇总计算、工程量

操作步骤如下:

①绘图区域上方的"汇总计算",可以分别选择计算各个楼层工程量,也可以同时选择本工程所有的工程量。在此列举选择首层工程量统计,如图5.3.51所示。

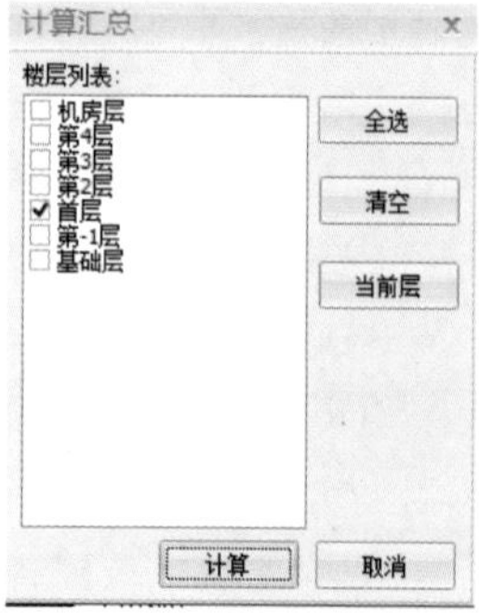

②单击"查看工程量"按钮,查看某一段管线或某个设备的工程量。先选中这些图元,在下方显示结果。如在选中的管道下方,可查看导管工程量、线缆工程量、工程量清单、支架、线缆端头。

③单击"分类查看工程量",可以按电线导管、照明灯具、开关插座、配电箱柜、防雷接地等不同条件进行汇总,如图5.3.52所示选择电线导管进行汇总。

在"工程量"下面找到"分类查看工程量"按钮。

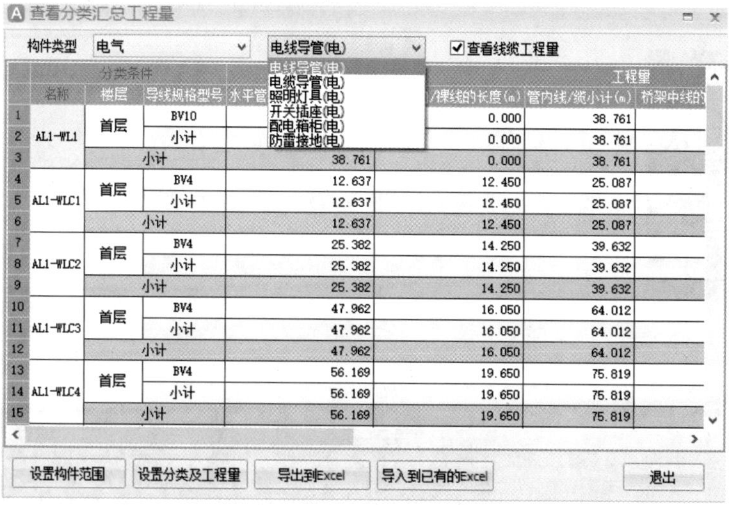

图5.3.51 汇总首层计算

图5.3.52 电线导管汇总

在"构件类型"中还可以选择"电气""消防""弱电"等类型进行分类查看。

在"电气"类型里可以分类查看"电线导管""电缆导管""照明灯具""开关插座""配电箱柜""防雷接地"等。

5.3.9 报表预览

软件可输出构件图元工程量报表(图5.3.53),以满足报表的属性可配置需求,精简各专业报表数量。软件支持载入、载出报表模板,支持通过报表反查以实现动态对量的需求。

图 5.3.53　电线导管汇总报表

第6章　给水排水工程建模技术

6.1　给水排水工程基础知识

6.1.1　室内给水系统

1)室内给水系统的分类

室内给水系统的任务是将城市供水管网(或者自备水源管网)中的水通过管道和加压设备输送到各个用水设备和用水点,以满足居民生活、生产和消防的要求。室内给水系统分为生活给水系统、生产给水系统和消防给水系统。

2)室内给水系统的组成

一般情况下,室内给水系统由引入管、水表节点、给水管道、配水龙头、用水设备、给水附件、加压和贮水设备、给水局部处理设施组成。如图6.1.1所示即为某住宅的室内给水系统。以下仅简单介绍引入管和水表节点。

(1)引入管

对一幢单独建筑物而言,引入管是穿过建筑物承重墙或基础,自室外给水管将水引入室内给水管网的管段,也称为进户管。对于一个工厂、一个建筑群体、一所学校,引入管是指总进水管。

(2)水表节点

水表节点是指引入管上装设的水表及其前后设置的阀门、泄水装置的总称。阀门用以修理和拆换水表时关闭管网;泄水装置主要用于系统检修时放空管网、检测水表精度及测定进户点压力值。为了使水流平稳流经水表,确保其计量准确,在水表前后应有符合产品标准规定的直线管段。

水表及其前后的附件一般设在水表井中,如图6.1.2所示。温暖地区的水表井一般设在室外,寒冷地区为避免水表冻裂,可将水表设在采暖房间内。

3)常见的给水方式

为了保质保量地完成城市供水工作,需要通过多种方式进行给水。常见的给水方式有:直接给水方式;设水泵的给水方式;设水箱的给水方式;设水箱、水泵的联合给水方式;竖向分区给水方式;气压给水方式。

给水方式是指建筑内部给水系统的供水方案,是根据建筑物的性质、高度、配水点的布置情况以及室内所需水压、室外管网水压和水量等因素而决定的给水系统的布置形式。

【注意】

考虑到经济和技术等综合原因,高层建筑采用竖向分区供水时,部分楼层的压力过大,此时管道中会设置减压阀。

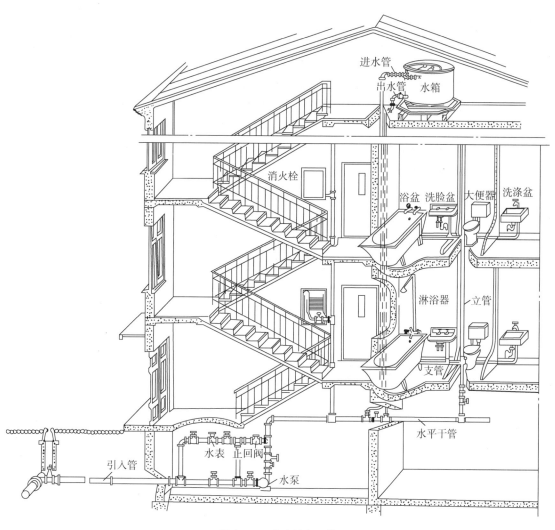

图 6.1.1　室内给水系统

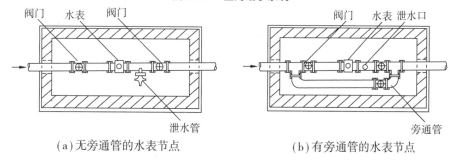

（a）无旁通管的水表节点　　　　　　　（b）有旁通管的水表节点

图 6.1.2　水表节点

6.1.2　建筑排水工程系统识图

1）建筑排水系统简介

建筑排水工程的主要任务是把建筑室内的生活污水、生活废水、工业生产废水以及屋面雨水收集并排出室外。

建筑排水系统按照排水体制分为分流制和合流制。

①分流制:针对各种污水分别设单独的管道系统进行输送和排放的排水体制。

②合流制:在同一排水管道系统中可以输送和排放两种或两种以上污水的排水体制。

对于居住建筑和公共建筑,排水体制具体是指粪便污水与生活废水的合流与分流;对于工业建筑,排水体制具体是指生产污水和生产废水的合流与分流。

2)建筑排水系统的组成

室内排水系统一般由卫生器具、排水横支管、立管、排出管、通气管、清通设备及某些特殊设备等组成,如图6.1.3所示。

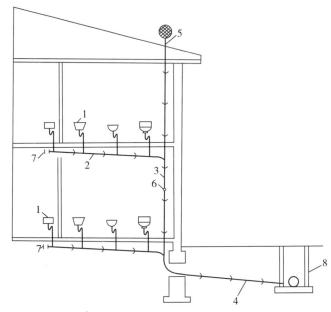

图6.1.3　建筑排水系统

1—卫生器具;2—横支管;3—立管;4—排出管;5—通气管;
6—检查口;7—堵头(可代替清扫口);8—检查井

3)清通设备

为了便于疏通排水管道,需要在排水系统内设检查口、清扫口和检查井。

(1)检查口

检查口设在排水立管及较长的水平管段上,如图6.1.4所示为带有螺栓盖板的短管,用作检查口。其安装规定除在建筑物的底层和最高层必须设置外,其余每两层设置一个,当排水管采用UPVC管时,每6层设置一个,检查口的设置高度一般距地面1.0 m。

(2)清扫口

当悬吊在楼板下面的污水横管上有两个及以上的大便器或三个及以上的卫生器具时,应在横管的起端设置清扫门,如图6.1.5所示。

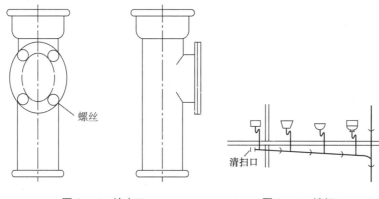

图6.1.4　检查口　　　　　图6.1.5　清扫口

（3）检查井

检查井一般设置在室外,但是对于不散发有毒气体或大量蒸汽的工业废水的排水管道,在管道拐弯、变径处和坡度改变及连接支管处的检查井,可在建筑物内设置。

4）特殊设备

（1）污水抽升设备

在工业与民用建筑的地下室等地下建筑物中,污(废)水不能自流排至室外排水管道,需设置水泵和集水池等局部抽升水泵,将污(废)水抽送到室外排水管道中去。

（2）污(废)水局部处理设备

建筑物排出的污(废)水不符合排放要求时,可以进行局部处理,如用沉淀池除去成团物质,用隔油池回收油脂,用中和池中和酸碱性,用消毒池灭菌消毒等。

6.1.3　建筑消防给水系统

建筑消防给水系统主要分为室内消火栓给水系统、自动喷水灭火系统等。

1）室内消火栓给水系统

（1）组成

室内消火栓给水系统主要由室内消火栓、水带、水枪、消防卷盘(消防水喉设备)、水泵接合器,以及消防管道(进户管、干管、立管)、水箱、增压设备、水源等组成。如图6.1.6所示即为某消火栓给水系统。

①消火栓:室内消火栓分为单阀和双阀两种。单阀消火栓又分单出口和双出口两种;双阀消火栓为双出口。在低层建筑中单阀单出口消火栓较多采用,消火栓口直径有 DN50、DN65 两种,双出口消火栓直径为 DN65,消火栓进口端与管道相连接,出口与水带相连接。

②水泵结合器:当建筑物发生火灾、室内消防水泵不能启动或流量不足时,消防车可由室外消火栓、水池或天然水源取水,通过水泵结合器向室内消防给水管网供水。

（2）给水方式

室内消火栓给水系统的给水方式分为三种:无水泵、水箱的室内消火栓给水系统;仅设水箱的室内消火栓给水系统;设有消防水泵和水箱的室内消火栓给水系统。

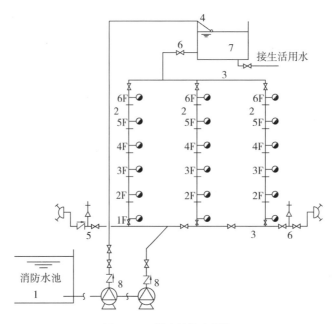

图 6.1.6　消火栓给水系统

1—消防水池;2—消火栓竖管;3—消火栓干管;4—浮球;
5—水泵结合器附件;6—闸阀;7—高位水箱;8—消防水泵

2）自动喷水灭火系统

（1）湿式自动喷水灭火系统

①系统介绍:用于环境温度不低于 4 ℃且不高于 70 ℃的高层建筑、医院、办公楼、仓库、车库、地下工程等场所。该系统由闭式洒水喷头、水流指示器、湿式报警阀组以及管道和供水设施等组成,准工作状态时管道内充满用于启动系统的有压水。

②工作原理:当保护区域内发生火灾时,温度升高致使闭式喷头玻璃球炸裂,喷头开启,喷水。这时湿式报警阀系统侧压力降低,供水压力大于系统侧压力（产生压差）,使阀瓣打开（湿式报警阀开启）。一路压力水流向洒水喷头,对保护区洒水灭火,同时水流指示器报告起火区域;另一路压力水通过延迟器流向水力警铃,发出持续铃声报警,报警阀组或稳压泵的压力开关输出启动供水泵信号,完成系统启动。系统启动后,由供水泵向开放的喷头供水,开放喷头按不低于设计规定的喷水强度均匀喷水,实施灭火。

（2）干式自动喷水灭火系统

①系统介绍:用于环境温度低于 4 ℃或高于 70 ℃的场所,如北方地区、冷库、蒸汽机房等。系统由闭式洒水喷头、水流指示器、干式报警阀组以及管道和供水设施等组成,而且配水管充满用于启动系统的有压气体。

②工作原理:当保护区域内发生火灾时,温度升高致使闭式喷头玻璃球炸裂,喷头开启,释放压力气体。这时干式报警阀系统侧压力降低,供水压力大于系统侧压力（产生压差）,使阀瓣打开（干式报警阀开启）。一路压力水流向洒水喷头,对保护区洒水灭火,水流指示器报告起火区域;另一路压力水通过延迟器流向水力警铃,发出持续铃声报警,报警阀组或稳压泵的压力开关输出启动供水泵信号,完成系统启动。系统启动后,由供水泵向开放的喷头供水,开放喷头按不低于设计规定的喷水强度均匀喷水,实施灭火。

6.2　给水排水工程及消防工程图纸分析

6.2.1　给水排水工程图识图基础

给水排水工程图是建筑工程图的组成部分,按照范围不同分为室内给排水工程图和室外给排水工程图。

室内给排水工程图又称为建筑给排水工程图。室内给水系统的任务是将城镇给水管网或自备水源给水管网的水引入室内,经配水管送至室内各种卫生器具、用水嘴、生产装置和消防设备中,并满足用水点对水量、水压和水质的要求。排水系统的任务是将建筑物内部人们日常生活和生产过程中所产生的污(废)水以及降落在屋面上的雨雪水及时收集起来,通过室内排水管道排到室外排水管道中去,以保证人们的正常生活和生产。

给排水工程图一般包括给排水平面图、系统图、屋面雨水平面图、剖面图及详图。识图过程:首先应该通过平面图看懂工程中给排水服务范围,从哪几个地方引水,如何在建筑平面内走线;然后再看系统原理图,了解整个管路情况;最后分层看平面图,对照着系统原理图看。

管道平面图表明建筑物内给排水管道、用水设备、卫生器具、污水处理设施构筑物等的各层平面布置。管道平面图主要包括:建筑物内各用水房间的管道平面分布情况;用水设备等的类型、平面布置和尺寸;工程中各种给排水管道的位置、走向及管径;各种附件。

系统图主要表明管道的立体走向,以及各个用水设备的空间布置情况。通过对系统图的识读,可以更加全面地认识建筑物给排水系统的工作方式。

详图主要用于表示用水设备和附属设备的安装、连接,以及管道局部节点的详细构造。识读详图对于计量的准确性有重要意义。

6.2.2　给水排水工程图的基本规定

1)标高

标高分为绝对标高和相对标高两种。

①标高的尺寸单位为 m,一般宜注写到小数点后 3 位。

②室内工程应标注相对标高,与总图各专业标高一致。

2)管径

①管径应以 mm 为单位。

②管径的表达方法应符合下列规定:

a.水煤气输送钢管、铸铁管等,管径一般以公称直径 DN 表示(如 DN50、DN15);

b.无缝钢管、焊接钢管、铜管等,管径一般用外径 $D×壁厚$ 表示(如 $D108×4$);

c.钢筋混凝土管(或混凝土管)、陶土管、耐酸陶瓷管等,管径一般用内径 d 表示;

d.塑料管宜按产品标准的方法表示,如 PE63 表示外径为 63 mm 的 PE 管。

3)编号

当建筑物的给水引入管、排出管、穿越楼层的立管以及给排水附属构筑物的数量超过 1 根(个)时,宜进行编号。

①给水构筑物的编号顺序宜为:从水源到干管,再从干管到支管,最后到用户。

②排水构筑物的编号顺序宜为:从上游到下游,先干管后支管。

4）常用管道及附件

①给水管道：金属管主要有铸铁管、钢管；非金属管主要有预应力钢筋混凝土管、玻璃钢管、塑料管（PE 管、PPR 管等）。

②排水管道：金属管主要有铸铁管、钢管；非金属管主要有塑料管（PVC 管、UPVC 管等）；用于排除雨水、污水的管道还有混凝土管和钢筋混凝土管。

5）给水管网附件

①阀门：用来调节管线中的流量或水压。

②止回阀：限制压力管道中水流朝一个方向流动。

③排气阀和泄水阀：在管线隆起部分或者立管顶部末端安装排气阀，用于排除从水中释放出的空气；在管线最低点安装泄水阀，用于排除水管中的沉淀物及检修时放空水管内存水。

④倒流防止器：是一种采用止回部件组成的可防止给水管道水倒流的装置。

⑤管道伸缩器：也称为伸缩节，是管道连接过程中对由于热胀冷缩引起的尺寸变化给予补偿的连接件。管道伸缩器最常用的有两种：一种是橡胶管道伸缩器，另一种是金属管道伸缩器。

⑥消火栓：分为地上式和地下式两种。

6）给水管网附属构筑物

①阀门井：管网中的附件一般应安装在阀门井内。

②支墩：承接式接口的管线，在弯管处、三通处、水管的盖板上以及缩管处，都会产生拉力，接口可能因此松动脱节而致管线漏水，在此部位应设置支墩。

③管线穿越障碍物：给水管线通过铁路、公路和河谷时，必须采用安全防护措施。

④调节构筑物：用来调节管网内的流量的构筑物，分为水塔和水池。

6.2.3 图纸目录

图纸目录包括序号、图纸编号、图纸名称、张数、图纸规格、备注等。本工程图纸作教学使用，仅保留了图纸编号和图纸名称等重要信息，见表6.2.1。从该工程的图纸目录中，我们可以看到给排水部分的图纸设计内容，水施-01、水施-02、水施-03……水施-12，分别表达了广联达办公楼外线平面图、给排水设计说明（一）、给排水设计说明（二）……屋顶平面图的设计内容以及相应的图纸顺序。

表6.2.1 给排水图纸目录

序 号	图纸编号	图纸名称
1	ML-01	图纸目录
2	水施-01	广联达办公楼外线平面图
3	水施-02	给排水设计说明（一）
4	水施-03	给排水设计说明（二）
5	水施-04	给排水、消防及喷淋立管
6	水施-05	卫生间给排水系统详图
7	水施-06	潜水污水泵系统图、卫生间详图
8	水施-07	地下一层给排水及消防平面图
9	水施-08	首层给排水及消防平面图

续表

序　号	图纸编号	图纸名称
10	水施-09	二层给排水及消防平面图
11	水施-10	三层给排水及消防平面图
12	水施-11	四层给排水及消防平面图
13	水施-12	屋顶平面图

6.2.4　设计总说明

给排水设计总说明是对给排水工程的一项文字概述。它主要包括工程概况、设计依据、设计内容、分系统阐述工程以及对该工程施工进行说明并提出要求。有些设计说明将设备清单、材料表以及图例一并写在设计说明中。

1）工程概况

工程概况是对工程的建设技术背景进行阐述，针对各专业工程技术背景的不同，各专业的工程概况侧重点也不同。给排水专业的工程概况一般要介绍建筑高度、建筑面积、地理情况、建筑周围现有及规划相应市政设施、年平均降水量（最高降水量）及建筑安全等级等信息。本工程的工程概况如图 6.2.1 所示。

> 一、工程概况：
> 　本工程在设计时更多考虑算量和钢筋的基本知识，不是实际工程，勿照图施工。
> 　本建筑物为"广联达办公大厦"，建设地点位于北京市郊，建筑物用地概貌属于平缓场地，本建筑物为二类多层办公建筑，总建筑面积为 4 745.6 m²，建筑层数为地下 1 层、地上 4 层，檐口距地高度为 15.6 m，本建筑物设计标高 ±0.000 m，相当于绝对标高为 41.50 m。

图 6.2.1　工程概况

该工程建设地点位于北京，因此在相关的设计、建造以及预算过程中要遵循当地的规范和行业标准。

2）设计依据

给排水设计依据主要是记录工程设计过程中参考的文献、技术规范等，严谨地参考相关技术规范是保证工程质量、经济技术合理的前提。本工程设计依据如图 6.2.2 所示。

> 二、设计依据：
> 1.建设单位提供的本工程设计要求及任务书(2005.9.28)
> 2.《建筑给水排水设计规范》(GB 50015—2003)
> 3.《采暖通风与空气调节设计规范》(GB 50019—2003)
> 4.《建筑设计防火规范》(GB 50016—2006)
> 5.《公共建筑节能设计标准》(DBJ 01-621—2005)
> 6.建筑设备专业技术措施(北京市建筑设计研究院编)
> 7.节水型生活用水器具(CJ 164—2002)
> 8.《建灭火器配置设计规范》(GB 50140—2005)
> 9.《建筑给水排水及采暖工程施工质量验收规范》(GB 50242—2002)
> 10.《建筑与小区雨水利用工程技术规范》(GB 50400—2006)

图 6.2.2　设计依据

3）设计内容

设计内容是指本套图纸中涉及了哪些分部工程。本工程设计内容如图 6.2.3 所示。

三、设计内容：
本工程施工图设计内容包括：采暖、给水、排水、消防、通风系统设计。

图 6.2.3　设计范围

4）给水、排水系统

设计说明中"给水、排水系统"主要是说明建筑给排水系统相应的给水方式，排水体制，相应的给水量、排水量甚至相应的给排水附件在施工、使用阶段的部分要求。本工程给水、排水系统的说明如图 6.2.4 所示。

五、给水、排水系统：
1. 本工程生活给水由小区内市政给水管网直接供给，供水压力 0.25 MPa。最高日用水量：16.95 m³，最大小时用水量 3.32 m³。给水总口设水表及低阻力型倒流防止器，水表阻力损失小于 0.024 5 MPa。
2. 污水：生活污水经化粪池收集后排入小区市政污水管网，生活污水日排放量为 33.6 m³。
3. 卫生洁具均选用节水型产品，构造内无存水弯的卫生器具应设置存水弯，存水弯、地漏水封深度不得小于 50 mm。
4. 屋面雨水排水为重力流外排水系统，外排水及部分内排水雨水管直接排入室外散水，再经室外雨水篦子进入雨水外线，详见建筑图纸。

图 6.2.4　给水、排水系统

5）消防系统

对该工程消防的说明一般包含消防供水的方式、水源、供水量及压力，还有对消防工程中的重要附件（如消火栓、水泵接合器等）进行简单说明。本工程消防系统的说明如图 6.2.5 所示。

六、消防系统：
1. 本工程设置室内消火栓系统，室内消防用水量为 15 L/s，消防用水由小区消防泵房经减压给水，管径 DN100，系统呈环状且两路供水。系统工作压力 0.5 MPa。消防试压≥1.4 MPa。
2. 消火栓为单阀、单枪，25 m 衬胶水龙带，消火栓栓口直径 DN70，水枪口径 DN19。消火栓箱内设有启泵按钮。设室外水泵接合器一个，型号为 SQX 型、DN100，安装形式采用地下式。
3. 消防给水管、泄水管采用镀锌钢管，丝扣连接，消防系统阀门带开关显示。
4. 试压及冲洗要求详见《建筑给水排水及采暖工程施工质量验收规范》（GB 50242—2002）。
5. 建筑灭火器配置详见建筑专业图纸。

图 6.2.5　消防系统

6）工程图例

《给排水设计说明（三）》中介绍了该工程中管道、管网附件及其他设备设施的图例。在识图过程中，初学者可以翻阅图例，以便准确、快速地识图。本工程图例如图 6.2.6 所示。

6.2.5　给水系统图纸分析

①该建筑为地下 1 层、地上 4 层，高度为檐口距地高度为 15.6 m，小区内市政给水管网供水压力为 0.25 MPa，完全能够满足生活给水所需压力的要求，故采用直接供水方式供水。

②由室外给排水总平面图可知，从该建筑外道路北侧的 DN150 市政给水管网引水进入该建筑，给水干管通过地下 1 层进入建筑截止阀之后，通过 3 根立管 J-1、J-2、J-3 分别向每一层的 3 处用水点供水。分流之前，主管为 DN70 的镀锌复合管；立管 J-1、J-2、J-3 分别为 DN50（逐级变径）、DN50、DN50 的镀锌复合管。给水系统如图 6.2.7 所示。

图　　例

名　称	图　　例	名　称	图　　例
给水管	——JL——JL——Ⓙ̲L̲	淋浴间网框式地漏	Ⓥ ▽ 地
地漏	Ⓥ ▽ 地	蹲式大便器	⬚ 蹲 脚踏式
污水管	━━W━━W━━Ⓦ	立式小便斗	▷ 小 红外感应水龙头
透气管	──┬──┬──Ⓣ	洗脸盆	◨ 脸 红外感应水龙头
消防管	──XH1──XH1──ⓍH	坐式大便器	⬭ 坐 6∟ 低水箱
喷淋管	──ZP──ZP──ⓏP	水喷头	○ ▽
室内消火栓	▱ ⊸	压力表	P ⊗
橡胶软接头	─⊣○⊢─	温度计	⊗
止回阀	─▷│─	金属软接头	∿
截止阀	─⊤─	雨水斗	▽
潜水泵	▩ ⬯	伸缩节	▨
闸阀	─▷◁─	Y形过滤器	⊿

图 6.2.6　图例

③结合平面图和给排水系统图可知,每层生活给水用水点仅出现在厕所,1—4F 每层均有 3 处厕所,分别设置立式小便斗 3 个、蹲式大便器 6 个、坐式大便器 2 个、洗脸盆 4 个、拖把用水点 2 个。其中,J-1 为每层男厕所 3 处小便器供水,J-2 为男厕所 2 处洗脸盆、1 处坐式大便器、3 处蹲式大便器和 1 处拖把用水,J-3 每层供水点与男厕所一致。排水平面图如图 6.2.8 所示。

6.2.6　排水系统图纸分析

①该建筑的排水主要是对 1—4F 厕所内产生的生活污水、消防系统试水装置在地下室产生的废水进行收集排放,通过 WL-1、WL-2、WL-3 这 3 根 De110(螺旋塑料管)立管对

图 6.2.7　给水排水系统图

各层污废水收集后排向室外市政管网。WL-1、WL-2 排水立管为升顶通气立管,两立管分别设置通气帽,高出屋面 0.7 m,如图 6.2.9 所示。

②WL-1 污水立管收集 1—4F 男厕所污废水。每层排水横支管收集其对应层用水点处产生的污废水后汇流至横干管,横支管由 De50 逐级变径,污水横干管为 De110 UPVC 管段。

③如图 6.2.10 所示,WL-3 通过潜水泵将废水进行提升后排放,穿墙处采用 DN125 的柔性套管。

④1—4F 自动喷淋系统试水过程产生的污废水通过相应楼层拖布池排至对应的排水立管;地下室消防试水过程产生的污废水由排水沟收集,经潜污泵提升加压后由 WL-3 立管排至室外检查井。

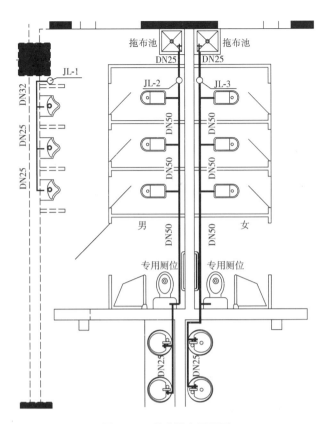

图 6.2.8　给水排水平面图

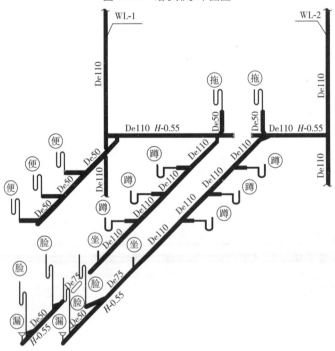

图 6.2.9　WL-1、WL-2 排水立管

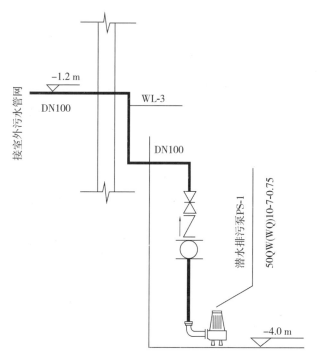

图 6.2.10　WL-3 立管系统图

6.2.7　消防系统图纸分析

结合图纸分析,该园区内有相互独立的满足压力要求的消火栓给水系统和经加压后的自动喷淋给水系统。

1)消火栓给水系统

如图 6.2.11 所示,消火栓给水管网从室外 2 根 DN100 的管道经建筑外墙引入之后,分流成 4 根消火栓立管 XL-1、XL-2、XL-3、XL-4。-1F 有 4 处消火栓,分别由 XL-1 ~ XL-4 的立管供水;1—4F 每层有 2 处消防供水,由 XL-1、XL-2 立管供水,且整个消火栓给水管网呈环状布置。室内消火栓距离各层地面 1.1 m。

2)自动喷淋给水系统

如图 6.2.12 所示,该工程室内自动喷淋给水系

图 6.2.11　室内消火栓系统图

统由园区统一加压之后的水源提供,一根管道由建筑墙外引入建筑内,在地下室内供水主管经报警阀组之后分流入各支管向各楼层展开。在各层的管段末端设置末端试水装置,并将废水排至各层拖布池;立管末端设置自动排气阀。

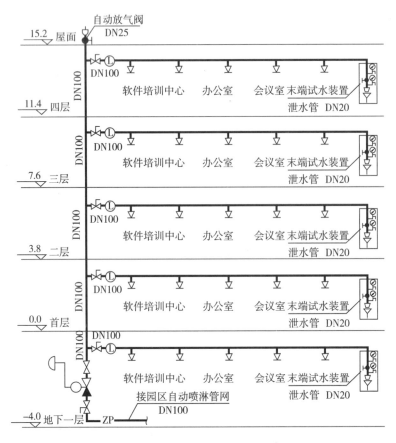

图 6.2.12　自动喷淋给水系统图

6.3　给排水工程建模

6.3.1　给排水工程建模标准

给排水专业 BIM 建模标准见表 6.3.1；给排水专业在 BIM 中的颜色设置见表 6.3.2。

表 6.3.1　给排水专业 BIM 建模标准

构件类别	构 件	命名规则	构件属性定义规范	实 例	
				图 纸	软 件
卫生洁具	洗脸盆、大便器等	严格按照图纸的名称定义	按照图例表进行名称定义	洗脸盆	

构件类别	构件	命名规则	构件属性定义规范	实例 图纸	实例 软件
水附件	地漏(检查口、雨水斗等同理)	严格按照图纸的名称定义	按照图例表进行名称定义	地漏	属性名称/属性值：名称 地漏；材质 铸铁；类型 地漏；规格型号；标高(m) 层底标高；系统类型 排水系统；汇总信息 卫生器具(水)；是否计量 是
	闸阀	严格按照图纸的名称定义	按照图例表进行名称定义	闸阀	属性名称/属性值：名称 DN70闸阀；类型 闸阀；材质 碳钢；规格型号(mm) DN70；连接方式 法兰连接；系统类型 给水系统；汇总信息 阀门法兰(水)；是否计量 是
管道	给水排水管道	严格按照图纸的名称定义	按照图纸说明要求确定管道材质,对照系统图确定管道规格	给水管	属性名称/属性值：名称 给水系统-镀锌衬塑钢管；系统类型 给水系统；系统编号 G1；材质 镀锌衬塑钢管；管径规格(mm) 50；起点标高(m) 层底标高；终点标高(m) 层底标高；管件材质 钢制；连接方式 螺纹连接；安装部位 室内；汇总信息 管道(水)
设备	喷头	水喷头	严格按照图纸的名称定义	水喷头	属性名称/属性值：名称 水喷头；类型 水喷头；规格型号；标高(m) 层顶标高(0)；系统类型 喷淋灭火系统；汇总信息 喷头(消)；是否计量 是

表 6.3.2　BIM 中给排水专业颜色设置

消防	喷淋管	白色	色调(E): 160　红(R): 255　饱和度(S): 0　绿(G): 255　颜色|纯色(O)　亮度(L): 240　蓝(U): 255
	消火栓管、消防配件、喷头	红色	色调(E): 0　红(R): 255　饱和度(S): 240　绿(G): 0　颜色|纯色(O)　亮度(L): 120　蓝(U): 0
给水排水	给水管	蓝色	色调(E): 160　红(R): 0　饱和度(S): 240　绿(G): 0　颜色|纯色(O)　亮度(L): 120　蓝(U): 255
	热水管	橙色	色调(E): 20　红(R): 255　饱和度(S): 240　绿(G): 128　颜色|纯色(O)　亮度(L): 120　蓝(U): 0
	排水管	棕色	色调(E): 20　红(R): 128　饱和度(S): 240　绿(G): 64　颜色|纯色(O)　亮度(L): 60　蓝(U): 0

6.3.2 给排水工程建模

给排水工程建模需要按照以下思路进行:新建构件—识别—检查—提量。

下面分别对卫生器具、设备、管道、阀门法兰、管道附件、零星构件的统计进行讲解。

1)卫生器具建模

(1)新建卫生器具

如图 6.3.1 所示,进入"绘图输入"界面,新建构件一般先点选"定义",然后选择对应专业下面要统计的材料的种类(给排水专业列有设备、管道等)。

选择"卫生器具"—"构件库",即可新建图纸中需要统计的材料名称。下方有"属性编辑器",在此处可对对应设备的属性进行编辑。软件中,"蓝色字体"属于公有属性,黑色字体属于"私有属性"。

> 【注意】
>
> 如需修改某项材料的属性,可单击"批量选择",进行某一项材料公有属性的修改。

(2)识别卫生器具

①新建构件完成之后,即可对图纸中的设备构件进行识别。

如图 6.3.2 所示,点选"图例",按照提示选择卫生器具之后,弹出如图 6.3.3 所示的卫生器具对应的属性框,修改所选卫生器具的属性,同时也可参考对话框中的"工程图例",验证构件是否找对。验证无误后,单击"确认",软件便会统计出模型数量,可以简单检查统计数量是否与实际一致。图 6.3.4 所示即为对"台式洗脸盆"数量的统计结果。

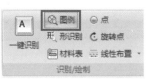
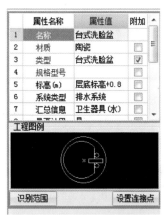

图 6.3.1　新建卫生器具　　　图 6.3.2　识别卫生器具　　　图 6.3.3　卫生器具属性修改

按照同样的方法,可以识别其他材料。

②一键识别。软件支持"一键识别"功能(图 6.3.2)。多种构件一次性被识别后,再手动修改构件名称、类型以及标高等信息。图 6.3.5 所示即为对多种卫生器具一键识别后的结果。构件名称、类型等均可在对应位置修改,双击"图例"可以找到该构件在图纸中的位置。对于没有被一键识别的构件,可手动新建后再识别。一键识别的同时,软件自动新建构件,如图 6.3.6 所示。

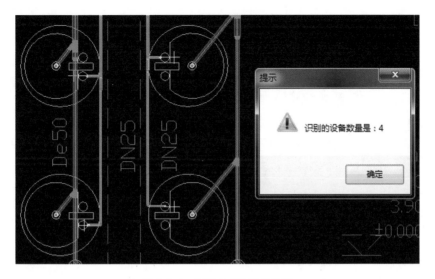

图 6.3.4 识别台式洗脸盆数量

图例		对应构件	构件名称	规	类型	标高(m)
🐚	…	卫生器具(水)	M_E8		M_E8	层底标高+0.1
⬭	…	卫生器具(水)	M_E2		M_E2	层底标高+0.1
⊕	…	卫生器具(水)	M_E33IEP		M_E33IEP	层底标高+0.1
♟	…	卫生器具(水)	M_E13		M_E13	层底标高+0.1
⋈	…	阀门	M_H1SCHSYSHA001M_HOSCH-1		M_H1SCHSYSHA001M_HOSCH-1	层底标高
⊤	…	卫生器具(水)	JZF2		JZF2	层底标高+0.1
⊥	…	卫生器具(水)	ACSSGFJ265		ACSSGFJ265	层底标高+0.1
○	…	卫生器具(水)	ACSSGFJ268		ACSSGFJ268	层底标高+0.1

图 6.3.5 构件的一键识别

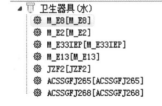

图 6.3.6 自动新建构件   图 6.3.7 漏量检查

（3）漏量检查

为了保证识别的准确性,需要进行"漏量检查"。如图 6.3.7 所示,单击"检查模型",选择"常用模型"下的"漏量检查",可分别对设备或者管道进行检查。如有漏量,软件会自动提示,可根据提示对漏量进行补充;如果无漏量,软件提示:"检查完毕,暂无图形可显示"(图 6.3.8)。

（4）卫生器具提量

软件中给出卫生器具的提量方法,如图 6.3.9 所示;对首层的卫生器具数量的提取结果如图 6.3.10 所示。

①汇总计算:对所选楼层的所有设备进行汇总计算。

图6.3.8　漏量检查结果

②分类工程量:将该楼层分专业、分设备类型进行呈现。

③多图元:对框选区域的不同图元进行统计。

④单图元:仅对某一所选图元进行查看。

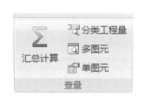

构件类型	给排水	
分类条件		工程量
名称	楼层	数量(组)
1	地漏	首层	2.000
2		小计	2.000
3	蹲式大便器	首层	6.000
4		小计	6.000
5	立式小便斗	首层	3.000
6		小计	3.000
7	台式洗脸盆	首层	4.000
8		小计	4.000
9	坐式大便器	首层	2.000
10		小计	2.000
11	总计		17.000

图6.3.9　提量方法　　　　　图6.3.10　首层卫生器具提量

如图6.3.11所示,软件可以设置提量构件的范围及提量信息条件。

图6.3.11　设置提量条件

2)管道建模

管道长度建模和设备建模的思路一样,在此不再赘述。

【注意】

如果构件库没有图纸中对应的管材,可以通过新建管道后再设置其属性来确定。其中,材质、标高等属性,连接方式,支架计算等应参考设计说明及图纸信息来确定。设计说明对给排水管道的要求如图6.3.12所示。

生活给水、中水	明装,暗埋	热镀锌(衬塑)复合管	丝扣连接
污水管	立管	螺旋塑料管	粘合连接
	横支管	塑料管(UPVC)	粘合连接
压力排水管	暗埋	机制排水铸铁管	W 承插水泥接口
雨水管	明装,暗埋	塑料管(UPVC)	粘合连接

图 6.3.12　图纸管道信息

如图 6.3.13 所示,单击"管道(水)",新建管道或从构件库中选择图纸中包含的管道类型。
如图 6.3.14 所示,在对话框中修改管道的属性。

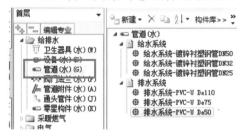

图 6.3.13　新建管道　　　　　　　　图 6.3.14　管道属性修改

(1)管道识别

完成对管道的新建后,选中"管道"(图 6.3.15),单击软件中"直线"命令(图 6.3.16),根据
提示,按照图纸中原有的管线及管径进行分类绘制。软件会自动生成弯头以及三通等附件,管
线颜色应同 BIM 颜色设置相吻合。管线颜色在"属性"—"填充颜色"中按照 BIM 颜色设置选择
(图 6.3.17);识别之后的管道如图 6.3.18 所示。

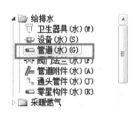

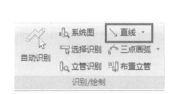

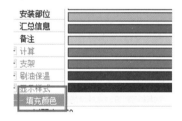

图 6.3.15　选中"管道"　　　图 6.3.16　选择"直线"命令　　　图 6.3.17　管道颜色设置

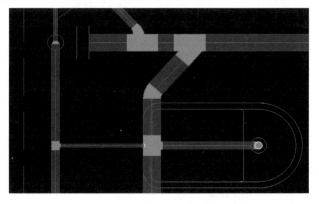

图 6.3.18　识别后的管道

管道识别中注意以下三点：

①给水管选择蓝色，排水管选择棕色。

②根据不同大小的管径自动生成大小头。

③根据管线走向，自动生成三通、弯头等附件。

【注意】

选择或者更改颜色时，可以利用"选择图元"里的"批量选择"功能（图6.3.19），按给水、排水系统快速选择管网（图6.3.20），从而批量修改如材质、标高、连接方式等公有属性。

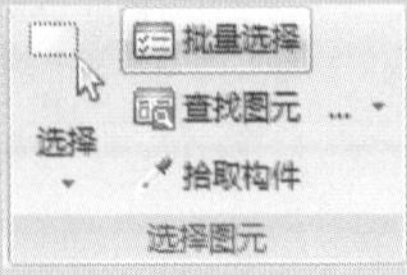

图 6.3.19　批量选择 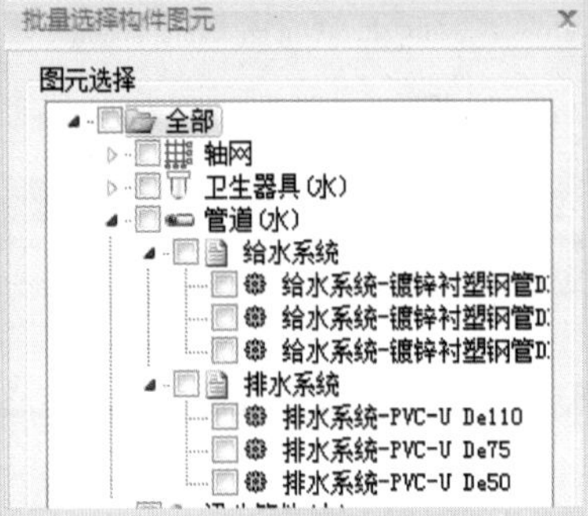　　　　　图 6.3.20　管道批量选择

管道识别可以使用"自动识别"的功能，该功能会使管道识别速度大大提高。单击"自动识别"后，软件提示："选择一根表示管线的 CAD 线及一个代表管径的标识（标识可不选），单击右键确定或者按 ESC 键退出"。

单击鼠标左键选择一条代表管线的 CAD 线，单击右键确认之后，弹出如图 6.3.21 所示的对话框，在此可以补充和修正自动识别的不准确信息。

"反查"功能：如图 6.3.21 所示，"路径 1"标识为"没有对应标注的管线"，这是指软件没有找到"路径 1"管线的尺寸规格，此时按提示来操作："单击［反查］列单元格的三点按钮进行检查，单击'确定'按钮生成管道图元"。

单击"路径 1"后的"…"，系统将定位到图纸中"路径 1"的管线，并且闪动。页面下方提示："按鼠标左键点选进行编辑，右键显示构件窗体"。点选闪动的管道（即不需要统计或者不在某属性统计范围内的管道），可将那部分管道排除。单击鼠标右键，然后单击"构件名称"第一栏，弹出如图 6.3.22 所示的属性窗口，可在该窗口修改与管道匹配的属性，至此即完成了一键识别过程中未标识的管道。其他被标识的管道可以单击"建立/匹配构件"，系统按照其"标识"信息自动完成构件的建立。

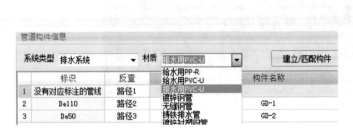

图 6.3.21　管道自动识别

图 6.3.22　管道属性修改

【注意】

在同一层管道平面图中,如果管道的标高不同(管道的属性值里可以控制管道的起点标高和终点标高),软件则会自动生成立管,如图6.3.23所示。

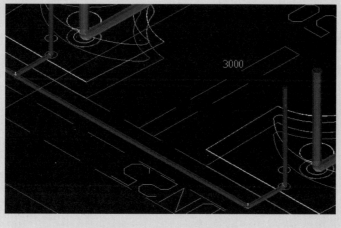

图6.3.23　自动生成立管

(2)漏量检查

通过"回路"功能(图6.3.24)可以检查图纸中的管道是否完整。单击某条管道,软件会自动亮显整条管道,并在页面下方给出对应的工程量(图6.3.25);未被选中的管网则灰显。

图6.3.24　回路功能

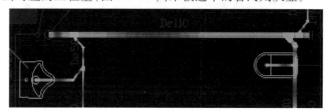

图6.3.25　选中的管道亮显

检查过程中,还可以利用"识图"—"实体渲染"功能,以三维形式直观地检查管道的完整性。

(3)立管建模

立管建模可以使用软件中"系统图"功能。根据提示提取系统图上立管及对应管径信息,手动输入起点、终点标高,快速布置立管。

以WL-1排水立管为例:

首先在"首层"图纸添加一张系统图,单击"绘图/识别"的"系统图",在出现的对话框中选择"提取系统图",页面下方出现选择立管信息的提示。选择图纸中代表WL-1排水立管的CAD线条和编号,单击右键确定,弹出如图6.3.26所示的对话框,在"立管辅助属性"处可修改该立管的属性值。这个过程相当于是在立管的系统中建立,软件已将管道信息列在系统里,但系统还未将该立管识别。

立管的识别:首先单击已被建立的立管信息,如图6.3.27中的"WL-1 De110[排水系统　排水用]",单击"立管识别"(图6.3.28),根据提示在平面图中选中代表立管的平面图元,即可完成立管识别。

图 6.3.26 新建立管

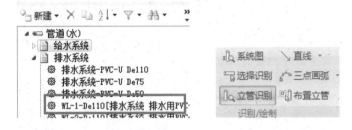

图 6.3.27 新建立管信息　　　　图 6.3.28 立管识别

立管的布置、识别还可以采用手动布置。以给水立管 JL-1 为例:在工具栏中单击"布置立管",根据提示信息指定插入点,即可根据立管的位置在平面图中布置。布置立管时需要对立管的起点以及终点标高进行确定,如图 6.3.29、图 6.3.30 所示。

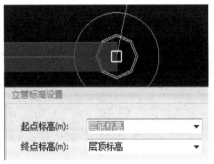

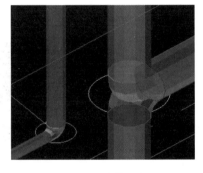

图 6.3.29 布置立管　　　　图 6.3.30 立管三维图

(4)提量

管道的提量可以利用"计算式"的功能,软件会自动列出各个管道的长度计算式,如图 6.3.31 所示。

序号	系统类型	系统编号	构件名称	单位	计算式	长度(m)
1	给水系统	G1	GSG-DN25	m	1.600+0.249+0.350(立)+1.600+0.350(立)+0.249+2*0.350(立)+0.114+0.167+1.800+0.034+2*0.500(立)+0.159+0.500(立)+1.800+0.159+0.500(立)+1.166+1.168+0.549+0.350(立)+1.800+0.549+0.350(立)+0.379+0.350(立)+0.550+0.350(立)+0.550+0.350(立)+0.55+0.350(立)	20.040
2	给水系统	G1	GSG-DN32	m	0.465+1.001+1.621+0.686+0.506+0.712+0.350(立)	5.341
3	给水系统	G1	GSG-DN50	m	0.287+4.324+2*1.800+0.668+4.324+2*1.800+0.666	17.469
4	排水系统	G1	PSG-De110	m	2*0.292+0.325+0.449+1.507+1.800+3.798+4.340+0.542+0.340+1.510+1.800+3.804+0.448+4.564+0.316+0.388	27.135

图 6.3.31 管道提量

同样,软件也可以采用"卫生器具"的提量方式进行提量。

6.3.3 零星构件

管道穿墙或者穿楼板时,常常会设置套管以保护管道,软件中将这部分构件归属到"零星构件"。下面以 −1F 给排水的穿墙套管为例进行讲解。

将图纸切换到 −1F。要生成套管,首先需要对"墙"进行建立及识别。选择"建筑结构"中的"墙",如图 6.3.32 所示。

图 6.3.32　新建墙　　　　　　　图 6.3.33　自动识别墙

选择"自动识别"(图 6.3.33),软件提示用鼠标左键选择墙两侧边线,对"墙"的 CAD 线进行自动识别,随后生成系统能够识别的墙,同样在属性窗口修改墙体属性(如墙体厚度)。

再进入"零星构件",单击"生成套管",便可在穿墙或者穿楼板的位置自动生成套管(图 6.3.34)。

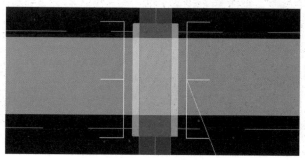

图 6.3.34　自动生成套管

6.3.4　阀门法兰

阀门法兰建模与卫生器具建模的方法一样。现简单介绍本工程一个阀门法兰的建模步骤:

①选择"阀门法兰"(图 6.3.35)。

②选择要建模的法兰阀门类型(图 6.3.36)。

③选择"图例"(图 6.3.37)。

图 6.3.35　新建阀门　　　图 6.3.36　选择阀门类型　　　图 6.3.37　选择图例

④参考图纸中构件属性,修改构件属性(图 6.3.38)。

⑤确定,建模完成(图 6.3.39)。

图 6.3.38　属性修改　　　　　　图 6.3.39　识别出阀门数量

另外,和卫生器具一样,法兰阀门的建模也可以采取"一键识别"的方法,在此不再赘述。

6.3.5　设备

设备的建模步骤参考法兰阀门的建模步骤,识别完成后如图 6.3.40 所示。

图 6.3.40　识别设备数量

6.3.6　表格输入

该方法主要适用于在平面图中没有识别或者不方便识别的材料构件,通过表格输入,相当于手动添加这一部分构件,是对绘图识别的补充。现用此方法来对立管附件进行建模。

首先要选择楼层和要统计材料的所属类型,如卫生器具、设备、管道、管道附件等,如图 6.3.41、图 6.3.42 所示。输入完成后即完成该项的建模。属性修改与卫生器具的属性修改方法相同。

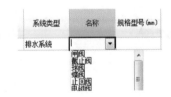

图 6.3.41　选择楼层和输入构件的类型　　　图 6.3.42　选择附件

6.3.7 模型三维图

建模完成后,单击"视图",选择"三维"(图6.3.43),即可查看模型的三维视图,如图6.3.44所示为局部模型三维图。

图6.3.43 选择三维视图

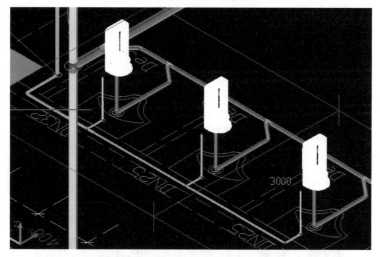

图6.3.44 局部模型的三维视图

6.3.8 消防部分

消防工程中给排水部分材料的新建与识别与给排水工程的方法类似,在此不再赘述。下面仅简单介绍-1F消防部分建模过程。

1)消火栓设备

①新建消火栓:

a.选择与图纸型号相同的消火栓,进行"新建"操作,如图6.3.45所示。

b.按照图纸信息和要求,更改新建消火栓的属性,如图6.3.46所示。

图6.3.45 新建消火栓   图6.3.46 消火栓属性修改

②识别消火栓,结果如图6.3.47所示。

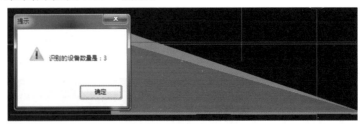

图 6.3.47　识别消火栓数量

2)识别喷头

①新建喷头:

a.选择与图纸型号相同的喷头,进行"新建"操作,如图6.3.48所示。

b.按照图纸要求,更改新建喷头属性,如图6.3.49所示。

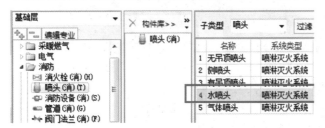

图 6.3.48　新建喷头　　　　　　　　　　图 6.3.49　喷头属性修改

②识别喷头(图6.3.50)。喷头数量较多的构件最好再进行漏量检查,以保证准确性。

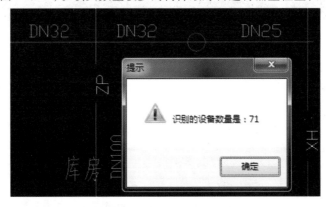

图 6.3.50　软件识别喷头数量

3)消防管道识别

①消火栓管道识别与给水管道识别的方法相同,在此不再赘述。建模过程中需根据图纸信息更改管道属性。

②由于喷淋管道沿线管径变化较大,且管线较长,故使用管线的"自动识别"功能。自动识别功能包含"按喷头个数识别"和"按系统编号识别"两个选项,选择"按系统编号识别",提示让选择一根表示管线的CAD线及一个代表管径的标识,按提示完成后,管线和被选中的标识变为蓝色,如图6.3.51所示。

单击右键确定后,计算结果如图6.3.52所示。

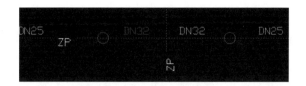

图6.3.51　选择管线

统类型 喷淋灭火系统 材质

标识	反查
没有对应标注的管线	路径1
DN100	路径2
DN80	路径3
DN70	路径4
DN50	路径5
DN40	路径6
DN32	路径7
DN25	路径8
DN20	路径9

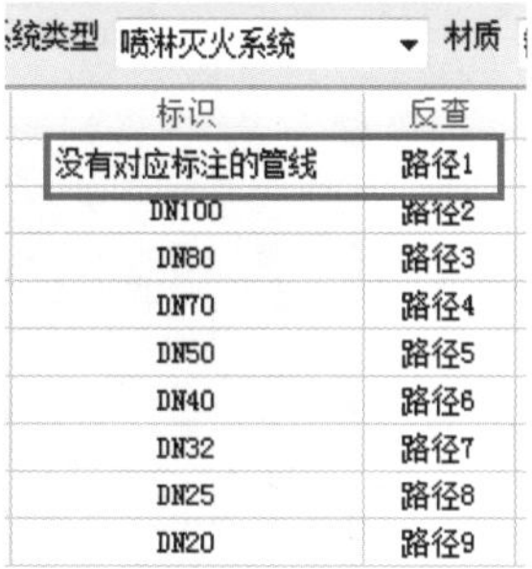

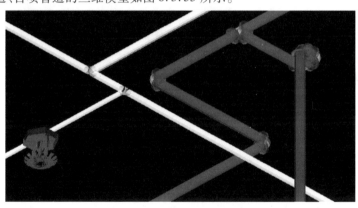

图6.3.52　管道自动识别

由图6.3.52可见,“路径1”显示“没有对应标注的管线”,这说明系统未识别“路径1”管线的管径,单击“反查”,图纸中会显示该条管线,以方便修改。

消火栓管道、自喷管道的三维模型如图6.3.53所示。

图6.3.53　消防管道的三维视图

消防工程的其他部分(如法兰阀门、管道附件、零星构件)与给排水建模的方法一样,读者可参考前面相应章节的内容来完成。

第7章 暖通工程建模技术

7.1 暖通工程专业基础知识

7.1.1 建筑采暖系统

1)采暖系统的组成

采暖系统由热源或供热装置、散热设备和管道组成。采暖系统可以使室内获得热量并保持一定温度,以达到适宜的生活条件或工作条件。采暖系统的划分一般根据热媒类型的不同分为低温热水采暖系统、高温热水采暖系统、低压蒸汽采暖系统和高压蒸汽采暖系统;以散热设备形式的不同分为散热器采暖系统、辐射采暖系统和热风机采暖系统。

在民用建筑中,低温热水采暖系统最为常见,散热设备形式也以各种各样的对流式散热器和辐射采暖为主。在北方严寒和寒冷地区由城市集中供热网提供热源,在没有集中供热网时则设置独立的锅炉房为系统提供热源。

长江中下游地区单独设置采暖系统的建筑并不多见,大部分建筑利用空调系统向建筑提供热量,保证室内舒适性。随着生活水平的提高,部分高档住宅设置了分户的采暖系统,热源采用燃气壁挂炉,散热设备采用散热器方式或地板辐射采暖方式。

2)供暖系统的基本形式

供暖系统大致可分为上供下回式、下供下回式、中供下回式三种形式,如图7.1.1~图7.1.3所示。

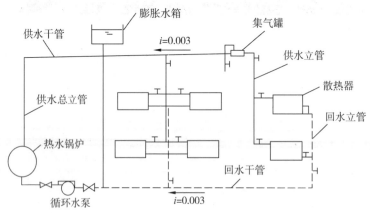

图7.1.1 上供下回式供暖系统

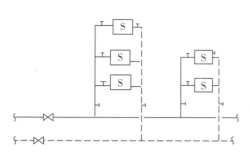

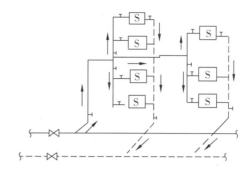

图7.1.2　下供下回式供暖系统　　　　　图7.1.3　中供下回式供暖系统

7.1.2　建筑通风系统

广义的通风包括机械通风和自然通风。自然通风利用空气的温度差,通过建筑的门、窗、洞口进行流动,达到通风换气的目的;机械通风则以风机为动力,通过管道实现空气的定向流动。

在民用建筑中,通风系统根据使用功能区分主要有排风系统、送风系统、防排烟通风系统;也有在燃气锅炉房等使用易燃易爆物质或其他有毒有害物质的房间设置事故通风系统、厨房含油烟气的通风净化处理系统等。通风系统的设置需要了解建筑功能需求,其过程不仅有空气的流动,往往还伴随着热、湿的变化。

7.1.3　空调系统

空调系统是以空气调节为目的而对空气进行处理、输送、分配,并控制其参数的所有设备、管道及附件、仪器仪表的总合。

空调系统的分类方法有多种,较常用的是根据负担室内热湿负荷所用的介质不同,把空调系统分为全空气系统、全水系统、空气-水系统和冷剂系统。

1)全空气系统

全空气系统的特征是室内热湿负荷全部由处理过的空气来负担,由于空气的比热、密度比较小,需要的空气流量大,风管断面大,输送能耗高。这种系统在实现空调目的的同时也可以实现可控制的室内换气,保证良好的室内空气品质,目前在体育馆、影剧院、商业建筑等大空间建筑中应用广泛。

2)全水系统

全水系统的特征是室内热湿负荷由一定的水来负担,水管的输送断面小,输送能耗相对较低。典型的全水系统如风机盘管系统、辐射板供冷供热系统。因为其没有通风换气作用,单独使用全水系统在实际工程中很少见,一般都需要配合通风系统一同设置。

3)空气-水系统

空气-水系统的特征介于全空气系统和全水系统之间,由处理过的空气和水共同负担室内热湿负荷,典型的空气-水系统是风机盘管＋新风系统。这种系统由于比较适应大多数建筑的情况,因此在实际工程中也应用最多,酒店客房、办公建筑、居住建筑等大多采用风机盘管＋新风系统。

4)冷剂系统

冷剂系统顾名思义就是由制冷系统的蒸发器或冷凝器直接向房间吸收或放出热量,在这一过程中,负担室内热湿负荷的介质是制冷系统的制冷剂,而制冷剂的输送能量损失是最小的。最常见的冷剂系统是分体式空调、闭式水环热泵机组系统。近年来,随着技术的进步,变制冷剂流量多联分体式空调系统(也就是我们俗称的 VRV、MRV、HRV 等)在实际工程中得到了越来越多的应用,这也是一种典型的冷剂系统。

设备是暖通空调工程的心脏,其功能有提供冷热源、提供输送动力、热能转换等。具体而言,提供冷热源的设备即空调主机,包括制冷机组、供热锅炉等,它们通过输入能量,制造或产生人们需要的冷量或热量;提供输送动力的设备主要是指水泵和风机,它们提供了输送动力,使得流体按人们的需要流动;热能转换则是根据需要将流体中的热能通过换热装置转换出来,常见的水-水换热器、汽-水换热器和空气-空气换热器属于此范畴。值得一提的是,常用的风机盘管、空气处理机组等设备组合了风机与换热盘管的功能,既提供了空气输送动力又提供热能交换,一般被称为空调末端设备。

在空调工程中,为保证空气品质还需有空气净化设备,如各种过滤器、吸附装置、消毒灭菌设施等;在水系统中则有各种各样的水过滤装置、水处理装置和加药装置。为实施自动控制而设置的各种电动风阀、电动水阀、温控装置等也常被纳入暖通空调设备范畴,但它们在系统中主要起辅助、提升系统性能的作用,我们一般称其为辅助设备或设施。

7.1.4 供暖工程系统分类

供暖工程按供暖范围、使用的热媒、供水的方式、循环的动力不同可分为以下系统和供暖形式,但它们最终都达到了供暖的目的。

①按供暖的范围不同,供暖系统可分为局部、集中、区域三种。

②按使用的热媒不同可分为:

a.热水供暖系统:按系统热水的参数不同,又分为低温热水供暖系统(水温低于100 ℃)和高温热水供暖系统(水温高于100 ℃)。

b.蒸汽供暖系统:按蒸汽压力的高低,又分为低压蒸汽供暖系统(气压≤70 kPa)、高压蒸汽供暖系统(气压>70 kPa)、真空蒸汽供暖系统(气压低于大气压力)。

c.热风供暖系统:根据送风的加热装置安放位置不同,又分为集中送风系统、暖风机系统等。

③按供水方式不同可分为:

a.单管系统:当热水顺序流过多组散热器并在其中冷却,这种流程布置称为单管系统。

b.双管系统:当热水平行地分配给全部散热器,并从每组散热器冷却后直接流回热网或锅炉房,这种流程布置称为双管系统。

④按循环动力不同可分为:

a.重力循环系统:靠热媒本身的温差所产生的密度差而进行循环。

b.机械循环系统:靠水泵(热风供暖系统靠风机)所产生压力而进行循环。

7.1.5 通风空调工程系统分类

通风空调工程按使用场所、环境需要、生产工艺要求的不同,可分为以下不同系统。它们都能达到空气调节、通风换气、净化空气的目的。

①通风系统按作用范围不同分为全面通风、局部通风、混合通风;按动力不同分为自然通

风、机械通风;按工艺要求不同分为送风系统、排风系统、除尘系统。其中,送风系统包含有送风、新风、回风等不同功能作用的系统;排风系统按其作用又分为排烟、排风系统,排烟系统又包含有排烟、正压送风、排烟补风等不同功能作用的系统。

②空调系统,按空气处理设备的位置不同分为集中系统、半集中系统、分散系统(局部机组);按负担负荷的介质不同分为全空气系统、全水系统、空气-水系统、冷剂系统;按空气的来源不同可分为封闭式、直流式、混合式等不同形式系统。另外,根据系统中风量的变化情况,空调系统又可分为定风量系统和变风量系统。定风量系统(普通集式系统,也称为全空气混合式系统),处理的空气一部分来源于新鲜空气、一部分来源于室内回风,夏季和冬季的冷热风都用一条风道送风;变风量系统是通过特殊的送风装置"末端装置"来实现的。

7.1.6　通风空调工程主要设备

①通风系统主要设备是风机。风机根据其构造原理不同分为轴流式风机、离心式风机。按离心式风机的风口位置和叶轮转动方向不同又有左式、右式之分。

②空调系统主要设备是空调机组。空调机组可分为装配式、整体式及组装式三大类。装配式空调机组,根据需要可以调整选用各种功能段,组装成不同性能的机组。如新风机组就仅由空气过滤器、冷热交换器、风机等三段组成。

③通风空调工程附属部件有各类风口、消声器、消声弯头、阀门(防火阀、多叶调节阀、三通阀)、风帽等。

7.2　广联达办公大厦暖通图纸分析

7.2.1　阅读图纸目录及标题栏

图纸目录是为了在一套图纸中能快速地查阅到需要了解的单张图纸而建立起来的一份提纲挈领的独立文件,暖通空调专业的图纸目录也不例外。通过阅读图纸目录及标题栏,可以了解工程名称,项目内容,设计日期及图纸的组成、数量和内容等。

在广联达办公大厦安装专业施工图中,暖通工程的图纸目录和水、电的图纸目录一起放在给排水施工图纸中。本工程安装专业图纸目录组成(部分)如图 7.2.1 所示。本工程图纸目录包括工程名称、图纸名称、图纸编号、归档日期、工程编号、图纸比例。

本工程图纸于 2006 年 8 月归档,项目名称为"广联达办公大厦",暖通施工图共 9 张,编号分别是水施-14 ~ 水施-22。图纸内容主要包括采暖通风设计说明、采暖系统图、地下一层通风及排烟平面图、采暖平面图、机房层通风平面图。

7.2.2　阅读设计说明和图例表

设计说明通常放在图纸目录后面,它的内容多少根据暖通工程复杂程度决定,但一般应当包括工程概况、设计依据、工程做法等。

在广联达办公大厦暖通专业施工图中:第一张图纸就是设计说明,编号:水施-14;第二张图纸为图例表,编号为:水施-15。

水施—16	采暖系统图
水施—17	地下一层通风及排烟平面图
水施—18	首层采暖平面图
水施—19	二层采暖平面图
水施—20	三层采暖平面图
水施—21	四层采暖平面图
水施—22	机房层通风平面图
电施—01	电气专业图例表（一）
电施—02	电气专业图例表（二）
电施—03	电气施工设计说明（一）
电施—04	电气施工设计说明（二）
电施—05	电气施工设计说明（三）
电施—06	配电箱柜系统图（一）
电施—07	配电箱柜系统图（二）
电施—08	配电箱柜系统图（三）
电施—09	配电箱柜系统图（四）

图 7.2.1　广联达办公大厦安装专业图纸目录（部分）

1）设计说明

（1）工程概况

工程概况是指工程的一些基本信息。本工程暖通图纸工程概况如图 7.2.2 所示。本工程位于北京市郊，建筑面积 4745.6 m²，地下 1 层，地上 4 层，设计标高 ±0.000 m。

一、工程概况

　　本工程在设计时更多考虑算量和钢筋的基本知识，不是实际工程，勿照图施工。

　　本建筑物为"广联达办公大厦"，建设地点位于北京市郊，建筑物用地概貌属于平缓场地，本建筑物为二类多层办公建筑，总建筑面积为 4745.6 m² 建筑层数为地下 1 层、地上 4 层。本建筑物设计标高 ±0.000 m，相当于绝对标高 =41.50 m。

图 7.2.2　广联达办公大厦暖通专业工程概况

（2）设计依据

设计依据是指施工图设计过程中采用的相关依据，主要包括建设单位提供的设计任务书，政府部门的有关批文、法律、法规，国家颁布的一些相关规范、标准。本工程暖通设计采用的标准、规范如图 7.2.3 所示。

二、设计依据

1. 建设单位提供的本工程设计要求及任务书(2005.9.28)
2.《采暖通风与空气调节设计规范》(GB 50019—2003)
3.《建筑设计防火规范》(GB 50016—2016)
4.《公共建筑节能设计标准》(DBJ 01—621—2005)
5. 建筑设备专业技术措施(北京市建筑设计研究院 编)

图7.2.3 设计依据

（3）设计内容

本工程设计内容主要包括采暖和通风系统两大部分,如图7.2.4所示。

三、设计内容

本工程施工图设计内容包括采暖、通风系统设计。

图7.2.4 设计内容

（4）设计参数

①室外设计参数。设计气象参数需列出具体数据,因本项目位于北京市郊,所以均采用该地的设计气象参数。气象参数可以在专业设计手册或者工程所在地气象局获得。如图7.2.5所示的室外设计参数为本工程施工图中采用的气象参数。

四、设计参数

1. 室外设计参数

夏季通风室外计算温度:30 ℃

冬季采暖室外计算温度:−9 ℃

空气比重:夏季 $r = 1.337 \text{ kg/m}^3$;冬季 $r = 1.20 \text{ kg/m}^3$

冬季通风室外计算温度:−5 ℃

大气压力:夏季 $P\times = 99.86 \text{ kPa}$;冬季 $Pd = 102.04 \text{ kPa}$

图7.2.5 室外设计参数

②室内设计参数。本工程施工图室内设计说明通过表格的方式介绍了各房间的设计负荷。图7.2.6中给出了本幢建筑冬季采暖设计温度值。

2. 室内设计参数

房间名称	冬季采暖计算温度/℃
软件培训中心、办公室、培训学员报名处	20
软件开发中心、软件测试中心	20
董事会专用会议室	18
卫生间、门厅、走廊、楼梯间	16
档案室	18

图7.2.6 室内设计参数

（5）围护结构热工性能

本工程施工的围护结构主要包括外墙、屋顶、外窗及内隔墙。其热工性能如图7.2.7所示。

3. 围护结构热工性能

外墙:$K = 0.60 \text{ W/m}^2$ 屋顶:$K = 0.51 \text{ W/m}^2$

外窗:$K = 3.0 \text{ W/m}^2$ 内隔墙:$K = 1.5 \text{ W/m}^2$

图7.2.7 围护结构热工性能

（6）采暖系统

本工程采暖系统通过文字的方式叙述了设计思路、热源形式、散热器型号以及采暖总负荷，如图 7.2.8 所示。采暖系统为上供上回热水供暖系统，采暖热源由自建锅炉房提供，室内采用柱形钢制散热器。

【注意】

　　这一段文字，对于建模来说是非常重要的。如果没有依据这些文字来进行建模，则会违背设计意图，出现一些遗漏或者错误。例如：如果漏看了"每组散热器上设置温控阀，楼梯间及门厅的散热器上支管不设阀门"这句话，那么在建立模型的时候，可能就不会单独在散热器上安装温控阀门。

　　五、采暖系统

　　1. 热源

　　采暖热源由园区内的自建锅炉房提供采暖热水，水温 85～60 ℃，室内冬季采暖采用散热器采暖方式，散热器采用柱型钢制散热器，承压要求：0.8 MPa，600 型散热器标准散热量为 110 W/片，300 型散热器标准散热量为 60 W/片，散热器必须设防护罩，暗装。采暖为连续采暖。

　　2. 系统方式

　　采暖系统为上供上回双管异程系统，总系统入口设热计量表和静态平衡阀；入口做法详见图集 91SB1—1（2005）第 67 页，每组散热器上设温控阀（楼梯间及门厅的散热器支管上不设阀门）。

　　3. 采暖总负荷

　　总负荷 162 kW；采暖热指标：43 W/m²。

图 7.2.8　采暖系统

（7）空调通风系统设计

本工程通风系统通过文字的方式叙述了设计思路、风道材质以及风口设计，如图 7.2.9 所示。

　　六、空调通风系统设计

　　1. 室内预留分体空调电源插座。

　　2. 卫生间、沐浴间的通风由外窗通风排气。

　　3. 电梯机房平时通风按 6 次换气次数计算，均设有排气扇，室内排风口处设铁丝网防护罩，室外排风口设置防雨百叶。

　　4. 地下自行车库与库房部分做排烟系统，弱电机房与强电机房通风按 6 次换气次数计算做有通风系统，补风均由车道补风。

　　注：本工程所有风道板材均采用镀锌钢板，无土建风道。

图 7.2.9　空调通风系统

（8）管材及保温

暖通管道保温防腐体系由多个覆层构成，各覆层按照由内到外的顺序分别为防腐层、保温层及防护层。防腐层与管道直接接触，防腐层厚度依据实际设计使用需求而确定；保温层为中间层，介于防腐层与保护层之间，其厚度应兼顾管道保温性能与材料应用经济性而确定。

图 7.2.10 给出了本工程的管材、连接方式及保温层的厚度。采暖管的保温材料采用橡塑板材，保温层厚度依据管道内径决定。当内径为 15～25 mm 时，保温层厚度为 13 mm；当内径≥100 mm 时，保温层厚度为 30 mm。采暖管在吊顶和管井内安装时，管材采用热镀锌钢管，管径≤DN100 时采用螺纹连接，管径 > DN100 时采用法兰连接；采暖管暗敷时，采用 PB 管插口连接。

排风管采用镀锌钢板制作,风管间采用法兰连接,垫料采用 3 mm 厚的 8501 阻燃密封胶带。矩形风管的钢板厚度依据风管长边的长度决定,如当长边长度大于 2 000 mm 时,采用 1.2 mm 厚的镀锌钢板。

七、管材及保温:

序号	系统类别	管材		连接方式	保温防结露的材料及做法	保温厚度
1	采暖管	吊顶及管井内安装	热镀锌钢管	≤DN100,螺纹连接;>DN100,法兰连接	橡塑板材	$D = 25 - 15$ mm,$\delta = 13$ mm $D = 40 - 32$ mm,$\delta = 19$ mm $D \leq 80$ mm,$\delta = 25$ mm $D \geq 100$ mm,$\delta = 30$ mm
		明装	热镀锌钢管			
		暗埋	PB 管	插口连接		
2	排风管(圆形风管直径或矩形风管长边长)	≤320 mm	$\delta = 0.5$ mm 镀锌钢板	法兰连接,垫料采用阻燃型 8501 密封胶带 $\delta = 3$ mm 厚		
		330~630 mm	$\delta = 0.6$ mm 镀锌钢板			
		630~1 000 mm	$\delta = 0.75$ mm 镀锌钢板			
		1 000~2 000 mm	$\delta = 1.0$ mm 镀锌钢板			
		>2 000 mm	$\delta = 1.2$ mm 镀锌钢板			

注:1. 保温材料技术数据——保温材料及其制品应有产品合格证书,由施工单位对产品质量确认,保温应在管道试压及涂染合格后进行,阀门法兰等部位宜采用可拆卸式保温结构。橡塑管壳:密度为 100 kg/m³,温度使用范围为 -50~140 ℃,氧指数≥32,吸水率 3%,导热系数 0.04 W/m℃。

2. 保温材料及其制品应有产品合格证书,由施工单位对产品质量确认,保温应在管道试压及涂染合格后进行。阀门法兰等部位宜采用可拆卸式保温结构。橡塑板、管壳参数要求:密度 100 kg/m³,温度使用范围:-50~140 ℃,氧指数 >32,吸水率:3%,导热系数:0.04 W/m℃。

3. 风管软接口采用不燃材料制作。

4. 穿越防火墙风道、管道,其洞隙采用不燃材料封堵。

图 7.2.10　管材及保温

(9)防腐

本工程管道防腐处理通过文字的方式描述了处理流程、施工工序及采用的防锈材料,如图 7.2.11 所示。

防腐:

1. 管道、管件、支架容器等涂底漆前必须清除表面灰尘污垢、锈斑及焊渣等物,必须清除内部污垢和杂物,此道工序合格后方可进行刷漆作业。

2. 支架容器等除锈后均刷防锈漆(樟丹防锈漆)两道,第一道防锈漆应在安装时涂好,试压合格后再涂第二道防锈漆,明设镀锌钢管不刷防锈漆,镀锌层破坏部分及管螺纹露出部分刷防锈底漆(红丹酚醛防锈漆)两道。上述管道及明装不保温管道、管件、支架等再涂醇酸磁漆两道,设于管井内,管道间管道可不再刷面漆。

图 7.2.11　管材及保温

(10)冲洗

本工程管道冲洗处理通过文字的方式描述了施工流程,如图 7.2.12 所示。

冲洗：

    1. 管道投入使用前必须冲洗,冲洗前应将管道上安装的流量计、孔板、滤网、温度计、调节阀等拆除,待冲洗合格后再装上。

    2. 暖气系统供回水管道用清水冲洗,冲洗时以系统能达到的最大压力和流量进行,直到出水口水色和透明度与入口目测一致为合格。

图 7.2.12　冲洗

(11) 节能、环保

节能环保设计所采用的相关依据以及污水、雨水的处理方法,如图 7.2.13 所示。

节能、环保：

1. 设计依据文件：

(1) 城市区域环境噪声标准(GB 3096—1993)；

(2) 污水综合排放标准(GB 8978—1996)；

(3) 甲方提供的有关设计文件及资料(2005.9.28)。

2. 本工程污水经化粪池处理后排入市政污水管线。

3. 本工程雨水、污水分流排放设计。

4. 噪声处理：屋顶风机均设隔噪减振装置。噪声均符合标准要求。

5. 节能：建筑物外墙、外窗均按国家标准选用节能型材料。

(K 值小于国家规定值)

图 7.2.13　节能环保

2) 图例、设备表

(1) 图例

本项目图例如图 7.2.14 所示。需要说明的是,不同的设计图例有可能不同,在识图中应以该套图纸的图例为准,在没有特殊说明时以国家相关的制图标准为准。

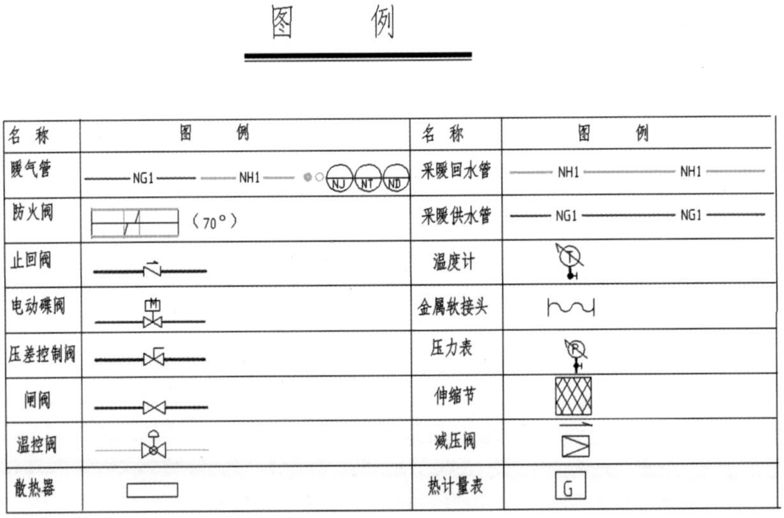

图　例

图 7.2.14　图例

(2) 设备表

设备表主要是对本设计中选用的主要运行设备进行描述,其组成主要有设备编号、设备名称、设备型号、设备性能参数、设备数量、设备主要用途和安放地点等内容。图7.2.15所示即为一个典型的设备表格式。

①设备编号:在图纸中,设备一般都用抽象的方框、圆等图形来表示,仅以设备编号来表示该设备属性,所以在阅读设备表时,最好能够记忆图例编号所代表的设备,以便后期阅读图纸时更加快捷、高效,能够顺利地根据图例编号查找到该设备的名称及参数。

②设备名称:应采用本行业通用术语表示。

③设备性能参数:一般都标明了本设备的主要参数,例如风机的主要参数是风量(L)和风压(P)、噪声、耗电功率(N);水泵的主要性能参数是流量(L)、扬程(H)、耗电功率(N)等。

设备编号	设备名称	服务区域	参考型号	风机形式	风量	全压
					m³/h	Pa
PY-B1F-1	排风兼排烟风机	B1F-H 区车库排风及排烟	GYF8-II-BX	包复式轴流风机	26 000	1 241
PF-B1F-1	送风风机	B1F-H 区车库战时送风	CDZ5F-BX	包复式轴流风机	2 000	208

(a)局部一

设备性能参数							数量	安放地点
转速	电源	功率	消防电源	参考尺寸	变频控制	噪声		
r·min⁻¹	V/Hz	kW				dB(A)	台	
1 450	380/50	15	E	φ800	—	93	1	B1F-机房内吊装
1 450	380/50	0.55	—	φ500	—	69	1	B1F-机房内吊装

(b)局部二

图 7.2.15 设备表

7.2.3 系统平面图

系统平面图主要表达管道、设备的平面布置情况和有关尺寸,一般包括通风平面图和采暖平面图两部分。

1)通风平面图

通风平面图主要内容包括如下:

①以双线绘制出的风道,异径管,弯头,静压箱,检查口,送、排风口,调节阀、防火阀等。在图上,风管一般为粗线,设备、风口和风阀管件为细线。

②风道及风口尺寸(圆形风管标注管径,矩形风管标注宽×高)。

③各部件的名称、规格、型号、外形尺寸、定位尺寸等。

④送、排风系统编号,送、排风口的空气流动方向等。

在本工程图纸中,通风平面图主要包括地下一层通风和排烟平面图、机房层通风平面图。在看平面图前,应先了解建筑物楼层、建筑功能、室内外地面标高等信息,有了基本的概念后再进一步了解通风系统设置情况和一些基本的参数,这些可以在设计说明、通风设备表中提取。了解以上基本情况对于下一步的识图工作有很大的帮助。

在风管平面图中,风机房、风井部位需要留意,因为风井还涉及上下楼层的平面,而风机房部位则由于风机的安装往往存在比较复杂的空间关系。识图的目的是了解通风系统的组成和管线走向、风井的位置、管径大小、设备的位置、相关阀门管件的位置等。

图 7.2.16 为水施-17 图——负一层通风平面图的局部。由于该部位是排烟机房、弱电机房部位,因而风管比较复杂,通风系统的设置和参数可以通过通风系统表来了解。在平面图中,通

247

风管道的走向和管径、设备位置、风口位置比较直观,但还应注意风管在穿过房间隔墙、进出设备、风管交叉时图上表示的相关部件。如图 7.2.16 中排烟机房的风管在穿越弱电机房的隔墙处设置了排烟防火阀;风机进出口不仅设置了风管软接头,还设置了风管止回阀。

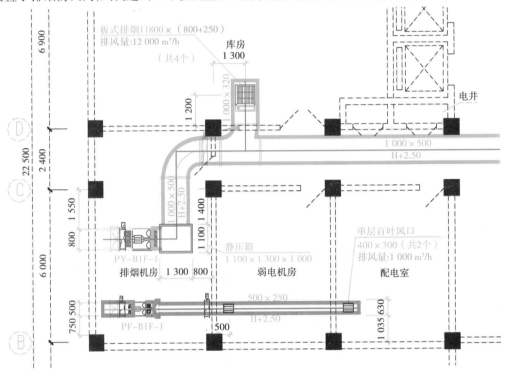

图 7.2.16 通风平面图

2)采暖平面图

采暖平面图主要内容包括:

①采暖总管入口和回水总管出口位置、管径和坡度;

②各立管的位置和编号;

③管道的管径、标高和分支管道的起点标高;

④散热设备的安装位置和安装方式。

阅读采暖平面图,首先要查找采暖总管的入口和回水总管出口的位置、管径、坡度及一些附件;其次要了解干管的布置方式,干管的管径,干管上的阀门、固定支架等平面位置和型号等;再次要查找立管的管径和布置位置;最后查找建筑物内所用散热设备的平面位置、种类、数量和安装方式。

在本工程图纸中,采暖平面图主要包括各层采暖平面图。图 7.2.17 为水施-17 图纸局部。该部分标注了本工程的采暖总管的入口位置、管径以及阀门。

图 7.2.18 为水施-21 图纸局部。该部分标注了建筑物第四层水暖井、供暖立管的布置位置、干管上的阀门等的平面位置和型号。

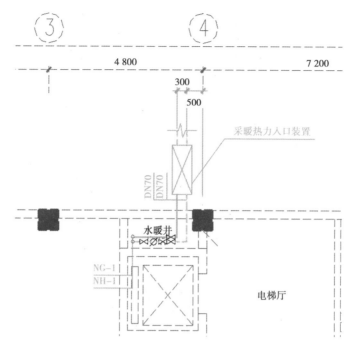

图 7.2.17　采暖总管

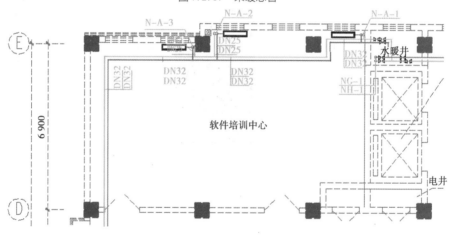

图 7.2.18　采暖平面图

7.3　广联达办公大厦通风图纸建模

7.3.1　通风专业建模标准

通风专业的 BIM 建模标准见表 7.3.1;BIM 模型色彩见表 7.3.2。

249

表 7.3.1　通风专业 BIM 建模标准

构件类别	构件	命名规则	构件属性定义规范	实例	
				图纸	软件
风口	送风口（回、排风口同理）	严格按照图纸的名称定义	按照图纸设置风口尺寸	板式排烟口800*(800+250)　排风量:12000m³/h	（属性编辑器）名称 板式排烟口／类型 风口／规格型号 800*(800+250)／标高(m) 层底标高+2.5／系统类型 通风系统／汇总信息 风管部件(通)／是否计量 1／倍数 1／备注／显示样式／填充颜色／不透明度 100
风管	排风管（送风管、回风管同理）	严格按照图纸的名称定义	按照图纸说明的要求确定管道材质，并对照图纸标注确定管道尺寸（管材及保温见图7.2.10）	500X250	（属性编辑器）名称 JXPG-1／系统类型 通风系统／系统编号 SF1／材质 薄钢板风管／宽度(mm) 500／高度(mm) 250／厚度(mm) (0.6)／周长(mm) (1500)／起点标高(m) 层底标高+2.5／终点标高(m) 层底标高+2.5／汇总信息 通风管道(通)／备注
通风设备	风机（排风扇、静压箱同理）	严格按照图纸的名称定义	按照图例表进行名称定义（风机具体参数见图7.2.15）	PF-B1F-1	（属性编辑器）名称 PF-B1F-1／类型 送风机／规格型号／设备高度(mm) 0／标高(m) 层底标高+2.5／系统类型 空调水系统／汇总信息 设备(通)／是否计量 是／倍数 1／备注／显示样式

表 7.3.2　通风专业 BIM 模型色彩表

构件	BIM 颜色	RGB 色彩模式
送风管	青色	色调(E): 120　红(R): 0　饱和度(S): 240　绿(G): 255　颜色|纯色(O)　亮度(L): 120　蓝(U): 255
新风管	绿色	色调(E): 80　红(R): 0　饱和度(S): 240　绿(G): 255　颜色|纯色(O)　亮度(L): 120　蓝(U): 0

续表

构　件	BIM 颜色	RGB 色彩模式
排烟风管	黄色	色调(E): 40　红(R): 255 饱和度(S): 240　绿(G): 255 颜色|纯色(O)　亮度(L): 120　蓝(U): 0
空调供水	粉色	色调(E): 200　红(R): 255 饱和度(S): 240　绿(G): 0 颜色|纯色(O)　亮度(L): 120　蓝(U): 255
空调回水	深绿色	色调(E): 80　红(R): 0 饱和度(S): 240　绿(G): 128 颜色|纯色(O)　亮度(L): 60　蓝(U): 0
空调冷凝水	天蓝色	色调(E): 160　红(R): 128 饱和度(S): 240　绿(G): 128 颜色|纯色(O)　亮度(L): 180　蓝(U): 255

7.3.2　通风专业建模

1)识别风管

(1)自动识别

①在风管构件类型下,选择"识别/绘制"功能组中的"自动识别",然后选择图纸里任意有标注的风管的两条边线及其标注,再单击鼠标右键,图中所有带有标注的风管全部生成,如图7.3.1 所示。

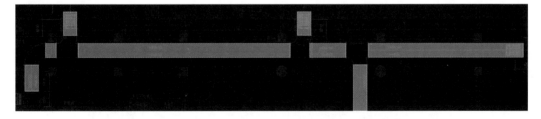

图 7.3.1　识别风管

如果 CAD 图中所画的风管尺寸和标注尺寸差别过大,将出现不能识别的情况,如图7.3.2所示。

这时有两种解决方法:

a.选择"修改 CAD"功能组中的"CAD 识别选项",将"风管系统编号识别、自动识别,识别宽度和图

图 7.3.2　风管尺寸和标注差别过大

示线宽的误差值"的设置增大到"150",如图 7.3.3 所示。

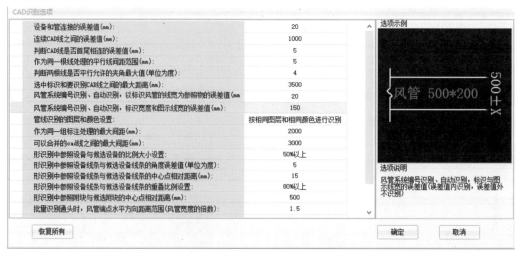

图 7.3.3　修改 CAD 识别选项

　　b. 按照尺寸新建风管构件,选择"识别/绘制"功能组中的"自动识别"或"选择识别"功能进行识别(这时不选择风管的标注,只选择风管的两条边线)或者用"直线"功能进行绘制。

图 7.3.4　全部通风系统构件

　　②在图中看到风管生成以后,回到构件列表界面,可看到图中所有规格的风管在这里已经反建构件(图 7.3.4),然后再根据构件的具体信息进行修改。

　　(2)系统编号识别

　　①找到一个风管系统,然后单击"系统编号"识别,选择其中任意一条管道,然后选中它的两条边线和标志,单击鼠标右键。

　　②弹出构件编辑窗口。修改该系统的属性信息和系统编号(系统编号属性值可方便后期查量),然后按照此方法把图纸里的所有风管进行识别。识别后,每个系统编号下的所有风管均根据各自的规格型号生成对应类型的风管(图 7.3.5)。

图 7.3.5　全部风管构件

　　2)识别通头

　　(1)手动识别通头

　　①在"识别/绘制"中单击"识别通头"命令(图 7.3.6)。

图 7.3.6　识别绘制

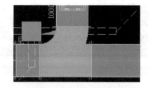

图 7.3.7　生成通头

　　②移动光标选择需要识别通头的风管,当光标变为"回字形"时,单击鼠标左键(选中的线条为蓝色),选择完毕后单击鼠标右键,即可生成通头(图 7.3.7)。

　　(2)批量识别通头

　　①在"识别/绘制"中单击"批量识别通头"命令。

②移动光标，点选或框选需要识别通头的风管，选择完毕后单击鼠标右键，批量生成通头。

3）识别风管附件

（1）识别风口

①在“识别/绘制”中单击“识别风口”命令，选择绘图区的风口 CAD 图元。

②单击鼠标右键，弹出选择要识别成构件的对话窗口（图7.3.8），新建风口且定义其属性。

（2）识别风阀

①在“识别/绘制”中单击“图例”命令。

②单击鼠标左键，点选或者框选要识别的风阀，单击右键确定，弹出选择要识别构件的对话框（图 7.3.9）。

③新建或者选择风阀构件，单击“确认”，弹出的对话框显示识别风阀的数量，识别后的风阀规格型号自动匹配风管的规格型号。识别完成的风管附件如图 7.3.10 所示。

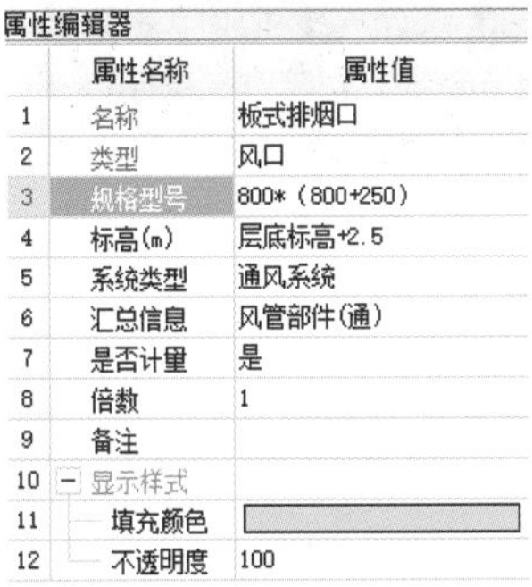
属性编辑器

	属性名称	属性值
1	名称	板式排烟口
2	类型	风口
3	规格型号	800*（800+250）
4	标高(m)	层底标高+2.5
5	系统类型	通风系统
6	汇总信息	风管部件(通)
7	是否计量	是
8	倍数	1
9	备注	
10	− 显示样式	
11	填充颜色	
12	不透明度	100

图 7.3.8　识别风口

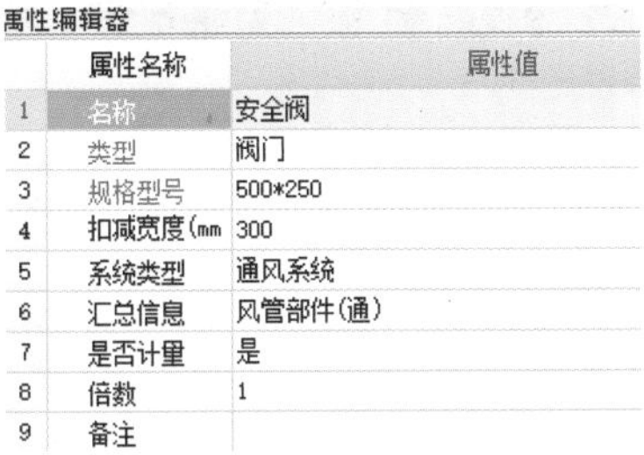
属性编辑器

	属性名称	属性值
1	名称	安全阀
2	类型	阀门
3	规格型号	500*250
4	扣减宽度(mm	300
5	系统类型	通风系统
6	汇总信息	风管部件(通)
7	是否计量	是
8	倍数	1
9	备注	

图 7.3.9　识别风阀

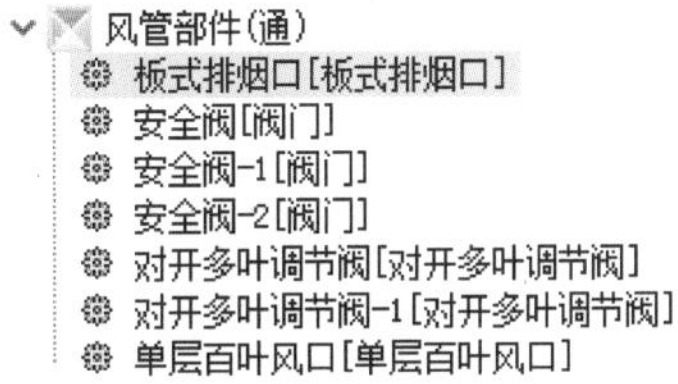

图 7.3.10　全部风管部件

4）识别设备

①在“识别/绘制”中单击“图例”命令。

②用鼠标左键点选或框选构件，这时构件呈蓝色状态，表示选中，然后单击右键确认，弹出如图 7.3.11 所示的对话框。

图 7.3.11　识别通风设备

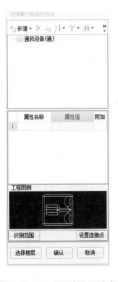

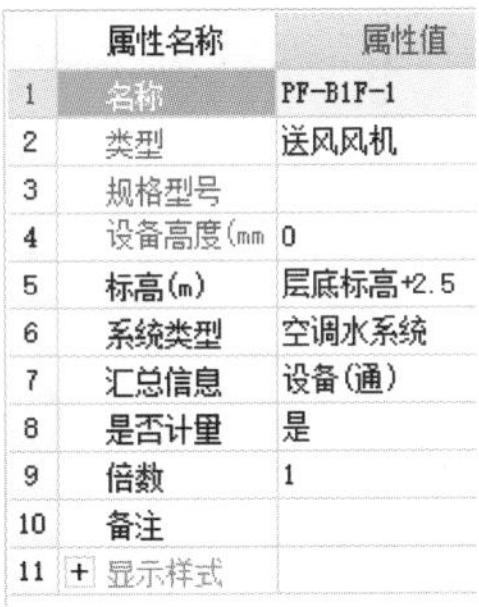

	属性名称	属性值
1	名称	PF-B1F-1
2	类型	送风风机
3	规格型号	
4	设备高度(mm	0
5	标高(m)	层底标高+2.5
6	系统类型	空调水系统
7	汇总信息	设备(通)
8	是否计量	是
9	倍数	1
10	备注	
11	+ 显示样式	

图 7.3.12　新建风机

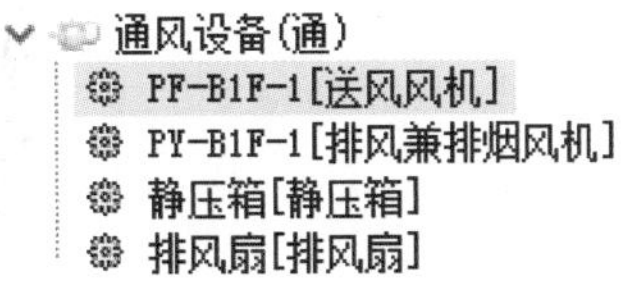

图 7.3.13　全部通风设备

③在对话框内单击"新建"按钮,然后在如图7.3.12所示的对话框内按图纸要求输入相关信息,单击"确认"按钮,生成该构件。

识别完成的通风设备如图7.3.13所示。

5)通风建模

通风工程完整模型俯视图如图7.3.14所示。

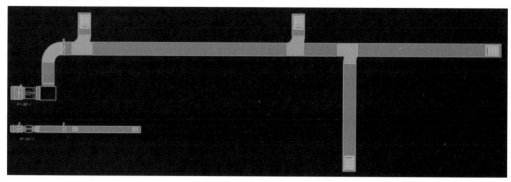

图7.3.14　通风工程模型

7.4　广联达办公大厦采暖图纸建模

7.4.1　采暖专业建模标准

采暖专业BIM建模标准见表7.4.1;采暖专业BIM模型色彩见表7.4.2。

表7.4.1　采暖专业BIM建模标准

构件类别	构件	命名规则	构件属性定义规范	实　例	
				图　纸	软　件
供暖器具	散热片(暖风机等同理)	严格按照图纸的名称定义	按照图例表进行名称定义	11 (采暖系统详细参数见图7.2.8)	属性名称 / 属性值: 1 名称 XNQJ-1 2 类型 铸铁散热器 3 规格型号 (TZ4-6-5(8)) 4 单片散热器 (0.235) 5 片数 11 6 进出口中心 (600) 7 散热片长度 (660) 8 回水方式 同侧供水 9 标高(m) 层底标高+0.5 10 系统类型 供水系统 11 汇总信息 供暖器具(暖) 12 是否计量 是 13 倍数 1 14 备注 15 + 显示样式
管道	供水管(回水管同理)	严格按照图纸的名称定义	按照图纸说明的要求确定管道材质,并对照系统图确定管道规格	DN25 DN25 (管材及保温见图7.2.10)	属性名称 / 属性值: 1 名称 GD-1 2 系统类型 供水系统 3 系统编号 (GS1) 4 材质 热镀锌钢管 5 管径规格(mm) 25 6 起点标高(m) 层底标高+3.4 7 终点标高(m) 层底标高+3.4 8 管件材质 热镀锌钢管 9 连接方式 螺纹连接 10 安装部位 室内 11 汇总信息 管道(暖) 12 备注

表 7.4.2　采暖专业 BIM 模型色彩表

构　件	BIM 颜色	RGB 色彩模式		
采暖供水	红色	颜色|纯色(O)	色调(E): 0　饱和度(S): 240　亮度(L): 120	红(R): 255　绿(G): 0　蓝(U): 0
采暖回水	深红色	颜色|纯色(O)	色调(E): 0　饱和度(S): 240　亮度(L): 72	红(R): 153　绿(G): 0　蓝(U): 0

7.4.2　采暖专业建模

1)识别设备

①在"识别/绘制"中单击"图例"命令。

②用鼠标左键点选或框选构件,这时构件呈蓝色状态,表示选中,然后单击右键确认,弹出如图 7.4.1 所示的对话框。

③在对话框内单击"新建"按钮,新建散热片构件,然后在对话框内按图纸要求输入相关信息(图 7.4.2),单击"确认"按钮,生成该构件。

图 7.4.1　图例识别

	属性名称	属性值
1	名称	HNQJ-1
2	类型	铸铁散热器
3	规格型号	(TZ4-6-5(8))
4	单片散热器	(0.235)
5	片数	11
6	进出口中心	(600)
7	散热器长度(	(660)
8	回水方式	同侧供水
9	标高(m)	层底标高+0.5
10	系统类型	供水系统
11	汇总信息	供暖器具(暖)
12	是否计量	是
13	倍数	1
14	备注	
15	显示样式	

图 7.4.2　新建构件

识别完成的供暖器具如图 7.4.3 所示。

2)识别采暖横管

①在"识别/绘制"中单击"选择识别"命令。

②用鼠标左键点选或框选构件,这时构件呈蓝色状态,表示选中,然后单击右键确认,弹出"选择要识别成构件"的对话框。

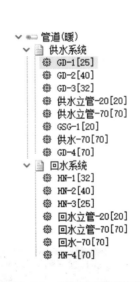

供暖器具(暖)
- HNQJ-1[TZ4-6-5(8)]
- HNQJ-2[(TZ4-6-5(12))]
- HNQJ-3[(TZ4-6-5(13))]
- HNQJ-4[(TZ4-6-5(15))]
- HNQJ-5[(TZ4-6-5(18))]
- HNQJ-6[(TZ4-6-5(20))]
- HNQJ-1-1[(TZ4-6-5(11))]
- HNQJ-7[(TZ4-6-5(14))]
- HNQJ-5-1[(TZ4-6-5(18))]

图 7.4.3　全部采暖器具构件

③在对话框内单击"新建"按钮,新建管道构件,然后在对话框内按图纸要求输入相关信息(图 7.4.4),单击"确认"按钮,生成该构件。

参照图 7.2.10 管材及保温信息可建立采暖管道构件。

识别完成的采暖管道如图 7.4.5 所示。

	属性名称	属性值
1	名称	GD-1
2	**系统类型**	**供水系统**
3	**系统编号**	**(GS1)**
4	材质	热镀锌钢管
5	管径规格(mm)	25
6	**起点标高(m)**	**层底标高+3.4**
7	**终点标高(m)**	**层底标高+3.4**
8	**管件材质**	**热镀锌钢管**
9	**连接方式**	**螺纹连接**
10	**安装部位**	**室内**
11	**汇总信息**	**管道(暖)**
12	备注	
13	+ 计算	
18	+ 支架	
22	- 刷油保温	
23	刷油类型	
24	**保温材质**	**橡塑保温壳**
25	保温厚度(	13
26	保护层材	
27	- 显示样式	
28	**填充颜色**	
29	**不透明度**	**60**

图 7.4.4　新建采暖管道构件

管道(暖)
- 供水系统
  - GD-1[25]
  - GD-2[40]
  - GD-3[32]
  - 供水立管-20[20]
  - 供水立管-70[70]
  - GSG-1[20]
  - 供水-70[70]
  - GD-4[70]
- 回水系统
  - HN-1[32]
  - HN-2[40]
  - HN-3[25]
  - 回水立管-20[20]
  - 回水立管-70[70]
  - 回水-70[70]
  - HN-4[70]

图 7.4.5　全部采暖管道构件

3)识别采暖立管

①在"定义"功能区新建供水立管和回水立管(图 7.4.6),立管的管径设置参考水施-15 采暖立管图(管道的管材及保温见图 7.2.10)。

②在"识别/绘制"中单击"布置立管"命令,弹出如图 7.4.7 所示的对话框,单击"确认"按钮,生成该构件。

4)识别阀门法兰和管道附件

①在"识别/绘制"中单击"图例"命令。

②用鼠标左键点选或者框选要识别的阀门,单击鼠标右键确定,弹出选择要识别的构件对

图 7.4.6　新建采暖立管

话框(图 7.4.8)。

③新建或者选择阀门构件,单击"确认",弹出的对话框显示识别阀门的数量,识别后阀门规格型号自动匹配管道的规格型号。

图 7.4.7　设置立管标高

图 7.4.8　新建阀门

识别完成的管道附件及阀门法兰如图 7.4.9 所示。

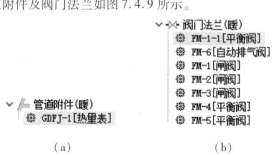

　　　　(a)　　　　　　　　　　　　　　(b)

图 7.4.9　全部管道附件及阀门法兰

5)采暖建模

采暖工程完整三维模型如图 7.4.10 所示。

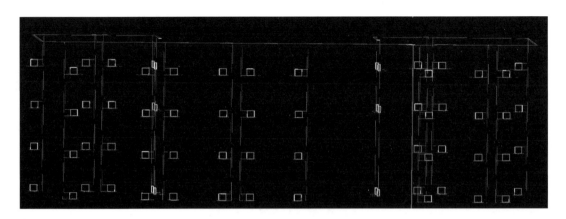

图 7.4.10 采暖工程模型

参考文献

[1] 李云贵. 建筑工程施工 BIM 应用指南[M]. 北京:中国建筑工业出版社,2014.

[2] 中国建筑科学研究院. GB/T 51212—2016　建筑信息模型应用统一标准[S]. 北京:中国建筑工业出版社,2016.

[3] 本书编委会. 中国建筑施工行业信息化发展报告(2014):BIM 应用与发展[M]. 北京:中国城市出版社,2014.

[4] 本书编委会. 中国建筑施工行业信息化发展报告(2015):BIM 深度应用与发展[M].北京:中国城市出版社,2015.

[5] 王全杰,朱溢镕,刘师雨. 办公大厦建筑工程图[M].3 版.重庆:重庆大学出版社,2017.